请远离消耗你的人

让对的人带给你滋养

李尚龙 著

江苏凤凰文艺出版社
JIANGSU PHOENIX LITERATURE AND
ART PUBLISHING

图书在版编目（CIP）数据

请远离消耗你的人 / 李尚龙著. -- 南京：江苏凤
凰文艺出版社, 2023.6（2025.9重印）
ISBN 978-7-5594-7687-6

Ⅰ. ①请… Ⅱ. ①李… Ⅲ. ①成功心理 – 通俗读物
Ⅳ. ①B848.4-49

中国国家版本馆CIP数据核字(2023)第075254号

请远离消耗你的人

李尚龙　著

责任编辑	张　倩
策划编辑	姜得祺
特约编辑	吕新月
装帧设计	末末美书
出版发行	江苏凤凰文艺出版社
	南京市中央路 165 号，邮编：210009
网　　址	http://www.jswenyi.com
印　　刷	唐山富达印务有限公司
开　　本	787 毫米 × 1092 毫米　1/32
印　　张	11.5
字　　数	266 千字
版　　次	2023 年 6 月第 1 版
印　　次	2025 年 9 月第 6 次印刷
书　　号	ISBN 978-7-5594-7687-6
定　　价	58.00 元

江苏凤凰文艺版图书凡印刷、装订错误，可向出版社调换，联系电话025-83280257

自序 | 问一个好问题

每出一本书，我都会去全国各地和年轻人面对面交流，说是交流，其实主要是回答一些问题去了。

随着遇到的人越多，我越发现问题的质量越堪忧。因为大家好像特别喜欢一些宏观的问题，而不是具体和个体的问题。年轻人越来越怕问关于自己的疑惑，取而代之的是一些特别宽泛的问题，比如什么行业是风口，比如你觉得考研是趋势吗，比如你觉得大学里该不该谈恋爱？

这些问题几乎都不是以"我"开头的，感觉每一个人都在替别人问问题。我很难想象，一个不关心自己的人，能够关心别人和世界？

我突然想起小的时候读过的一句话：要爱具体的人，而不是抽象人的概念。现在，我们遇到了一模一样的问题，人们自己的生活千疮百孔，却在关心国际大事；自己困惑万千，却在关心别人。我突然意识到，这些问题是年轻人真实的表达，还是主办方刻意的安排？

随着新冠疫情来临，我也停止了一年一度的全国签售，在家开始思考一些更重要的问题。疫情三年，是我过得最难受的三年，这些难受和痛苦，也让我开始重新思考一些未思考过的问题，而越发问得狠，越感觉自己快抑郁了。

在家待着的岁月，我读了很多书，也换了个维度重新思考了很

多老问题。直到有一天，我决定停止内耗，打开我的心门，和大家一起面对世界的疑惑，然后一起找到答案。于是，我开了个专栏，叫《干一杯，龙哥》，想坚持一百天，在这个专栏回答大家的问题。用我查到的最新的资料，拜访的最厉害的一群人，回答大家那些抽象的问题。

但正是开始这件事的时候，我惊奇地发现，我完全错了。因为这些问题问得一点也不抽象，具体到让人感到可怕，比如我月薪三千怎么做副业？比如结婚要不要送彩礼？比如医学生不考研有什么出路？我也终于明白，很多当面问不出口的问题，写下来能问得更清晰；很多当面问的问题，见不到反而可以问得更客观。

于是，我决定坚持一百天更新完这个专栏。这一百天，是我这三年过得最充实的一百天，原来，通过写作，可以打败那么多的虚无感。那一百天里，我每天早上七点起床，坐在电脑旁看大家的问题，然后查资料整理文稿，最后动笔创作。不知不觉，我回答了大家一百个问题，每一篇不到两千字的文章从拿到问题到写完，平均要花三个小时。但这段日子，我也终于明白，每一个好问题背后都应该有一个有启发的好答案。

我不敢说我给了大家一个好答案，但这些问题的确给了我很多启发，我也写出了超越自己的答案。

谢谢那些提问题的朋友，你们让这些文字有了根，也谢谢我读到的那些书请教过的那些朋友，让这些根长出了叶子。

这个专栏更新结束后，我跑去希腊休息直到疫情结束，回到北京。我和做图书出版的朋友在一起吃饭，他问我最近在写什么，我说，这是一个好问题。他说为什么，我说，如果问我最近爱做什么，我可能不知道该怎么回答，但你说我最近在写什么，我能很快告诉你，我手上有一个二十多万字的稿子，你要不要看看？

　　就这样，我把这份二十万字的稿子交给了他，也让这份稿子能有出版的机会。让这些问题和答案被更多人看到。当一个问题被人看到，答案就能更具体了；当一个答案被人看到，问题就会更清晰了。

　　这是一本问题之书，可能给出的答案并不是标准的，但如果你在看完别人的问题和答案后，能给你一些启发，我想就是这本书的意义了。

　　见字如面。祝你阅读愉快。

目录

第二部分

学习让你拥有比别人更多一种解决问题的思路与方法

第三部分

人生顺利"避雷"最好的方法：远离消耗你生命的人

第四部分

懂得让自己不陷入迷茫、困惑、焦虑，就是个幸福的人

请远离消耗你的人

第一部分 ——

你与身边人关系的好与坏，
决定了你过怎样的人生

✉ 第1封信：感情的底层逻辑是什么？

夏冬夏： 龙哥好。闺蜜是军嫂，刚结婚一年。婚前两人一直是异地恋，虽然不能经常见面，但感情还算甜蜜。婚后男方的工作调到了离家比较近的地方，基本一周能回一次家，可也正因为两个人相处的时间多了，经常会为一些小事吵架，吵得特别厉害的时候，闺蜜甚至用轻生这种极端的方式去回应对方。她也知道这不是解决问题的办法，可她实在太在乎男方了，到底该怎么做呢？

李尚龙回信：

夏冬夏，我先从底层跟你分析问题出在哪儿。在这段亲密关系中，首要问题就在异地恋上。要知道，绝大多数的异地恋都没有办法经常见面，这就造成两个人无论在电话里有多少甜言蜜语，也抵不上现实的一个拥抱。读军校的时候，大家经常开玩笑地说，嫁给军人就是嫁给一个电话，但这确实是没办法的事。于是，过去的很长时间，你习惯了一个人独处，习惯了在电话里和对方交流。有一天，电话里的那个人突然来到了你身边，实打实地挨着你，抱着你，你发现自己的生活发生了变化，就像两个分别很久的人竟然又在一起了，你突然有点不适应了。所以，结束异地恋，打算长期生活在一起的人，首先要做的是重新认识对方，重新适应能见面、能拥抱、能接吻的亲密关系。更有甚者，需要把对方的备注改一改，并时刻提醒自己，这个人已经回到了我身边。

接下来，我们聊一聊好的婚姻关系该怎么维护。我曾经写过一本书，叫《我们总是孤独成长》。书中写了很多夫妻的婚姻生活，其中有一个问题很有趣，就是婚后两个人关系特别好的，基本上都有一个共同点，就是两个人还像谈恋爱一样，就当没有领过结婚证。我们经常在网络上看到有些情感博主跟大家不停强调，男人婚后怎么样是不爱你，女人婚后怎么样是爱情变淡了……但亲爱的，我必须明确地告诉你，爱是会变的。只不过大部分人的爱逐渐从爱情变成了亲情，从激情变成了责任，从琴棋书画变成柴米油盐，从热情回应变成了默默陪伴，但依旧是爱情。所以，如果婚前没有因为小事吵架，婚后更不能为了小事吵架。婚前是什么样的交流方式，婚后要用相同的方式去相处。婚后所有因为小事吵的架，都是太希望改变别人了。或许你会想，原来我只是你的女朋友，你天天打游戏也就算了，但现在我是你的老婆了，你就不能为我改变一下吗？同样地，原来我只是你的男朋友，你可以天天不擦桌子不扫地，可现在我是你的老公了，你就不能为我改变一下以前的习性吗？记住，不要去改变任何人，包括你的配偶、孩子及其他家人。想要改变别人是愚蠢的，也是所有争吵的来源。每个人都是独立的个体，如果你想改变他们，记得先去改变自己。要相信身教比言传更重要，而不是一味地尝试改变别人。这也是一种成长。

我在回答这个问题的时候，特意看了一本书，叫《热锅上的家庭》。我突然意识到，大多数家庭之所以发生争吵，是源于家庭资源匮乏，最直接的体现就是缺钱的时候。有道是"贫贱夫妻百事哀"，假设

老公回来，突然发现老婆又买了两件衣服。如果老公的经济实力还行，可能也就是埋怨两句。但如果老公想买一个期待已久的玩具，却发现家里这笔钱变成了衣服，矛盾就会开始，他可能当下就会揪着这件事不放，也可能在未来的某一个时间节点为过去的一件小事发火，或是基于对未来生活的担忧发火。我个人非常喜欢电影《我不是药神》里面的一句话："人只有一种病，就是穷病。"对于小事的争吵，究其原因就是穷。通过认真观察，我们会发现，越是富裕的家庭，越不容易因为小事而吵架。比如谁做家务这件事，富裕家庭一般都有帮手，他们根本就不会就此事发生争执；家里如果足够宽敞，可以多买几个柜子，大家的衣物可以分门别类摆放，何必为谁占的地方多谁占的地方少吵架呢？可见，很多小事并不需要夫妻对内解决，而是需要夫妻一起对外解决——共同努力赚钱。

最后，你一定要劝劝闺蜜，千万别动不动就轻生。一个连自己都不爱的人，怎么可能爱上别人呢？要时刻谨记，只有你先自爱，世界才会爱你。感情这东西，千万别抓太紧，抓太紧不仅会弄丢对方，还会弄丢自己。退一步，你会发现世界很大；松一把，你会感到自己也很轻松。

所以，亲爱的夏冬夏，告诉你的闺蜜，人一定要有自己的生活、自己的圈子、自己的理想，走自己的路。这个跟结没结婚关系不大，重要的是你先看重自己，别人才会看重你。

✉ 第 2 封信：怎么和竞争对手相处？

阮顶天： 龙哥，在这个时代我们应该怎么跟竞争对手相处？

李尚龙回信：

阮顶天，你好。在竞争激烈的现代社会，每个人都有可能遇到竞争对手。怎么和竞争对手相处，其实是现实世界的生存之道。所以，我有以下几条建议，想分享给你。

第一，学会和竞争对手合作。

竞争对手还能合作吗？当然。比如经常会有人买了东航的票，最后却坐上了南航，原因就在于两家航空公司共享了航班代码。再比如，很多国家表面上看起来关系剑拔弩张，实际上会在暗中合作。所以，真正聪明的人不是去打垮竞争对手，而是和竞争对手合作，争取自身利益最大化。

第二，学会利益分配。

没有永恒的对手，只有永恒的利益。如果想和竞争对手合作，第一要保住自己的利益，第二要舍得分蛋糕。

其实，你和对手之间，往往有千丝万缕的联系，采取合作是为了让自己不受损失。2017 年，三星把屏幕卖给了苹果，让它用在即将上市的 iPhone X 上。互为竞争关系的两家公司，竟然将稀缺的资

源做到了互通有无，实在令人匪夷所思。其实，你只要仔细分析就知道，如果三星斩断和苹果的关系，苹果就会向别的供应商（比如华为、谷歌等）寻求合作，这些供应商如果接到苹果的订单，实力将会大大增强，同时也会增加三星的压力。事实上，2017 年三星因为和苹果合作，仅在屏幕方面的收入就占总收入的 30%，利润高达50 亿美元（此数据来自《哈佛商业评论》）。苹果后来还从三星那里购买了闪存芯片、电池和陶瓷元件。从这里不难发现，所有的合作背后都涉及利益分配。所以，对待竞争对手，你需要思考的是能否与对方登上或是同建一艘大船，而不是零和博弈。因为商业的最终目的不是消灭对手，而是共赢，增加整个社会的福祉。

第三，你最终会和竞争对手很像。

如果你刚准备进入一个行业，一定要谨慎选择竞争对手，因为你最终会和竞争对手很像。你把自己定义成什么，你就会慢慢变成什么。企业是这样，个人也是这样。你总是研究谁，羡慕谁，最后你可能就会成为谁。但如果你不给自己设限，而是思考这件事的本质，那你就会成为一个拥有无限可能的人。亚马逊的贝索斯说过一句话："不要管你的竞争对手在做什么，因为他们又不给你钱。"关注对手你可能会做到第一，但关注自己你会做到唯一。所以，亚马逊团队几乎不会盯着别人干什么。如果他们整天盯着别人干什么，可能根本发展不出 AWS 云服务、Alexa 人工智能语音助手和 Echo 智能音箱等业务。简言之，不要把目光交给竞争对手，而是交给自己的目标。关注自己想要的，然后去寻找资源，变成唯一的自己。

第四，格局大一些，一起携手扩大行业。

Paypal 的创始人彼得·蒂尔说："如果你不能把对手打败，就和对手联合。"这并不是危言耸听，因为他在 1999 年发布了 Paypal

在线支付，几乎同一时间，埃隆·马斯克的公司发布了类似的产品。两家公司互相攻击，甚至在图标上都开始了恶性竞争。但是，2000年3月，两家公司提出了合并方案。在之后的媒体采访中，彼得·蒂尔说："第一，两家公司都无法战胜对方；第二，外部经济环境在转向对行业不利的方向。所以，合并之后活下来统治市场是最好的选择。"同样的故事发生在滴滴和快滴、美团和大众点评，还有其他的商业巨头之间。为什么会这样呢？实际上，这依旧是一种合作共赢的逻辑。如果两家不停内卷，竞争会越来越激烈，最后谁都赚不到钱，还不如坐下来好好谈谈能不能合并，说不定还能求得一线生机。同样的思路不仅适用于公司，还适用于个人。我一直不觉得自己和其他作家是什么竞争对手，因为我们是一个行业里的人，多一个人读其他作家的书，也就多一个人可能读我的。我们要做的不是和别人交恶，而是联合起来，一起和短视频行业作战，让更多的人回到阅读文字这个赛道上来。因为太多人热衷于看短视频，关注阅读的人自然越来越少，而我们要做的，就是携手捍卫这个行业。从这个角度看，你和竞争对手最终是一条船上的，一荣俱荣，一损俱损。

第五，以目标为中心，而不是以对手为中心。

就我个人而言，我非常认同亚马逊的企业文化——始终以客户为中心，不与竞争对手争长短。他们的理由是，当你过多关注竞争对手的策略以制定自己的业务策略时，意味着你必须不断改变自己的策略，但当你始终围绕客户的需求制定策略时，策略往往是稳定不变的。这其实是一种很大的智慧。也就是说，当你盯着对手的时候，你的方向很容易变，但当你盯着目标时，对手的干扰自然就弱化了。

 第3封信：人到中年，还能有好朋友吗？

方芳：龙哥，人到中年交朋友需要注意什么？

李尚龙回信：

方芳，你好。可能你现在还没到中年，等你到了 30 岁之后，或许会有许多关于朋友的启发。关于这个话题，我有五条建议想要分享给你。如果你遇到相应的困惑，不妨把这篇文章反复读一下。

第一，人到中年之后交心的朋友会越来越少。所以，别总是把自己生意破产、婚姻不幸、子女不孝诸如此类的事到处跟人说。因为诉苦并不能获得他人的尊重，反倒有可能换来他人的嘲笑。一个人要想获得他人的尊重，只有一个办法，就是这个人做出了一些成就，值得被尊重。

第二，越是身处低谷越能看清谁是真正的朋友。人总有高潮和低谷，高潮时高朋满座，锦上添花无可厚非；但低潮时雪中送炭、不离不弃的才是真朋友。

第三，等价交换才能有等价社交。如果自己不够强大，朋友圈的人再多也只是点赞之交，甚至你给别人点赞，别人压根儿不会理你。只有自己足够强大了，能提供等价价值了，才能进入等价关系。换句话说，你只有身处高处，才能有高处的朋友。如果你现在还不够优秀，就先耐住寂寞，厚积薄发，等待下一波的高潮。

第四，不必把你取得的成就到处跟人讲。这个世界上，除了你至亲的人，没有人真正关心你的成就和不幸。在这个快节奏的社会，每个人都很忙，每个人都有自己的事要做。没有人喜欢听你诉苦，也没有人期待你比他过得好。除非你能把你的东西跟别人分享，或者带着别人一起好起来。

第五，勿忘初心。不要入世太久，就忘记出世的路。每个人或多或少总有一两个真心的朋友是不能用世俗的金钱、名利来衡量的，要珍惜。

以上是我交朋友的原则，也是我 30 岁之后悟出的原则，与君共勉。

✉ 第 4 封信：上大学应该多交朋友吗？

张张包：龙哥，在大学里应该和很多人打好关系吗？还是应该按照
自己的想法走？我是一个极度社恐的人，不喜欢凑热闹，
就喜欢自己待在图书馆里看书，觉得独来独往也没什么大
不了的，不仅可以避免一些不必要的社交，还能有时间提
升自己，何乐而不为呢？有时候也觉得没有三五好友真的
很孤独，却又不知道该如何主动，怎么办呢？

李尚龙回信：

张张包，你好。首先你要明白，人是社会动物，每个人都要和
人交流，这是无法避免的。当然，你也可以试试不交朋友，一个人
生活，但可能性不大。除非你放弃经济行为，完全不想赚钱；否则，
不管你愿不愿意，你都要和外界交流。

或许你会说，我就专注学术，搞好自己的事情就好，其他人际
关系与我无关。这样说也没错，但至少你要做到不得罪人。我见过
很多实验室出来的"技术大神"，虽然能力很强，但是情商很低，
得罪人而不自知，最后在公司被人排挤。换句话说，那些能力超强
但人缘不好的人，很容易在能力下降时被公司优化。《职场达人修
炼术》里面有一种人叫"惊奇队长"，说的就是这种人。所以，去

提高自己的情商，让自己变得受欢迎也是人生一门必修课。

如果你做生意，你会发现真的是"朋友多了，路好走"。总之，人必须互相交流，才能激发出伟大的创意。

通常，我们的朋友圈分为强关系和弱关系。当一个人做重大决定，比如离职或是找工作，一定要关注自己的弱关系。清华大学罗家德教授曾经说过，交朋友方面我们要向蜘蛛学习，弱关系就是织网，网织得越大越好，而强关系是围上去捕食，行动精准才能有所收获。比如你跟你的同学肯定属于强关系，因为你们抬头不见低头见，你要跟他们搞好团结。与此同时，你要把外面的弱关系建好。

比如，你可以认识一些校内社团的朋友或是校外的朋友，如此一来，你会发现不同圈子的信息和机会。这个世界的大多机会和超棒的点子基本都在你的弱关系中，但弱关系要建立广大才有无限可能。所以，不要怕交朋友，不要怕与人交流。

我身边的好几个优秀的企业家，他们的交友思维基本都是如此。在生意顺风顺水的时候不得意，搞好内部团结，同时多留意外边的世界，努力经营自己的弱关系。当自己原本的产业遇到问题衰落的时候，利用原本的弱关系迅速切换到新的行业，重新建立新的强关系，发展新的弱关系。等另外的产业再出问题的时候，继续去发展弱关系，直到有另外的机会加入新的领域发展强关系。这是来自全球知名社会学家格兰诺维特教授的一本书，叫《镶嵌》。

他几十年前第一次提出弱关系的优势的理论，后来出现在无数的社会学著作中。所以，请你一定要记住，一切经济行为都是"镶嵌"在社会网络之中的。

我在网上看到一段特别有共鸣的话：和人交流久了就喜欢跟狗打交道。这句话听起来有点道理，但是不好意思，这并不是事实，

你还是要交朋友的。所以我们要知道交朋友的重要性。那么问题来了，到底要怎么交朋友？

有个作家说了一段话：有一天，我10岁的小外孙问我："爷爷，我长大之后也要像你一样，有那么多朋友就好了，你告诉我怎么交朋友？"我告诉他交友三句话："第一，朋友有好坏，好朋友深交，坏朋友远离。第二，要多给予，少索取。朋友多给予，朋友就会在你身边，老找朋友索取，朋友就会离你而去。第三，对朋友真诚。不忘老友，多交新友是我的交友经验。朋友没有永恒的，随着人的处境、地位、年龄的变化而变化。我年轻时的朋友，如今大多已成名成家。他们盛名在身，为民所累。我一般无事不登三宝殿，更不去锦上添花，我只会雪中送炭。"

哇！这段话我每次看完都特别有感触。分类朋友，多给少要，真诚。你看，多么优秀的交友经验。除此之外要多加一条，就是主动交朋友。一直被动，你不会等到好朋友的，除非你闪着光。如果你是普通人，也要记得四个字——主动出击。对你来说，你要明白，大学四年是最容易交到高质量朋友的。这个时候你要学会主动参加一些社团、学生会，参加一些比赛活动，主动加一些人的微信。如果你不主动交朋友，只是被动地等别人来结识你，那你交到的朋友数量相对就少，数量少自然靠谱的也少。

另外，还有个数据很重要，就是95%的人只拥有五个以下的朋友，还有5%的人拥有20个人以上的朋友。而圈子里平时的活动基本都是由这类超级链接者发起的。朋友和朋友之间或者朋友的朋友的朋友之间之所以能链接上，也是因为有这类人在维系。

所以，我的建议是，当你不知道该怎么交朋友，去找你身边这样的超级链接者，让他们成为你的朋友，让他们带着你玩。你接下来就能认识更多的朋友。接着做到上面说的三点：分类朋友，多给少要，真诚。

希望你能交到更多的朋友。

 第5封信：失恋了，怎么走出前任的阴影？

布丁：龙哥好。身为恋爱脑，怎么才能走出前任的阴影？怎么才能让情绪不受他人的影响？

李尚龙回信：

布丁，你好。众所周知，前任是一种特别的存在，曾经相爱过的人因为某种原因分开，成为彼此最熟悉的陌生人。而失恋之所以痛苦，皆是因为你原来以为你们是一个人，形影不离，无话不谈，但现在只有你一个人了。要走出这种困境，你需要重建自我。

心理学有个概念叫"自我认同"。什么叫自我认同？就是你觉得自己是什么样的人，并认同自己是什么样的人，这就是自我认同。恋爱的时候，男朋友或女朋友对你的影响很大，但现在你已经是一个人了，你要明白自己也是完整的个体，是独一无二的。所以，重建自我非常重要。

很多人说前任就算分手也能成为好朋友，我并不认同这种做法。在我看来，如果你们只是逢场作戏，偶尔联系一下也就算了，但如果真的刻骨铭心地爱过，最好不要再联系，能互相删掉对方的联系方式更好。很多恋人分手并不是两个人没感情了，而是在一起的爱恨纠葛太伤人了，不得不用分手来保护自己。所以，我不建议分开后的两个人藕断丝连。所谓"长痛不如短痛"，做无谓的挣扎，只会将最初相识的美好一并消磨殆尽，何必呢？折腾到最后，两个人还是要独自疗伤。

怎么斩断关系呢？我的理解是，当你非常痛苦的时候，该删除联系方式删除联系方式，该搬家搬家。必要的时刻，该换环境换环境，甚至可以换城市。当然你可能还会把他拉回来，但一定是所有伤痛都抚平之后再回归原点。

根据心理学的观点，与前任的关系有三个阶段：

第一个阶段是敏感期。你可以看看《前任1》《前任2》《前任3》等前任系列的电影，看的人热泪盈眶，痛不欲生，好像每个人失恋都与你息息相关，感觉全世界的情歌唱的都是你。听到前任的消息，你嘴上喊着不想知道，心里恨不得弄清楚每一个细节，然后去舔舐自己的伤口。只是路过和对方一起去过的地方，心口都会钻心地疼。这没什么大不了的，只是应激反应。

当然，这种应激反应会给人带来很大的创伤。甚至有些人本来在逛街呢，喝咖啡呢，突然就情绪崩溃，哭得稀里哗啦的。但请你记住，最好不要将自己为情痛哭的一面暴露给身边的朋友，因为说不定你的下一任男朋友或是女朋友就在这群人里面，到时候回想起你为前任痛哭流涕的样子，你会尴尬得无地自容的。当然，这个阶段是不建议你很快找下一任的。因为刚失恋是很痛苦的，你可能因为忍受不了寂寞而马上投入新的怀抱。但亲爱的，你当下最需要做的是重建自我，而不是为了证明自己值得被爱而重新开启一段恋情。

第二个阶段是陌生期。当一个人试图走出失恋的阴影时，会想尽一切办法让自己忙起来，比如努力尝试之前不敢做的事，去见以前不愿意见的人。前任离开留下的巨大空洞，逐渐被其他的事物取代，

差不多三个月就可以切换到没有前任的模式，你的生活终于恢复了以往的平静和安宁。这个时候，千万不要在网上看一些所谓的"毒鸡汤"，而是耐心迎接失恋后的第三个阶段。

第三个阶段是新身份期。在这个阶段，两个人基本都放下了，开始用新的身份去面对彼此。我见过很多这样的情侣或夫妻，当内心深处的痛抚平以后，重新加回删掉的微信，以崭新的面貌重新开始一段正常的关系。

电影《婚姻故事》非常适合想进入婚姻或是已经进入婚姻的小伙伴看一看。它里面讲述了这样一个故事：一对夫妻总是因为各种各样的事情吵架，最终选择了离婚。可因为有孩子，两个人不可能完全斩断联系，于是就走到了第三阶段。明明两个人已经没有爱情了，但女方看到男方的鞋带松了的时候，还是会蹲下来帮他系好。

我的一个朋友和她的前夫离婚以后，没有互删微信，但彼此看不到对方的朋友圈内容了。有一天，女的就问男的："我听说你找女朋友了，女朋友还把你甩了。"男的说："没有啊。"女的又说："哦，真的没有吗？没关系，我只是问一下。"

以上两个案例的男女之间该如何界定关系呢？可能不能简单地以亲情、友情、爱情来定义，但从决裂到愿意跟对方有互动，这个过程包含着原谅。至于这样的关系是好是坏，我无法定义。但我知道，让生活继续，让自己幸福比什么都重要。

人至中年，或许有人已经经历过失恋或离婚的痛苦，但无论生活遇到了怎样的苦难，都要记得吃饭、睡觉、运动，保持好的体魄，勇敢地活下来。这才是最重要的。因为你只要活得够久，每天优秀一点，总能遇见更好的。

当然，你现在可能很痛苦，想要早日摆脱情绪受别人影响的感觉。

其实最快的方法就是赶紧开启一段新恋情，但不推荐，因为那样可能会"饥不择食"，对谁都不好，最终害人害己。

所以，人最终还是要先修炼好自己，才能吸引到更好的人。否则，你永远都是在原来的圈子打滚，不是别人不满意你，就是你不满意别人，到头来白白蹉跎了岁月。

✉ 第 6 封信：异地恋要不要分手？

Warm：龙哥好。有个问题一直困扰着我。我和男友已经恋爱十二
年了。他是军人，目前已经在部队服役六年，打算服满十二年
退伍，到时候根据组织安排可以分配一份工作。可是，我
的家人不同意我们再交往下去，一是觉得异地恋不好，影
响感情；二是觉得他也不一定能在部队服役十二年，这就
意味着他需要自己找工作。综合来看，我们在一起的不确定
因素太多了，所以希望我在当地找个对象，这样大家能互相
有个照应。于是，他们就不停地给我安排相亲，这让我很苦恼，
跟家人闹得很不愉快。我该怎么处理好这件事儿呢？

李尚龙回信：

Warm，你好。首先我同意你父母的观点，异地恋不可控的因素
确实太多了。因为异地，意味着彼此没有陪伴，互相不能及时沟通。
明明彼此有恋人，有另一半，却实打实地过着一个人的生活。明明
应该两个人一起做的事，却彼此自己做自己的，生活中没有太多的
交集，意味着彼此都可以有对方不知道的秘密。

关于秘密，好像每个人或多或少都有一些秘密。我曾经采访过
很多夫妻，他们说对你讲的话从来没有跟另一半说过。他们明明是

最亲密的伴侣，却依旧没办法把自己所有的事都告知对方。难道这些夫妻已经不再相爱了吗？并不是。相爱并不意味着两个人不能有自己的秘密。因为爱情具有排他性，像初恋、前任这种容易让现任误会的人，无论你心里有多怀念，都不要将它宣之于口。有时候一个善意的谎言可以让两个人处得更好，走得更远。

比如父母逼你相亲这种事，如果让你的男朋友知道了，对你们的感情一定大有影响。但你无法抗拒父母对你的安排，所以我的建议是你该干吗干吗，别让他知道就行了。因为你让对方知道，他不但给不了你想要的反应，说不定还会做出一些过激的行为。简言之，当你决定好接下来的路要怎么走时，你再去跟他说。当然，你也要考虑另一件事，就是一旦你和他结婚，可能真的就没后路了。根据我国法律规定：非军人一方提出离婚的，须经军人同意；如军人不同意，而且原婚姻基础和婚后感情较好，非军人一方又无重要、正当理由的，应对非军人一方进行说服，教育其珍惜与军人的婚姻关系，调解或判决不准离婚；如果夫妻感情确已破裂，或军人一方有重大过错，婚姻已不能继续维持的，经调解和好无效，应当通过军人所在部队团以上的机关向军人做好思想工作，调解或判决准予离婚。结婚肯定不是奔离婚去的，但你们长期异地，感情基础本就不牢靠，如果结婚后发现两个人性格不合，到时候该怎么办呢？所以，我想你应该知道父母为什么要让你现在去相亲了。因为他们不想你日后后悔，在他们看来，你只有见得多，才能确定自己要什么，要过哪种生活。

所以，我劝你最好不要跟你的男朋友倾诉父母要你相亲的苦恼。你应该告诉他的是，你希望永远跟他在一起。说实话，你目前自己都不确定以后会跟谁在一起，而他跟你一样，他也有自己的圈子，只是你不了解而已。

　　然后说回秘密。我在读书会里曾经讲过一本书，叫《包法利夫人》。书中有个奇怪的现象，就是每次包法利出轨的时候，她的丈夫都恰到好处地找个理由离开了。甚至在巴黎那一次，我都觉得他甚至是故意的。明明看到自己的老婆和别的男人眉来眼去，还非要说："不好意思，我得回家一趟，忘拿东西了。"也就是这次，让包法利夫人酿成大祸。小时候并不理解作者为什么会这样写，长大之后给大家讲书时才突然意识到，在她丈夫的潜意识里，他早就知道自己的老婆和别的男人有染，只是他不愿意承认这个现实。所以他选择逃避，选择帮包法利夫人一起把秘密埋藏在内心深处。他为什么装作不知道呢？因为他一旦知道了，就意味着他要处理这件事，这极有可能给他带来灭顶之灾。可是，在最后清理包法利夫人的遗物时，他看到了那一封封信，一封封妻子写给别人的关于爱慕的信。结果他怎么样了呢？他死了。

　　这是一个很恐怖却又十分真实的隐喻。每个人都有一些不为人知的秘密，这些秘密一旦被公布，总有人会"死"。要么"死"的是自己，要么"死"的是别人。这里的"死"不一定是生命的消失，也可能是精神的摧毁。在这个大数据的时代，秘密随时有可能被泄漏，智能手机给人们带来便利的同时，也给无数家庭带来困扰。删掉的聊天记录可以被找回，去过的地方有推送信息，甚至我们浏览过的资料都暴露无遗。我们每个人、每个细节都在互联网的"监视"中被放大，被暴露。

　　所以，适时保留一点钝感力，保守你该保守的秘密，同时允许别人有别人的秘密，于己于人都未尝不是一件轻松的事。

　　最后，不管你选择和谁结婚，都不必过于担心。因为无论选择谁，一旦日后生活得不如意，你都会后悔。但结婚就是这样，无论你怎么选择都会后悔，但青春不就是拿来后悔的吗？

✉ 第 7 封信：被人骚扰了怎么办？

匿名： 龙哥好。其实有点难以启齿，我被老师骚扰了。尽管这个骚扰只是言语上的暗示，并没有其他实质上的事情发生，而且被我明确拒绝之后，老师也承认自己是一时糊涂，以后绝不会再发生这样的情况，但我依旧很困扰，很难受，很不安。以后，我和老师该如何相处呢？

李尚龙回信：

这位同学，你好。听到这个消息，我很震惊，也很理解你的不安。首先，你要相信大部分老师的素质都是很高的。但我们每个人的一生或多或少都经历过让人难以接受的事，比如遇见猥琐的人，一些变态的人，一些心理扭曲的人。这些人让人恶心，让人恐惧，甚至一辈子都活在那种可怕的阴影之下。但我要告诉你的是，不要怕他接下来会对你做什么手脚，你越是谨小慎微，他反而越得寸进尺；你真的临危不惧，他可能就没那么猖狂了。有一点你要记住，你越放大这件事对你造成的伤害，他越害怕，而你也就越安全。

我有一个学生，他的孩子刚满 10 岁，经常在学校里被欺负。而欺负孩子的这个人，就是孩子的班主任。他很生气，但又怕得罪了班主任，孩子在学校里无法立足。问我该怎么办？我说，你要么让

全世界都知道这个老师的德行，要么只能暗中为你的孩子祈祷。后来，他就收集了一些证据，联系报社的人把这个"恶魔"老师给曝光了。后来，这个总是欺负他的孩子的老师失去了工作，而他的孩子也安全了。

其实，在任何领域都是这样，你越强大，坏人越害怕。如果你被坏人欺辱了以后变得畏畏缩缩，那坏人就会成为你的梦魇，让你无时无刻不想着他，然后彻底将你击垮。小说《房思琪的初恋乐园》里讲述了美丽的文学少女房思琪被补习班老师李国华长期性侵，最终精神崩溃的故事。我第一次读的时候，真的是越看越生气，直到最后看到作者的陨落才意识到，她之所以将一生最美好的青春年华、最热爱的文字全部交付给了那个禽兽不如的老师，实则是那个人渣做的事一直凌辱着少女的心，最终导致她抑郁而终。我并不赞同作者最后的做法，因为那样非但不解决问题，反而让坏人继续逍遥法外。但我深知这背后的痛苦，因为不够强大，最终被恶魔吞噬。

这样的案例比比皆是。所以我曾在《房思琪的初恋乐园》的序言上写过这样一句话：

我们一定要把事儿弄大了才会被人知道，为什么人一定要以命相逼，才会让人感觉到这件事情不小呢？

十多年前，我国的师范院校开始扩招，很多学生毕业之后不管水平如何都去做了老师，开始教书育人。随着时代的发展，教培行业开始崛起，很多所谓的"名师"甚至连一张教师资格证都没有就上岗了，这也带来了教师队伍的参差不齐。前段时间我看了一个短视频，说的就是一个培训班的老师骚扰一个初三的女孩了，假借补课的名义约女孩来自己家，还发了一些露骨的信息。这个事情被女孩的父母知道以后，两口子就设了一个引君入瓮的局，以女孩的名义让老师来自己家，等到这个老师色眯眯地一进门，她妈妈就拿手机狂拍，然后直接录成视频公布到网上。后来，这个视频上了微博热搜，老师毫无疑问被开除了。虽然我们不知道这个女孩子最后怎么样了，但她一定是安全了。

所以说，如果觉得自己过不了心里的坎儿，想要讨个公道，那就把事情搞大，越多人知道越好。如果你想大事化小，小事化了，只想安安静静地上学，我有以下几条建议想要请你注意：

第一，不要创造两个人独处的空间。两个人只要没有独处的机会，他就没有接近你或是冒犯你的可能性。要问问题或是有其他事必须跟他私下交流，不妨多带一个同学去；要请他吃饭或是有其他事要感谢他，那就带上你的父母。

第二，如果他真的说到做到，自此不再骚扰你，可以假装什么事都没有发生。你要知道你的目标是学习，而不是将时间耗费在这个人身上。有时候你越显得慌乱，他越是觉得有机可乘。你表现得百毒不侵，该干吗干吗，他反而害怕了。

第三，明确界限。假如他在跟你讨论问题的时候故意碰你一下子，你赶紧说："老师你忘了上次了吗？"或者他再有一些轻佻的话术，你就录下来或是保留好聊天记录，然后正色警告他："你要再这样，我真的要报警了。"

第四，告知父母你受到的侵害。相比于以上三条，这条是最重要的。发生这种让你痛苦的事，一定要让父母知道。无论父母有多不靠谱或是有多靠不住，都要让他们知道，或是让最信任的朋友知道。养老院的老人为什么十分渴望自己的子女经常来看望自己呢？因为子女的到来就是潜在地告诉他人：不要欺负我，我是有人保护的。如果你敢欺负我，我就揭发你。

所以，要敢于把自己的底牌亮出来，让更多人看到。

✉ 第8封信：怎么跟家人说"对不起"？

闫丽： 龙哥好。妈妈曾经在老家给我找了一份高速收费站的工作，我不想去，可他们骗我，硬把我送到了培训基地。我一时没想明白，他们一走，我也离开了。从这以后，妈妈再也不理我了，打电话不接，发短信不回，过年也不让我回家。现在我经历了一些事，已经明白妈妈的良苦用心。我想跟妈妈说声"对不起"，却又不知道该怎么说。

李尚龙回信：

好像有个不太成文的规定，就是关系越亲密的人越容易让你受伤，反之亦然。我想，你一定是伤害了你的母亲，才有了今天的懊悔。

那么，该怎么办呢？

我有一个特别好的方法分享给你：当你对亲密的人说不出"对不起"或是"我爱你"的时候，不妨拿起笔写一封信。

无论是表达爱意还是表达歉意，我一直都觉得文字比语言更有力量。这封信你可以放在他们的枕头下或是直接放在饭桌上，让他们安静地去看。其实我和你一样，我也曾有许多话想要对父亲说，但他一直都没有时间听或是不愿意听。当时，我对自己的人生有了新的规划，我想从军校退学，但父亲一直不给我机会让我表达自己的诉求。于是，我就给他写了一封信。后来，有一次父亲跟我喝酒时说，幸亏有那封信，要不然他永远不知道自己的儿子有那么多真情实意的话想要跟他说。可见，文字的力量真是伟大呀。

后来，通过文字，我的很多想法、做法都改变了。我发现，很多想不明白或是说不出来的话，通过文字把它写下来是个不错的办法。再后来，我写了越来越多的文字，成了一名作家。我的父亲前段时间被诊断出癌症——膀胱癌，这让我一时之间难以接受。作为一个成年人，我羞于将那些"恩重如山""伺候终老"的话当面对父亲表达，所以待我平复情绪之后，我把自己的情意化作文字，放在了公众号和书里。父亲看完之后非常感动，甚至很长一段时间他都靠文章里的那些读者留言坚持治疗、锻炼身体，现在病情已大有好转。

所以，你不妨试着给妈妈写一封信。这封信可以手写，也可以打印出来放在妈妈看得见的地方。相信我，只要你这样做了，妈妈不会不理你的。毕竟，人心都是肉长的，血浓于水，这是谁也割不断的亲情。其实，妈妈只是需要你认真地跟她道个歉，告诉妈妈你错了，看看还有没有其他的解决方案。

当然，你也可以试着找个中间人——爸爸或是妈妈的好朋友——试探一下口风，然后对症下药。或者找一个合适的时机，比如逢年过节，你投其所好送她一个礼物，回家多赔笑脸，多帮妈妈干点活，说不定就过去了。

人生就是这样，我们总是要为自己的年少无知买单。可是，这就是青春啊！如果有遗憾，那就尽力弥补。

其实你能问出这个问题，说明你已经成长了。但还有一件事你要明白：自己的事自己做主，一切才会变好。父母替你做的任何决

定的初心自然是为了你好，但如果你自己能把自己照顾得很好，父母也就不会替你担心，帮你做决定了。或许你自己也不知道自己适合做什么，只是不喜欢父母给你安排的路。其实年轻人的路本就是曲折且充满不确定的，不管是继续求学还是参加工作，如果感兴趣，尽管去试一试，闯一闯，说不定就找到适合自己的路呢？一些你看起来完全不适合的工作，一旦投入进去，可能发现也没有那么难。

我的一个同学，读了商学院之后，在一次线下飞盘活动里认识了一个公司的创始人。一问是我们的师兄，我们就想跟着他混，或者让他带着我们一起做点什么东西。后来，我的这个同学直接去师兄的公司上班了。当时我们还开他玩笑，说大家明明是师兄弟关系，被他这样一搞，成了上下级关系了，这以后大家相处多尴尬。可后来大家一问，就都不笑了。因为这位同学去到那里，一个月可以拿3万多元，同样地，他一个月能给师兄的公司带来十几万元的利润。于是，大家都好奇，同样是这个人，为什么之前没有崭露头角，怎么现在突然就爆发了呢？其实并不是，而是因为之前那个工作不适合他。可是，如果他不去参加那次飞盘活动，遇不见那个师兄，他永远都不知道自己竟然还有这样的天分，还能够做得那么好。

所以，我的建议是，该道歉的道歉，该坚持的坚持。千万不要什么也不做，更不要把自己闷在家里，试着走出去，多接触一些人，说不定就会有更多的可能。

✉ 第 9 封信：交朋友要不要有目的性？

小兮：我们在生活中如何辨别哪些是合作伙伴，哪些是交心的朋友，哪些是交情不深也没必要联系的人？

李尚龙回信：

小兮，你好。每个人交朋友都是有目的性的。这句话听起来很残忍，但确实是事实。只不过有些人的目的是长远的，有些人的目的是短暂的。比方说前些日子，我的一个做金融的朋友频繁约我出去吃饭，我就特别好奇，因为我跟他完全是两个圈子的，我不知道金融圈跟我有什么关系，也不知道我能帮他做什么。大家一吃饭就聊哪个股票拦腰斩了，哪个股票可以入手，哪个公司要做空，哪个公司上市前是他们持股的，我完全不懂。我聊起文学他们也不懂，我只好说您刚讲的那个东西好像跟《包法利夫人》有关系，那个故事就是福楼拜的亲身经历。大家的圈子不同，关注的点也不同，但聊的时候，我就思考：他为什么非要约我吃饭？纯粹联络感情还是有其他事？

直到我们吃第三次饭时，我才知道原来他是想让我帮他写一个自传，写他在金融行业的起起落落。后来，第四次他再邀我吃饭，我就不再应约了。第一，"未知全貌，不予置评"，我不是他，无

论怎么写，都不可能写出他想要的效果。第二，就算我写了，也出版不了。因为金融圈的事儿不是我这个外行人了解一二就能说得清的。

我曾经在写作课里讲过一个公式，就是任何一个人物都要先有目标，他要冲着目标努力，遇到意外，继续努力，再遇到意外，再继续努力……一直这么循环往复下去。这也是我们每个人的一生。所以成年人的世界，不要太在乎别人接近你是为了利益还是感情，而是要增加自己的个人价值。有价值的人才会被人喜欢，被人追寻。其实就算是因为真情跟你在一起，不也是你给他提供了情绪价值吗？大家在一起打游戏、逛街、闲聊、追剧……好像也没干什么惊天动地的事，但不也是消耗了你自己的孤独感吗？一样是有目标，只是你不知道而已。

其实，你越长大越发现，别人跟你交往有目的性未必是什么坏事，甚至对你爱的人有目的性也不必惊慌失措。在成年人的世界里，有目标、有目的性说明效率高。大城市里每个人都很焦虑，大家的时间都这么宝贵，每天忙得要死不活的，直奔目的有时候挺好。

当然，第一次见面就给人提需求的人特别讨厌。他们还没开口，脸上就写满了"你能给我带来什么"，这样的人你往往不会见他第二次。所以，做人不要目的性太强，或者说，你要学会隐藏自己的目的。那些将欲望写在脸上的人尽量远离，因为这类人有求于你的时候，特别会谄媚讨好，一旦他从你身上得到了自己想要的东西，很快就把你抛诸脑后。

另外也告诉你，无论面对谁，都不要把自己的事全盘托出。俗话说，"逢人只说三分话，不可全抛一片心"，哪怕对方正在说起你的父母妻儿，也尽量保持一定的神秘性。同样地，跟自己的父母妻儿也不要什么都讲，至少得有 20%、30% 的神秘感。

神秘性是别人尊重你的前提，所以你要有守住秘密的心境和勇气。有些人你与他交心之后，你会发现他与你渐行渐远。他把你很多交心的话讲给别人听，以此换取别人的信任。那时候你太痛苦了，慢慢地，很多话你也不愿意再对人言了。以前，我也很喜欢把自己上军校的经历讲给别人听，可是这些经历经过别人的演绎、流传，已经完全失真了，它逐渐变成一个戏剧、一个笑话，人物是我，但故事已经与我无关了，所以后来我干脆就不讲了。

另外，我建议你不管什么人都可以见一见。很多人可能觉得大家交情不深，能不见就不见。其实，很多交情就是交着交着才深，越不联系越淡漠。殊不知，很多弱关系在我们做重大决定的时候往往起着至关重要的作用。比如找工作、做选择，甚至创业找合伙人，往往强关系没什么用，因为如果有用早就发挥作用了，反而是那些平时看起来毫不相干的人，给予你强大的支持。可能你会好奇，既然是弱关系，我为什么还要找他们帮忙，听取他们的建议呢？因为旁观者清，他们与事件本身没有太多的利益关系，所以给了你客观公正的建议。

当然，在你没有展现你高价值的时候，先别着急参加那么多饭局。就算你酒量再好，说的话再好听也没有什么意义，因为大多数人都是"慕强"的，一个没有成就的人，是不会得到太多尊重的。所以在此之前，放弃一些无效社交，把那些空闲的时间拿来提高自己，让自己变强大，到时候自然会有各种各样的人围绕在你身边。

✉ 第 10 封信：怎么面对爱情的不确定性？

Lydia：龙哥，如果爱情具有不确定性，我们是否应该把大部分的精力放在事业上呢？应该怎么分配工作和爱情的时间呢？除了这些，应该花多长时间在亲人身上呢？我们应该怎样让自己过得充实呢？

李尚龙回信：

Lydia，你好。确定性的确是每个女孩子都需要的，但不确定性才是爱情。不，确切来说，一切事情的基础和事实都是不确定的。你看这世界上到底什么事才是板上钉钉的呢？可能只有不稳定吧。

其实，爱情最美妙的地方就在于它的不确定性，那些突如其来的花儿，忽然转头的拥抱，让人欲罢不能的暧昧，以及数不清的特殊回忆，无一不是它的不确定性带来的魅力。

如果你过于确定它的确定性，反而会阻碍感情的发展。你想，如果一个男的上来就跟你讲："我要跟你在一起四十年，第四十一年我就撤了。"你不会被吓跑吗？再比方说，你跟另外一个女生说："我会在第五年零三天的时候和你生一个孩子。"那个女生也会觉得没意思吧？一切对未来的确定性都会造成无聊，很没意思。因为当一切都确定了，爱情也就失去了它原本的魔力。当然，这也给人们带来一定的痛苦，因为爱情是会消失的。比如一对结婚七年的夫妻，丈夫一早起来看着妻子，突然就觉得很陌生，觉得自己对她没有爱了。等丈夫跟妻子坦白自己的感情后，妻子特别崩溃，觉得特别难以理解，觉得丈夫是不是喜欢上别人了。其实丈夫可能就是单纯不爱了，没有原因，没有理由。就是荷尔蒙、多巴胺这个东西，它有时候就是瞬息万变的，甚至不用七年，可能几个小时就消失了。

如果爱情没了，怎么办呢？我的建议是，没了就没了，理性地去面对就可以了。爱的时候全力去爱，对方先不爱了，你可以难过，可以伤心，但不要太久。如果你把所有的精力都放在爱情上，你确实会偶尔喜悦，但最终是多么脆弱啊。所以，不要把自己全部的身家性命放在一个如此不稳定和如此脆弱的地方。说到这里，我推荐你去看一本名为《高效能人士的七个习惯》的书。这本书告诉人们一个非常重要的道理：你把一切寄托于人，总会遇到麻烦，因为人会变；但如果你把一切寄托于原则，原则不会，因为原则是亘古不变的。也就是说，工作比爱情更接近于原则。因为工作往往是确定的，是通过努力真的有所回报的。如果你把大多数的时间放在爱情上，可见你是个恋爱脑，那你的情绪就充满不稳定性，试想哪个老板会把重要的任务交给一个随时有可能炸起来的人呢？可如果你把事业放在第一位，你反而可能会收获到爱情。你看这个世界上，那些工作能力优秀的人，那些赚到钱的人，连不讲道理的人都能被称为"霸道总裁"。而你要是工作能力弱，赚不到钱，不讲道理，只能被称为"耍流氓"。而且，当你通过努力工作到达一定高度时，你遇到的人可能更多，靠谱的、情绪稳定的、阶层更高的人也会更多，那时候你的选择面更广，喜欢你的人也会越来越多。

至于亲情，它更像是一个无底洞，贯穿一个人的一生。但不管

是妈宝男，还是妈宝女，都不可能天天陪着父母。就算你想陪、愿意陪，他们也未必会让你陪。他们有他们的世界，他们有他们的乐子，与其天天缠在父母身边让他们烦你，还不如好好工作，在自己的领域把自己变得优秀起来。当你开始变得越来越优秀，他们会为你骄傲的。看到亲人为自己骄傲，你会更自豪。

所以，我经常会跟大家讲，无论是亲情、爱情，甚至是友情，不打扰，让自己变优秀反而是对的。小的总是围着大的转，你一定要成为那个大的人，让别人围着你转，而不要成为小的人围着别人转，这一点对任何人都是正确的。

✉ 第 11 封信：另一半不尊重我怎么办？

焦焦： 龙哥好。当你遇到不尊重你的另一半，该怎么去沟通解决呢？
从我记事起我就知道我爸爸非常强势，虽然他也很爱妈妈，
但并没有给予妈妈足够的尊重。我特别讨厌爸爸这样的性格，
但没想到，我现在要谈婚论嫁的男人竟然也是这样子的。可
我又很喜欢对方，觉得一味忍让并不好，我不知道该怎么处理，
龙哥可以解答一下吗？

李尚龙回信：

　　焦焦，你好。我先告诉你一个不幸的消息，在大男子主义盛行
的今天，我们身边有太多太多大男子主义的人了。但是，你有没有
发现，很多男人身上的大男子主义，十有八九都是他人造成的？因
为人真的像橡皮泥一样，可以被塑造。

　　首先我不否认很多女人身边确实有操控型甚至打压型人格的男
人，因为她们把应该自己扛下来的责任直接交给了男人。可是你要
知道，你不能什么都靠男人。如果你精神富足、经济独立，对方一
定对你无比尊重。但是，你什么都靠别人，好像没有别人你活不下去，
那你就得不停地妥协和忍让啊？我们经常说"经济基础决定上层建
筑"，一个精神富足、经济独立的女人，谁会一味忍让呢？

通常男人与女人相处有一个底层逻辑，就是一个男人为你付出得越多，你要得越多，你的自主能力肯定是越少的。自然而然，那个人的大男子主义就会越来越厉害。我的一个女性朋友，结了婚之后没多久发现老公的大男子主义超强，甚至滋生出了控制欲，于是她的婚姻越来越不幸福。后来，我们一起聊天，她突然发现一个问题，就是她早在结婚当天就交出了自己对生活的主动权。比方说不找工作，觉得结婚了就得全心全意照顾家庭，自然是要做全职太太的。就是这样，她让曾经爱上自己的男人知道：哦，原来你是我的附属品啊，原来你可以被控制，原来我不管对你做什么好像都没有什么代价。既然生活的压力全部在我这儿，那么受气包必须得是你。你让我无比的痛苦，我也不会让你好受很多。

我希望所有女性都要牢牢记住，大多数女人不幸的源头就是从放弃工作开始的。现在都什么年代了，难道你真的天真地以为两个人在一起，男的负责挣钱养家，而你只需要貌美如花吗？这个想法首先就很荒谬。对男人不公平，对女人也不公平。

通过你的陈述我发现一个可怕的问题，就是很多人的不幸是在重复父母的不幸。

比如，父母如果离婚了，子女大概率也会在某个节骨眼上离婚。父亲有家暴倾向，儿子未来也极有可能家暴妻子，而女儿也会变成被家暴的模样。

我的一个女性朋友就是这个故事的缩影。在她很小的时候，她的父亲就经常家暴她的母亲。她长大结婚以后，也经常莫名其妙地被老公家暴。结果一了解才知道，这就是他们日常相处的方式，就是两口子一吵架，女的经常拿话激男的：你打我呀！你有本事你打我呀！你不敢，你就是孙子！结果，男的火气一上来，真的动手了。

而且家暴这种事，有第一次，就有第二次，继而有无数次。这个女性朋友非常典型的心理，就是"自证预言"，潜意识里在主导事态往不好的方向发展。也就是说，我觉得你对我不好，为了证明我的这种感知是对的，我看到的所有东西都是你对我不好。哪怕你现在对我很好，也是为了以后对我不好。于是，你越这么想，越容易放大这种行动。对方感知到你的情绪变动，从而变成你潜意识中的那个人。等到对方真的变成那样的人，你就会非常自然地感叹一句："我早就说吧，你就是这样的人。"这种思维很常见，很多人都有。所以很多人说，大多数家庭不幸福的人，往往都逃脱不了原生家庭的影子。男人活成自己的父亲，女人活成自己的母亲。

但请你明白，千万不要"自证预言"，人是可以被改变的。当你意识到自己开始有负面情绪时，一定要冷静下来，看看自己的想法是否理性，是否正常，是否对解决问题有帮助；如果没有，一定要及时止住，不要让事态往不好的方向发酵。

另外，我建议你和现在的男朋友好好聊一聊，两个人敞开心扉深入地交谈一次，告诉他你为他做了多少让步和牺牲，告诉他你现在有多痛苦和煎熬，或许他还是不会改。没关系，感情就是合则聚，不合则分。

没什么大不了的。

✉ 第12封信：30岁后，还能不能拥有爱情？

ff：30岁之后，还能不能拥有爱情？

李尚龙回信：

我觉得任何年龄都可以拥有爱情。就拿我身边的朋友来说，很多都是30岁以后遇到真爱，顺利结婚生子的。而且，他们也在拥有爱情的同时，找到了自我。或许等你再多经历一些就会明白，爱情真的不是光靠年轻时的荷尔蒙和多巴胺就能在一起的，而是越成长越知道自己真正想要的是什么。在《小王子》中，小王子跟他的玫瑰花，一个妖娆造作，一个对未来完全失去信心。可是这两个物种为什么能在一起，而且在成年人的爱情中显得不那么油腻呢？

通过仔细观察，我从他们身上发现一些有意思的地方，分享给你。

第一，对彼此忠诚。

《小王子》书中的金句可以给我们启示：

爱情，就算是你见到了世界上所有的玫瑰花，却只想念心里的那一朵。

看吧，只要你足够忠诚，只要你爱的就是那个人，30岁以后也可以拥有爱情。也许这份爱会消失，但当你只爱他的时候，仿佛一切都跟世界没有了关系。

第二，自信。

30 岁之前，年轻就是资本，年轻人散发的荷尔蒙本身就是爱情的最大魅力。只要你足够精神，看起来朝气蓬勃，这个阶段遇到爱情不足为奇。但是，随着年岁增长，你不得不面临很现实的问题——你该为自己未来的人生负责了。这时候想遇到爱情，就需要自信和财富加持了。

自信的人自带光芒。这类人通常有两个特点：一是以自我为中心，并且目光远大；二是当他们努力朝着美好的未来奔去时浑身散发着魅力。而人之所以自信，是因为他们在某个领域做对了一些事情，并且把这些事做得很好。他们明白人无法改变自己的出身，但能通过双手改变自己的命运。这样自信的人，没有理由不遇到爱情。

第三，主动。

30 岁之后遇到爱情还有一件事非常重要，就是要主动。在我了解到的有限案例里，我发现凡是能够遇到爱情的女孩子，多多少少都有一定程度上的主动。很多优秀的男生之所以到 30 岁还没有结婚，多半是不够主动和性格内向，以至于错过很多机会。像这种人，基本上在过往的 30 多年已经养成了不主动的习惯。所以，这时候如果女孩子也不主动，那结果只有一个，就是两个人一直擦不出火花，而且还会渐行渐远。

所以，也送给这样的男人一句：遇到合适的好姑娘，主动一点吧。"一万年太久，只争朝夕"。30 岁以后，遇到好姑娘和好男人的可能性真的是越来越少了。

第四，财富。

我说的财富并不是腰缠万贯，而是你至少应该有一个体面的生活。人到 30 岁之后，进入一段感情最基础也是最痛苦的一件事就是"贫

贱夫妻百事哀"。就好像浪漫这件事，说到底还是要有一定的物质基础。

20多岁的时候，你三天不吃饭，给人买一朵玫瑰花可能让人很感动。到了30岁，且不说你买的玫瑰还能不能让人感动，光是你三天不吃饭，可能身体就吃不消了。所以还是要赚钱，赚钱太重要了。成年人的体面就是从能赚到一点体面的钱，过一个体面的生活开始的。在大城市，先谋生，再谋爱，先生存，再谈梦想。

最后，我希望无论哪个年纪的人，都能拥有轰轰烈烈的爱情。哪怕这爱情持续的时间并不长，哪怕这爱情没有美满的结局，至少你拥有过。

但愿你可以找到这样的爱情。

✉ 第 13 封信：怎么走出讨好型人格？

超越： 龙哥，总是为别人考虑，为别人做事，做完发现自己心里真的很不愿意，但不做又很内疚，怎么办？

李尚龙回信：

超越，你好。你就是典型的"讨好型人格"。这个词最近特别火，我曾经也遇到过好多讨好型人格的人。那怎么改变呢？我先给你推荐两本书，一本是我们读书会经常推荐的，叫《被讨厌的勇气》。当一个人可以被讨厌是需要勇气的，因为我们大多数人都知道，一个被讨厌的人，他一定可以做自己，他具备被讨厌的勇气，他才可以做自己。而另外一本是阿德勒的作品，叫《这样和世界相处》。

第一本书我们很多人很熟悉了，不赘述了。第二本很重要，因为讨好型的人来自我们的一种妄念，就是如果我拒绝了别人，别人会讨厌我。如果我尊重了别人的意愿，所以每个人都会喜欢我。如果大家都讨厌我，我就完了。我没有任何社会价值了，也不会有人尊重我了。但其实亲爱的，真不是这样子的。别人尊重你的原因只有一个，就是你值得被尊重，而不是你努力讨好别人。所以你要去建设自己的内心。有时候你会发现，你能够建设自己的内心，保持独一无二的个性，你更能被人喜欢。你要先喜欢上自己，然后成为

不令人讨厌的人，再成为受欢迎的人。所以我跟你分享四招干货。

第一招，学会说"不"。

好像我们的日课一直在鼓励大家学会说"不"，那么你今天就可以试试看。你可以按个暂停键，现在就说不，你多说两遍，试试看是什么感觉。尤其是你对一些陌生人，你这辈子可能只会见他一次，你拒绝了又会有什么影响呢？记得有一次，我在公交车上有一个人跟我说："你把位置让给我。"他说那话就感觉我欠他钱似的，这个位置就像写他的名字似的。我看了看他，突然想到了"学会说不"四个字，于是我说："不好意思，我不方便。"他看我理都不理他，就转身找我旁边另外一个人说："你给我让个位置。"另外一个人也不理他。接下来，我注意到他是一个大爷。我说："那您来吧，我站一会儿。"这个时候他干了一件事儿，让我印象特别深刻，他说："谢谢啊。"他表达了特别诚心的感谢。这件事儿给我很大的启发，如果我一开始让他，他肯定会觉得我是应该的。但是，我先拒绝，所以我后面的答应变得有了很大的意义。

下次，你再看到超越你预期的请求，比方说你可以借我点钱吗。你不要理他，也是一种拒绝。关于说不，我们之前的日课有一个办法，讲的就是你至少可以拖延时间。有一句话我屡试不爽。谁找我帮忙，我实在不想理他，就会说一句话："我最近太忙了，你等我忙完好吗？"你看这一下子就树立了边界意识。

第二招，树立边界意识。

很多人以为自己没有边界，肯定会被更多人喜欢。但恰好相反，讨好型人格的人就是因为太好说话了，所以就算被侵犯他们也不会生气。这件事儿因为不表现出来，所以与人交往时，别人会觉得这个人说什么都可以，没原则。其实人和人的交往是一个互相满足需要的过程。有些人可能喜欢这种被需要的感觉，在帮助别人的时候，他获得了满足，就把自己不被尊重的这个事实给忽略了。你要多问问什么是你自己不能接受的。坚决突破底线，要拒绝。你至少要学会发怒。当别人踩到你底线的时候，你至少要跟他说一句："你现在突破我的界限了。"所以边界被侵犯，要说"不"。这条非常关键。

第三招，不要道德绑架自己。

我们确实见过很多道德绑架别人的人，却忘了很多人会道德绑架自己。比方说，我就见到好多人，他潜意识的声音是不停地提醒自己，我拒绝别人是因为我道德低下。我拒绝别人会让别人不高兴。但是，理性分析并不会，你拒绝别人很可能不是你的问题，而是别人的问题，是这个问题太过分了。另外，我调查了很多资料才明白，取悦别人这件事儿真的没有任何的意义。人们不会打心底尊重那些取悦别人的人，人们只会尊重那些真正值得被尊重的人。换句话说，你在某个领域做得很好，你在某一个环节做到足够精致，从这些角度你才会被更多的人尊重。人们只会尊重那些值得被尊重的人。把这句话重复几遍。

第四招，尊重自己的多样化。

这一条是我想了很久才想明白的。我们在这个社会里越来越怕毁掉自己的人设。什么叫人设？我认为所有限制你发展的、限制你多样化的都是人设。所以我们大多数人戴着面具做人。比方说，你是一个柔软的人，你是一个温暖的人，你看这些词一旦放在你身上，你永远不舍得摘掉它，因为它太好了。一旦你有一个打磨很久的人设，你就会被人喜欢，因为你有这个人设，因为这个人设你精心维持了好长好长时间。原来我们没有手机，可是现代社会你必须随时在线，所以环境扩大了人们评价你的范围。各种社交软件的流行，让我们

一度陷入一种期待他人表扬、害怕他人不喜欢的氛围里。所以，被人喜欢被放大到今天这个层次，我们从历史的场合来看前所未有。连明星也从戏里走到了戏外，连戏外的每一个动作，连抽一支烟都可能被人讨厌。所以他们无意中开始建立自己的人设，而为了维持这一人设，他们开始下意识地疯狂讨好着。但随着你越来越讨好别人而失去自己，而只能拥有这一面，你一定会越来越反感自己。

为什么你会反感自己？因为以讨好的方式去吸引别人，一定不是真正欣赏你的人。生活中最幸福的人莫过于可以接受真实的自己，不仅是一面，而且是很多很多面。也就是我们说的做自己。而做自己，就是要把内心深处的每一面绽放出来，活出来。好比你原来是一个特别有正能量的人。你因为害怕别人不喜欢你，所以你所有的泪水都不敢展现给别人，反而把自己活成了一个纸片人。因为害怕有了负能量而不被人喜欢，所以你不停地伪装，你不停地丢掉那些你真实的表达。最后，你又变成了讨好型的人。

人是多元的，你不能指望每个人都喜欢你的那一面，所以你就活成那一面。人要不停地探索，才能成就自我，先喜欢自己，才能让别人爱上你。

✉ 第14封信：怎么去找合作伙伴？

flora：龙哥好。我知道找合作伙伴需要找和自己一样对某件事怀有极大热情的人。那如果实在找不到呢？接下来应该找什么样的人？还是坚持宁缺毋滥呢？

李尚龙回信：

　　flora，你好。创业时期能找到一个合适的合伙人而且不撕扯是相当幸运的事，比你赚多少钱都令人骄傲和自豪。所谓合伙人，就是平等的合作关系，大家要目标一致，三观一致，行为处事一致。所以，找合伙人，什么时候都是极其困难的一件事，找着找着找累了，可能会被这样或那样的因素干扰，从而改变策略。但有一条很重要，就是"相似的个性，互补的需求"。相似的个性就不多说了，什么是互补的需求呢？一是资源互补，二是能力互补，三是性格互补。性格互补不是最主要的，因为可能你们的性格是相似的，但依旧可以把事情做好。但是，光看前两个互补，依旧不好找。我曾经把找合伙人定义成找女朋友，找得好事半功倍，找得不好什么都得自己解决。而创业就是三件事：定战略，搭班子，带队伍。找合伙人就是我们说的中间那个——搭班子。有一句话很重要，叫"不要用兄弟的感情去追求共同利益，而是要用共同利益追求兄弟的感情"。

这句话来自真格基金的创始人徐小平老师。

　　其实，在大城市没必要跟什么人成为特别好的朋友，你只要找到目标，在路上自然就有了朋友。两个人共同做一件事，做着做着，自然会跟他产生感情。记得我刚创业的时候极度痛苦，因为什么都是我干，资源是我找的，能力我最强，性格上我是又当爹又当妈。后来发现，其实这样创业特别不科学，一是它耗费了我很多的时间，二是"独木难成林"，事情全压到一个人身上，根本做不起来。比起管理和运营，我更适合做内容。但是，很多时候，我不得不花很多精力去搞资源，然后将谈好的事情一件件落实下来。直到后来我遇到肖肖，也就是我的合伙人，他帮我把很多事情搞定了，切切实实落地了，我们合作得很愉快。

　　所以说，先不要着急，先把自己分内的事情做好，说不定那个合适的合伙人正在远处观察你呢。找合伙人要做好长期战斗的准备。

　　在我们的文化行业，很多知名的文化公司也都是找了好几次CEO，最后才确定下来说这个人靠谱，然后业绩和业务一下子飞升起来。

　　还有就是，创业一定要找合伙人。单枪匹马闯世界实在太痛苦了。原来你在大学的时候，可能像孙悟空一样可以上天入地，无所不能。但是，你现在去西天取经，一定是要唐僧师徒四人，还有一匹白龙马。单枪匹马无疑是最累的，还容易吃力不讨好。

　　那怎么找呢？就是看这个人未来的想法是否和你一致。如果他一上来就谈跟你怎么分钱，这事往往成不了。即使你们勉强成为合伙人，也走不长远。因为他并没有把长远的目标展现给你看，他最关心的是他的利益。而且，有些人即使一开始跟你想法一致，可真相处起来，可能合伙人慢慢变成了散伙人。

因为合伙创业需要全情投入，如果他不认同，他是不可能投入资源、时间或是金钱的。也就是说，只有愿意投入资源、时间或金钱的，才是真正意义上的合伙人。所谓"交钱才能交心"，这在创业场上太重要了。那些白拿的股份，你想想看，他会真正珍惜吗？他们会拼了命地保住吗？

还有一种情况是，这位合伙人付出了他能付出的一切，也就是他参与了全职创业。全职创业的核心实际上是一种抵押，他抵押了机会成本。这种情况下，应该是谁出的钱多，干的活多，谁做出的贡献大，同时得到的也多，承担的责任也大。

今天有很多合伙人是"有限合伙人"，就是有人出钱，有人出力。赚钱了，出钱的拿 3/4，出力的拿 1/4；亏钱了，亏到出钱的人的本金亏完为止。这种出钱和出力相互配合的合伙制度，被称为"康孟达契约"，是很多风险投资业的基本管理模式。

当然，创业有各种风险，很多人走着走着就散了。当初的豪情壮志在现实的打击下，很快就变得一文不值。所以，那些找来找去始终找不到合伙人的，也就自己扛了。

最后，希望你早日找到靠谱的合伙人。

 第15封信: 谈恋爱和结婚的区别是什么?

游乐场: 龙哥好。我男朋友的家庭条件一般,他自己的收入也不高,没有办法承担大部分的房款。我担心父母反对,一直不敢告诉他们。男朋友的母亲比较强势,我很怕日后我们真的在一起生活了,和他的妈妈处理不好关系。而且他们家信佛,我们家没有这方面的信仰。他是学机械的,毕业两年左右,工资也就四五千块,几年以后最多也就一万出头。目前我们的感情还可以,他的性格也还好,不知道时间久了会不会吵架。家里人要求我必须在二十五六岁的黄金年龄前,确定一个不错的结婚对象。我很苦恼,不知道该怎么办,希望龙哥能给我一些建议。

李尚龙回信:

嗨,游乐场。我猜你一定是一个很纠结的小姑娘吧,那么多事情一件接一件地来,你根本不知道该如何处理,这很正常。可是,我要告诉你的是,如果你只是想谈个甜甜的恋爱,只需要享受当下就好。如果你想和他结婚,尤其是像你说的那样想在女孩子的黄金年龄有个好的归宿,那你真的要好好考虑清楚。婚姻不是只有爱情就可以,它涉及两个家庭的阶层、三观,还有实力。

我曾经看到过一个女孩，爱她男朋友爱到不行，发誓非他不嫁。结果临到结婚了，意外发现准老公的父母背负着 3000 万元的巨额债务。身边的人都劝她要不要再考虑考虑，她毫不畏惧地说："我爱死他了，除了他，我谁都不嫁。"她坚信他们可以共渡难关，她也坚信她的老公不会让她受苦，会想尽一切办法把债务问题解决。最后，他们结婚了。由于没有做婚前财产公证，他们夫妻的共同财产一下子变成了共同债务。男孩子非常孝顺，觉得父母养大自己非常不容易，两个人婚后第一年挣的钱，全部被拿来偿还男方父母的债务。女孩子在过了一年苦日子之后终于发现，爱情不能当饭吃，于是第二年两口子就开始协商着离婚。但是，男方死活不同意，两个人闹了很久，最终还是离了。

俗话说，"男怕选错行，女怕嫁错郎"。女人在选择结婚对象时，一定要慎重。如果不小心嫁错人，可就悔之莫及了。什么是错误的结婚对象呢？

一是没本事。这种人不是能力不强，就是有一定能力但是赚不到钱。二是对方不爱你。这两条都是女性嫁人的地雷，要小心避之。

针对你的情况，我的建议是，要么你们一起努力赚钱，要么你们一起节衣缩食。要不然就是那句古话，"贫贱夫妻百事哀"。

另外，在恋爱时不妨听听父母或是好朋友的建议。所谓"旁观者清"，不管是你的父母还是你的好朋友，他们的出发点肯定是维护你的利益。而你在荷尔蒙的催化下，每天都热血沸腾，做出的决定多半是一时冲动，是不靠谱的。

客观来说，如果两个人只是谈恋爱而不考虑未来，差不多半年就可以结束了。

我希望所有女孩子都能学会及时止损。

　　如果你想结婚，想生孩子，不要把时间浪费在一个根本没考虑过这些事的男孩身上，也不要相信那些"等我有钱了，我们就结婚""等我存够 × 万，我们就生宝宝"的鬼话。

　　一个真正爱你的人，恨不得马上把你娶回家，怎么可能单纯地只想跟你谈恋爱呢？

　　当然，如果你真的很爱很爱他，他也很爱很爱你，那你担心的这些事都不是问题。因为真爱可以清除一切阻碍。如果你已经下定决心要跟他在一起，无论多少痛苦麻烦，多少柴米油盐，都能通过两个人的共同努力奋斗而来。

　　爱情的魅力就在于此。

　　最后，无论是谈恋爱还是结婚，一定要努力赚钱。只要赚到钱，很多复杂的问题都会变简单。

第 16 封信：你为什么老遇到渣男？

温暖花开： 龙哥好。我有一个很好的朋友是老师，因为前夫出轨，两个人离婚了。现在，她重新找了一个谈婚论嫁的男朋友，两个人房子都买了，男的又开始各种找事儿，搞得她都不知道这婚还要不要结。为什么她总遇到这种渣男？我该怎么去劝她呢？

李尚龙回信：

温暖花开，你好。其实你不用太惊讶，就算是没道理可讲的爱情也有可以计算的公式。我们经常看到两个人谈恋爱，谈着谈着，一个在畅想未来，一个在想着怎么说分手。究其原因，想要离开的那个人已经找到了更好的。当一个人开始跟你斤斤计较，爱情已经在逐渐终结的路上了。这个终结，也未必是一方不爱了，也可能是爱情开始转化成亲情了。据说两个人的热恋期也就两三个月，在这期间，大家干柴烈火，你一言我一语，每天腻歪在一起都嫌不够，好像有说不完的情话。等热恋期一过，激情消退，两个人要么分手，要么被动地被捆绑成利益关系。比如，家里的开支谁来承担，房子写谁的名字，车子谁出钱买，你爱我好像没有我爱你多，等等。

我真心建议，那些被浪漫爱情剧毒害的女性朋友赶紧回到现实生活中来。浪漫爱情剧之所以能拍出来给大众看，就是为了造梦，

给你美好的想象。可现实是残酷的，安全感需要自己给，钱需要自己赚。那种不图你钱不图你颜，又对你呵护备至，一整天啥也不干只围着你转的男人，要格外当心。

另外，不要觉得自己总是遇到渣男。世界是复杂的，人性也是复杂的，用"渣男"这个词去定义一个人太宽泛。因为他可能在你这里很渣，在别人那里很专情。就好比这位老师的上一段婚姻结束，真的单纯就是因为前夫出轨吗？她有想过更深层次的原因吗？真实的原因我们不得而知，但仅仅用"出轨"两个字概况上一段婚姻的失败，我觉得是不准确的。这也可能导致离婚的真相被掩盖。

我曾经与一个婚姻咨询室聊过关于婚姻的话题，他说男人出轨的原因不仅仅是自己不自律，还有可能婚姻里存在着不被满足的部分。而这部分，恰恰是很多夫妻容易忽略的部分。所以，一段婚姻的结束，真的只是一个人的问题吗？

同样地，为什么你总遇到渣男？你想过问题出在自己身上吗？我有一个朋友，谈过三个女朋友，他不仅样貌出众，而且还都是国内某名牌大学的。但三个女朋友最后都甩了他，于是他就说这所学校的女生有毒，一个比一个渣。事实真的如此吗？

有一天，我们一起出去吃饭，刚好旁边坐着一名女生，那女生就说自己是什么什么学校毕业的。这位朋友本来正因为失恋痛苦着呢，一听对方是前女友的学校，立马两眼放光，一溜烟儿跑去跟女生搭讪了。我这才明白，不是这所学校的女生有毒，是我的这位朋友内心深处有症结。他潜意识里就对这所学校的女生感兴趣，觉得这所学校太好了，能考得上这所学校的女生一定是德才兼备的人。殊不知，优秀的女生你喜欢的同时，别人的选择也多啊。

所以，每个人看似的悲剧其实早早地就被写在了命运和潜意识里。如果人不去彻底地反思跟改变，相同的厄运还会席卷而来。

✉ 第17封信：和父母总因为钱吵架，怎么办？

Rei：龙哥好。我有个朋友总是因为钱和父母吵架，他很苦恼。他说他不喜欢父亲小气的样子，不喜欢父亲在他面前唠叨一些鸡毛蒜皮的事。有时候他很想打断父亲的唠叨，但毕竟是自己的父亲，除了母亲就只有他是父亲的倾诉对象，所以也没办法抗拒。而母亲因为工作，很少在家，好不容易回家一次，也总因为钱的事和他们争吵。正处于学习阶段的他感觉十分痛苦，这种状况该怎么改善呢？

李尚龙回信：

　　Rei，你好。前段时间我看了一部电影，电影里面说其实人生的很多事情都没得选，比如父母、出身、原生家庭的氛围。这不是我们能做得了主的。

　　尤其是当你遇到一对难沟通的父母，你永远没办法。因为这种强势的父母通常都会使用一个大招，"我是你爹"或"我是你妈"。当争执中他们祭出这个招数时，你所有的道理好像一下子说不通了，再反驳下去，就是"忤逆""不孝"了。

　　我们身边太多这样的家长了。因为大家都是第一次当家长，没有经验，也没有意愿去学习怎么当好家长，所以这错误的代价就放

到了孩子身上。孩子也没有经验，面对父母的大招手足无措，难以招架。

但我想说，即使这样，我们也有得选。

我有个学生跟你朋友的遭遇一样。他正在积极地为考研做准备，但他的父母认为他应该找工作，赶紧赚钱养家才是正事。于是，大家一见面就吵架，整天为这件事吵得头蒙。但这位同学不认命，他坚信这件事有得选。他专门找一天时间，认认真真、仔仔细细地复盘了自己哪个时间可以由自己支配。结果他发现，不管白天有多忙，每天晚上有两个小时的时间是可以自由支配的。但是，这个时间段的学习效率并不高，与其白白浪费时间和父母吵架，还不如拿这些时间干一些有意义的事。于是，他就用这段时间去做了兼职。

他说："龙哥，我想起你告诉过我，要先度过生存期，再去谈梦想。所以我要先去赚钱。"

然后，他开始厚着脸皮找我，找他的学长、学姐介绍资源。他的运气还不错，很快找到一份不错的家教工作，是给一个 6 岁的孩子补习语文，一个小时 100 元，一周五天，他可以赚 500 元。后来孩子家长从一小时加到两小时，他每周可以赚 1000 元。这样一来，这笔钱不但解决了他的温饱问题，还因为时间关系，每次回家时父母已经睡下了，大家不见面，降低了争吵的频率。有一次，父母好不容易等到他回来，问他最近都在忙什么，总是很晚回家。他只说："我在做兼职。现在我很累，也很困，我要先睡了。"父母看他一脸倦意，也只好忍住即将发作的怒意，放他一马。

几个月之后，他有了一定积蓄，就在外面租了一套房子，搬了出去，日子清闲了许多。因为要交房租，他工作很卖力；因为心怀梦想，他坚持学习，几个月之后，他果然考研成功了。前段时间听说他毕业了，找到一份不错的工作，年收入几十万元，在北京算得上中产以上的生活了。他的父母变得和以前完全不一样，不但不再骂他，而且还很尊重他。每次打电话，只是关心地问他有没有好好吃饭，一定要注意好身体。

看吧，只要你做得足够好，父母也可以被改变。

不要总觉得自己没得选，好像被逼到绝境似的。古语有云，"天无绝人之路"。《活出生命的意义》里，那个被关进奥斯威辛集中营的弗兰克告诉我们，就算你所有的自由都被剥夺了，身体自由、精神自由，包括你的财富自由都没有了，你还有最后一项自由，就是关于生活态度的自由。你怎么看待这件事，是你能活在这世界上的最后一项自由。你可以选择怎么去看待苦难，苦难是生活的调味品。可能要过很久你才能意识到，苦难不过是争鸣的号角，是为了让你以后过得更好，更不惧危险和责难。

所以，我总是鼓励大家去学习。就是希望有一天，你能不被原生家庭的枷锁困住，让自己走出那个死循环。对于普通人来说，学习是打破阶层的唯一方式。

说实话，除非你是家境优渥的富二代。但家家都有本难念的经，你怎么知道富二代就没有自己的烦恼呢？每个人过着怎样的生活，选择什么样的生活态度很重要！所以，人类为什么会进步呢？我听到最好的解释是，下一代不怎么听上一代的话。因为不听话，所以思维发生了变化。你开始不听父母的话了，开始听更厉害的人的话，所以你越来越进步，越来越强大。

当然，不听父母的话，不是什么大逆不道，更不是让你不孝，而是你慢慢知道自己想成为什么样的人。你的世界不仅仅有父母，还有你自己。

其实，很多人并不知道自己是怎么活成那样的，但他们仗着自己的身份就对你指手画脚，好像他们都是对的，好像他们就代表了某种权威。于是，软弱的孩子被同化了，逐渐活成父母的样子，然后用同样的方式去教育自己的子女。

剩下强势的孩子，披荆斩棘，誓要开辟一条属于自己的路。这条路或许很难，很曲折，很孤独，但你想想看，谁这辈子不是这么孤独地走过来的呢？

✉ 第18封信：朋友不回信息怎么办？

Lee：龙哥好。面对那些不回你微信的朋友，我应该怎么办呢？

李尚龙回信：

Lee，你好。不知道你有没有发现，我们身边好多朋友好像都消失了。所谓"消失"，就是发短信不回，打电话不接，朋友圈也没什么动态。很多人把这种人称为"网络性死亡"。

在网络如此发达的今天，如果一个人开始不更新朋友圈，不更新社交动态，甚至连赞都不给别人点了，那他基本上可以宣告"网络性死亡"了。我的很多朋友、同学，现在基本都是网络失联状态。后来我一问咋回事，答案要么是失恋了，离婚了，事业不顺了，破产了，要么是生活平淡如水，没什么好说的。他们不爱发朋友圈了，也不怎么关注朋友圈动态了，发给他们的信息，当下看了后很快就忘了，以为回了实际上没回，等到发现没回的时候已经过去五六天了。

还有更过分的，有的95后、00后，上着班呢，人说不见就不见了。打电话问他干吗呢，电话不接，微信不回，直接失踪了。老板正着急忙慌地不知道咋回事，心想着要不要通知家属，过两天人回来了，跟老板说："我前两天去西藏旅行了。"

据说这是最近特别火的一种社交模式，在西方也很火，英文叫

"ghosting"。"ghosting"，简而言之就是在毫无解释、毫无理由的情况下，突然断掉跟某个人的联系或某群人的联系。因为"ghost"这个词的意思是"幽灵"，所以这种社交又叫"幽灵式社交"。

大家先不要急着评判这些人。因为进入"幽灵式社交"的人大抵都遇到过事儿。我的微信好友里有个老朋友，我们曾经关系特别好，有一天我闲来无事翻通讯录，发现我们上一次的聊天记录停留在三年前。要不是换手机，可能这些信息都没了。我本来想给他发一条信息，后来想了想还是什么也没说。我翻看他的朋友圈，也一年多没更新过了。记得我们上次交流，还是因为借钱。他跟我说："我的公司快扛不住了，能不能借点钱给我，让我给员工发一下工资。"我说："我也没有那么多，我帮你一起找找别人吧。"我和几个特别好的哥们儿一起凑了点钱给他，但很不幸，他的公司最终还是倒闭了。倒闭以后，也不知道他从哪里找来的钱，把之前我们借给他的钱默默地转回了我们之前的银行卡。他这个人特别好面子，从来不说自己的困难，但一看银行卡的汇款金额，我知道是他。自此以后，他就好像失联了一样，在网络世界里消失了。

还记得以前，他每天都会把自己的工作动态发布在朋友圈，我们一起把酒言欢，聊着他的公司上市以后他要买哪个楼。可生活的意外，创业的失败，一下子压垮了他。曾经的豪言壮志就像泡沫般消失了，现在的他，突然一条动态也不发了。

前段时间，我们的一个共同好友问我说："尚龙，你跟那个×××还有联系吗？"我说："真的好久没联系了。"我才发现，网络时代好像随时随地可以联系到任何人，但手机一关，这个人说找不到就找不到了。

人际关系也一样。人与人之间的关系比你想的要脆弱得多。不管网络上你们聊得有多投入，现实中无交流，一旦关掉手机，你们的关系也就断了。我的写作训练营里，有个学生聊到她妈妈的时候，激动得热泪盈眶。因为她妈妈在她很小的时候就走了，失踪了，这成为她一辈子的痛。她想不明白妈妈为什么要离开，但她也说，当她把这件事说出来的时候好像一切都释然了。我跟她做了一个约定，我说："你一定要写一篇小说，名字就叫《失踪》，你就去盘点那些失踪的、找不到的人。我来帮你出版。"她说："一言为定。"于是，我们就加了微信好友。当加上的那一瞬间，我忽然也有一种担心，担心她找不到我，或者有一天我联系不到她。

联系是人与人之间最脆弱的一环，明明说好的"再联系"，可能变成遥遥无期。谁都会找不到谁，谁都可以脱离复杂的人际关系。这个世界总是以归零为终点的，我们孤零零地来，孤零零地走，最终都会变成"网络性死亡"。

所以，对方不回你信息没关系，不要太伤感。不回信息的理由有很多种，也可能就是单纯地不想回。不要把随时都能联系到一个人作为人际交往的常态，孤独才是人生的常态。就像《红楼梦》的结局告诉我们的那样，无论这世界多么纷繁复杂，到头来都是白茫茫大地一片真干净。每次想到这儿，我都会觉得生命真美好。因为你知道它终将结束，所以要保持温暖、善良、真实。然后，珍惜身边那些还能回你微信的人吧，说不定哪天他们就不回你微信了。

✉ 第 19 封信：不会愤怒是好事吗？

Jane： 龙哥好。感觉越长大越能认识到自己的不足。我是大家眼中
的乖乖女，但我觉得自己很懦弱，没有勇气和自信去争取自
己的利益，遇到事情总是逃避。比如遇到别人插队，我也不
敢说什么，想着算了不跟他计较，别人撑我我也没有犀利的
话撑回去，只能闷在心里窝火。我想变得勇敢一点，活得爽
快一点，该怎么改变呢？

李尚龙回信：

Jane，你好。说实话，一个不会表达愤怒、只会讨好他人的人，
不仅对自己有害，对身边的人也是有害的。

我有一个高中同学，喜欢音乐，认识他的人对他的评价通常离
不开"老好人"三个字。好到什么程度呢？就是特别听话，完全没
有自己的想法。从小到大，基本上父母让他干吗就干吗，老师让他
干吗就干吗。他高中读的是武汉重点高中，成绩很好，高考分数很高；
父母让他报考机械工程专业，他也就稀里糊涂地去学了，完全没想
过自己喜不喜欢，适不适合这个专业。毕业之后，他去了体制内的
一个大厂。父母给他介绍了一个女朋友，谈了几个月，两个人顺理
成章地结婚了。不久，他的生活开始遇到瓶颈。听说他得了很严重

的抑郁症，闹过三次自杀，两次是割腕，一次是吃安眠药。

26岁自杀三次，是什么概念啊？后来他就去看心理医生，医生给他开了很多药，并建议他好好休养。可是，药物不但没有解决他的问题，反而让他的精神越来越萎靡。

现在的结果是，他离婚了，在北京的一个酒吧当DJ打碟。有一次我跟他喝酒，我发现他的脾气变差了。以前我们跟他开玩笑，他只是笑笑，并不会反驳。现在我们再开他玩笑，他就会发飙，说有什么好开玩笑的。这哥们儿会表达愤怒了。我们见面的时候，他跷着二郎腿，嘴角斜叼着烟，谈话间会无意识地骂一两句脏话。他身上那种好人气息一下子没了。但我并没有觉得他变得很讨厌，而是庆幸他终于活出了攻击性，变得像一个活生生的人了。

我的这位同学，终于在而立之年做回真正的自己。他会大声说"不"，会合理表达诉求，遇到不公平会喊停，遇到挑衅会愤怒。其实，愤怒分好的愤怒和坏的愤怒。好的愤怒是能爆发能力，也能控制住脾气；坏的愤怒是点炸自己，引爆别人，最后大家两败俱伤。而他表达愤怒的方式很简单，就是离婚，辞掉稳定的工作，离开原有的生活圈子，从此成为自己生命的主宰。

所以，我们要善于倾听愤怒背后的声音，了解愤怒背后的意义，学会控制自己的情绪，成为一个厉害的高手。倾听自己的愤怒在说什么，这一点很重要。我们身边很多人总是莫名其妙地愤怒，或是根本不知道自己该不该愤怒。其实，愤怒只是我们诸多情绪中的一种，只有我们富有智慧地去解决它，它才能帮助我们强大起来。

美国心理学家托马斯·摩尔关于愤怒有一个非常漂亮的表达："你要理解你的愤怒，最终才能触及它的核心。"所谓理解你的愤怒，就是理清复杂的生活，不断将其重组，直至你意识到这个愤怒跟你

的关系。

托马斯·摩尔曾经写过一本书，叫《灵魂的黑夜》，书中说道："你最好只和那些会表达愤怒的人做朋友。当人们清楚明白地表达出愤怒的情感时，他就能为一个人和一种关系做出很大的贡献。但是当愤怒被掩盖、被隐藏起来的时候，它的影响恰好相反。"

所以，你要学会表达愤怒，然后控制它。如果你不控制它，它就会控制你。

我再给你讲一个故事，这个故事的主人公是一个完全不会表达愤怒的人。他在任何场合都没有表达过愤怒，尤其在饭局。如果他看到一群人在不停地讲话，群情激昂，他绝对不说话，就在一旁赔笑。这样的日子一过就是三年，他的身材越来越胖，好像肚子里的火都变成了脂肪，感觉一戳，脂肪就能流出油来。可是有一天，他不知怎么了，突然醒悟了，知道表达愤怒了。当时有人在讲话，输出的观点他难以苟同，两个人也不知道怎么了，就你一言我一语地吵起来了。吵得正凶的时候，饭桌上另一个人公开表示支持他，他好像受到鼓舞，越吵越起劲，最后竟然赢了。事后，好多人对他表示赞同，那天他特别开心。吃完饭，他插着兜儿走在路上，就这样意识到：哇，我也可以提出反对意见了。

但是，故事并没有朝着健康的状态发展下去。从那天起，他完全变成了和以前不一样的人。他不再是一个老好人，不再默不作声，而是不管三七二十一，只要人家说的他不认同，他就要撑回去。他变得非常具有攻击性，不但稍有不顺就骂脏话，而且动不动就大发雷霆。他得罪了很多人，渐渐地，大家都不带他玩了，也没人跟他合作了。这时候，他意识到自己已经被愤怒控制了。

其实认真想想，有些事有必要较真吗？同样的事情，你有你的看法，我有我的观点，不是很正常吗？合理表达自己的愤怒没错，但动不动就发脾气只会把人吓跑。毕竟，人活在这个世上，还是需要一点情商的。对方说的你爱听，就多听多参与；对方说的你不认同，大可以一笑置之，先走为上。

所以，正确表达自己的愤怒，不被它控制，特别重要。不乱发脾气，不恋战，也不浪费自己的时间。

 第 20 封信：母亲让自己毫无节制地帮助弟弟，怎么办?

小沐：龙哥好。部门的新同事是个应届生，刚入职，月薪 6000 元。母亲要求她每个月往家里打 5000 元，她自己留 1000 元生活费就行了。母亲说她工作了，就要承担起弟弟、妹妹从初中到大学的学费，否则就是不孝女。就这样，她被迫当了"扶弟魔"，该怎么办啊?

李尚龙回信：

小沐，你好。关于要不要做"扶弟魔"，我有几个故事想分享给你。我有一个从小玩到大的铁哥们儿，他和他女朋友在一起很多年了，两个人觉得时间也不短了，可以结婚了。于是，两个人就找双方的父母商谈婚事。男方的父母倒是没说什么，女方的父母说要结婚必须得买一套房，而且只能写女方一个人的名字。这套房就当女儿结婚的彩礼了，要留在父母家以报答父母多年的养育之恩。这哥们儿一听，面露难色。他说他可以买房，但不能给她弟弟买。原来女朋友的弟弟也要结婚，未来的弟媳妇提出的要求也是买房，可女朋友的家庭拿不出这笔钱，就想着让未来女婿买，只有这样才同意两个人结婚。于是，婚事就僵住了。后来，两个人就因为这事分手了。

事后这哥们儿说了一句很值得思考的话，叫"娶妻不娶扶弟魔"。小舅子争气还好，要是败家，自己辛辛苦苦赚的钱、买的房万一被挥霍一空，然后转过头来继续跟姐姐要钱，那他这个姐夫岂不累死？

我经常跟大家讲，爱情可以是两个人的事，但婚姻是两个家庭的事。两个人在一起，一方负债，只要金额不大，两个人共同努力总能把账还了。但如果对方是个无底洞，跟他在一起，永远有还不完的债，还是趁早算了。我遇到过一个女孩子，男朋友哪儿都好，男朋友的爸爸却是个赌鬼。男朋友心疼父母把自己养大不容易特别孝顺，向来就是父母说什么就是什么。于是，每次爸爸还不上赌债的时候，就找她男朋友还。就这样，尽管男朋友工作很卖力，但始终存不下什么钱。女孩觉得两个人在一起看不到希望，想分手，但又舍不下男朋友，很痛苦。站在旁观者的角度，我是建议她分手的，因为一旦对方的家庭是个无底洞，无论两个人的关系有多好，最后都会万劫不复。

我的一位女性好友，30岁就实现财富自由了。她在深圳买了房，买了车，嫁了人。虽然丈夫也在创业阶段，但已经赚到不少钱，两个人生活得很幸福。这个女性朋友也有弟弟和妹妹，家境也不富裕，所以她也是一进入社会就扛下了家庭生活的重担。她最先从酒店服务员做起，月薪还不到3000元。但她很能吃苦，工作很卖力，做着做着就升职到大堂经理，又负责好几块业务。后来，她一边努力工作一边考上了北大的MBA，然后自己出来创业。现在她自己的公司有一百多人，深圳很多酒店的机器人都是他们公司的产品。有一次，我们一起聊天，我问她："你觉得你成功的原因是什么？"我以为她会说自己有多努力，没想到她说了这么一句："我及时和我的弟弟、妹妹做了断舍离。"我继续问她："为什么呀？"她说："我在给我弟弟第一笔钱的时候，跟我弟弟说过一句话，我说我最多供你到高三毕

业，剩下的你自己想办法。因为那个时候你已经是大人了，18岁的男孩子要学会自己养活自己。"她跟自己的妹妹说："你是女孩子，我最多供你到大学毕业，如果你22岁还不能养活自己的话，我也帮不了你。"她的妹妹很幸运，在20岁的时候就已经可以自己挣钱养活自己了。你看，她这么做了以后，弟弟、妹妹不仅没有怪她，反而非常感谢她这么多年的付出。因为界限一旦确立，是谁的责任就谁去承担。

看到这里，我想你应该明白了。对这位刚毕业的朋友来说，母亲现在让她承担的只是弟弟、妹妹的学费，那以后呢？会不会要求她给弟弟买车买房？

这不是让她做个绝情的人，不能给弟弟任何付出，而是做人要有界限。她要告诉她的母亲，什么是她能付出的，什么是她做不到的。俗话说"帮急不帮穷"，可以帮困难的，但不帮懒散的。比如我和我的姐姐，时至今日，我没有向她寻求过任何经济支援，甚至有时候还主动帮助她一些。但并不是说我不需要她的帮助，如果有一天我真的遇到麻烦，我相信她在自己的能力范围内是不会袖手旁观的。

其实人生在世，让自己快乐的唯一方式就是界限感。我和我的父母，很早就财务独立了。我们相互约定，需要的时候互相帮助，不需要时不互相掺和。感谢父母的理解和支持，他们很认同我这个想法。我觉得她不妨试着跟母亲谈一谈，或是做某种约定，归属一下自己的责任和义务。

很多女孩子生活得不幸福，并不是自己不行，而是身上背负的担子太重。家人遇到困难应该帮，但一定要在自己有能力过得好、资源充足的情况下帮，而且还要有底线意识。因为很多事情都是自己先放弃了底线，别人才有机可乘，甚至变本加厉地压榨你。

最后，很负责任地告诉你这位朋友，在深圳一个月1000元的生活费肯定是不够的。

✉ 第 21 封信：身边的朋友都比自己优秀怎么办？

小 V 同学： 龙哥好。我一个朋友考上了吉林大学的硕士研究生。到学校报到以后，发觉身边的同学都很厉害，感觉自己啥也不会，很菜。这些事搞得他心烦意乱，也很迷茫，不知道该怎么办了。希望您能给点意见。

李尚龙回信：

小 V，你好。首先你听我说，如果身边的人都很优秀，那么你不焦虑、不紧张肯定是假的，尤其是当他们离你很近的时候。但是，去接受身边的人比你强，这一点非常关键。我越长大越发现，尤其要接受比你年轻的人比你强这一条很难，但是很正常。我前段时间看到一个比我小很多，一个 7 岁的孩子写的一首诗，名字叫《灯》。哇，写得真是太好了。后来，我又看了好多 00 后写的小说，都很棒。一时间，不知道是该羡慕还是该嫉妒，心中五味杂陈。突然，我脑海中闪现出一句话：我们可以接受一个陌生人的成功，却看不得身边的人比自己优秀。

很奇怪的想法。

有人说，人性中有一种恶，就是看不得身边的人比自己优秀。

其实真的是这样，假如这些很棒的孩子是我的弟弟或是我身边非常亲近的朋友，看到他们那么耀眼、那么夺目，可能我就不会那么为他们开心了。实际上这样很傻，因为你忽略了一件事：当你身边出现很多优秀的伙伴时，那意味着你同样很优秀。不然，你不会去到他们身边，或是他们也不会来到你身边。所以，当你想明白这一点，你就不会那么苦恼了。与其站在旁边看他们闪闪发光，不如以他们为榜样，变成和他们一样耀眼的人。

同样地，如果你身边总是围绕一些比你还要糟糕的人，那你也不会更好。就算你很优秀，但一个鹤立鸡群的人，很容易迷失自己，久而久之，也会变得和鸡一样平庸。我之前在专栏里面写过，每个人都有自己的优点，你要去学习别人的优点。尤其进入更好的环境以后，更要学习大家的优点。因为你能进入优秀的圈子，就说明你本身也很优秀。

另外，有的人喜欢在刚见面的时候抬高一下自己，让你觉得他很优秀，实际上他未必像他自己说得那么优秀。我在读商学院的时候，有次参加同学聚会，有几个人开口闭口就是几个亿的项目，好像他们背后都很大的产业，个个都腰缠万贯，富得流油。但是，接触了几次之后发现，好多都是扯淡，因为他们说的几个亿的项目跟他们半毛钱关系也没有。

他所认为的那些很优秀，很厉害的同学是否也存在吹牛皮的情况呢？要相信考试的公正性，当他们能进入同一所大学，来到同一个导师门下，说明他们的学识、阶层几乎是一样的。所以，让你的朋友不必气馁，更不要自暴自弃。要知道，接下来三年的学习时光，才是真正较量实力的时刻。他要对自己有信心，但也不能自大。自大容易让人狂妄，而谦虚使人进步。

哥伦比亚商学院曾经做过一项调查，得出结论：适当的谦虚，别人会以积极的眼光看你。有一个研究表明，如果你对自己的能力表现得谦虚一些，别人在评估你的时候会增加 20%~30% 的估值。如果你过于自吹自擂，结果可能会相反。人生是一场漫长的马拉松，时间是检验成绩的标准。你要相信时间和自己的努力，不要急于求成，大不了大器晚成。姜太公 70 岁才遇到周文王，黄忠 72 岁才有了第一次斩杀夏侯渊名震四方的机会，吴承恩 54 岁才开始写《西游记》，写完都 80 岁了，齐白石 65 岁才有第一次出人头地的机会。

所以，要熬得住时光，还要耐得住寂寞。那些优秀的同学到底是真有实力，还是昙花一现，要拭目以待。

最后你会发现，成功并不一定是单一的纬度，让自己幸福才是更好的成功。我有个朋友现在是演员，偶尔客串一下主持人。这哥们儿的硕士、博士全部是北大本科保送的，还是法律研究生，博士学的是外交。有趣的是，他毕业后并没有去做外交工作，也没有从事律师行业，而是当演员去了。我曾经跟他一起吃饭的时候问他：“你后悔吗？”他说：“反正我的朋友赚得确实比我多，但是我也不后悔，因为我觉得很开心。”我突然明白了，如果你总是在乎谁赚的钱比你多，谁的成绩比你好，谁的娃比你的娃厉害，除非你总是赢，要不然你总会有心情不好的时候。毕竟，这些东西你争来争去，最后是一场空。可能那些东西并不是你想要的，不过是别人给你灌输的形式。你有没有想过本质是什么呢？也就是说，你的理想到底是什么？

去寻找生命的理想跟本质，你会发现，世俗意义的成功未必就是真成功，而是你能不能通过自己的努力过上自己想要的生活，成为自己想要成为的人。就像我这位朋友说的，可能他没有他的同学赚得多，也没有比他们更优秀，甚至他以后也不一定会大红大紫，但他没有为自己的选择后悔过，反而很快乐。

所以，无论这世界谁优秀与否，你先做好你自己。

✉ 第 22 封信：怎么让爸妈开心？

橘子：龙哥好。我爸妈经常在家吵架。吵架一般都由我爸爸发起，比如爸爸看别人考了清华、北大，就会联想到我，继而开始贬低我，然后就会怪我妈没把我教好。再比如，之前某某地方的房子很便宜，后来房子翻倍涨价了，他就一直抱怨说都是我跟我妈不让他买，要不他早就发财了。后来，我考上上海的一所大专院校，离开了家。现在我参加工作了，很少回家。但每次回家，我都感觉妈妈很不开心，我知道她的婚姻生活一点也不幸福。她每次下班回到家，无论多累还得做饭、洗衣服。我爸爸宁愿躺在沙发上玩手机，也不愿意帮着干一点家务。爸爸对妈妈还很抠门，不愿意为她花一分钱不说，还经常嫌弃她哪哪都不好。最令人生气的是，妈妈生病了，爸爸根本不去照顾她，说话还很难听。我很心疼我妈，我希望她能离婚，过得好一点。但她一直以来不愿意离婚的原因，一是希望给我一个完整的家庭；二是在我们老家那边，离婚是件很丢人的事；三是她怕离婚以后，我爸就完全不管我了，所以她总是在忍。我劝过我妈要为自己而活，但妈妈说已经这样过了几十年了，不想折腾了，就这样吧。所以，我也不知道该怎么办了。

李尚龙回信：

这问题真长啊，但仔细看来，其实也很短，总结起来就是四个字——原生家庭。但我不想把这个问题回答得太世俗，因为我讨厌把什么问题都归因于原生家庭。好像没有原生家庭的问题，我们就什么问题都没了一样。所以，我想告诉你的是，不用过度责备自己的父亲，也不必过度心疼自己的母亲，因为那是他们夫妻之间的事。

你的母亲一直在强调她是为了你才不离婚，可当你告诉她不用为了你委屈自己，她并没有逃离婚姻的冲动。所以，你母亲不离婚的原因并不是因为你，而是她自己从来没想过离婚，或者说她没有理由和勇气离婚。为什么说不要过度责备和心疼你的父母？因为他们已经开始自责了。不忍心自责，所以投射到别人身上。就像我的父母有时候也会这样，他们总是责怪对方，要不是你呀我早就怎么怎么样了。有时候，我跟团队的小伙伴开会的时候，也会很生气地说："要不是你们总拖我后腿，我早就红了。你们真讨厌。"冷静下来想想，其实他们并没有拖累我，而是尽职尽责地把工作干到最好。我能做的，就是把自己要负责的那部分做好，其他事情我无能为力。

所以，不要总想着插手别人的人生，不要总想着把自己的想法强加到别人身上。我以前也经常插手父母的事，看见他们吵架就忍不住插一嘴。后来我学聪明了，他们吵他们的，我安心做我自己的事。反正我说了他们也不听，与其让矛盾升级，不如让他们自己解决。

其实很多家庭矛盾都源于资源不够多。就像你说的，妈妈辛苦工作回来还要洗衣、做饭、打扫屋子，你很心疼妈妈。如果你挣得足够多，是不是可以帮妈妈请个帮手呢？或是让妈妈不用那么辛苦，只需要干好家务就好了，不用辛苦出去工作了？就像家里只有一个猕猴桃，父母都想吃的时候，肯定涉及谁吃谁不吃的问题，但如果家里有 100 个猕猴桃，每个人都能吃到，大家还会为谁吃吵架吗？

世界就是这么残忍，很多的问题、矛盾都可以通过赚钱、花钱来解决。

我曾经在一本书上看到这样一个观点，就是优秀的人总在自己身上找问题，而不优秀的人总是责怪别人，责怪环境，唯独不责怪他自己。我觉得这句话映射了你父亲的一个非常不好的习惯，就是他总是在埋怨别人。但你有没有发现，在你提出的问题里，也在把自己的一些人生结果归因在父母身上？有件事希望大家能看清，父母的坏习惯和好习惯都有可能成为你的坏习惯和好习惯。比如，我有个好习惯是父亲所没有的，就是我经常反思。因为工作的关系，我经常和各种优秀的人见面，逐渐跳出了父亲一些不好的思维习惯，保留了一些他的好习惯。

后来我发现，其实我们这一生有两个父母。一个是原生家庭的父母，他们给我们血肉，给我们最初的见识和知识。另外一个是"我们的父母"，也就是我们的圈子、人脉和经历。第二个父母可以在后天更好地塑造，但第一个父母常常让人无能为力。《你当像鸟飞往你的山》里的塔拉是多么坚强，又是多么令人难过。虽然她深受原生家庭的影响，但她通过自己的努力看到了更广大的世界。

所以，不要害怕改变，当你在疯狂改变的时候，一开始父母可能也看不明白，但当你把最好的东西给他们的时候，他们自然会明白你的努力。或者他们一辈子都不知道你到底在做什么，但他们会为此开心。

现在你唯一能做的，就是让自己变强大。只有让自己变强大，你的母亲才有得选，你的父亲才知道面前的这个女儿或儿子这么厉害，我应该保持敬畏。

干一杯吧，希望每一个看到这本书的人都可以保持强大。

✉ 第 23 封信：对方开玩笑没底线怎么办？

Milu： 龙哥好。我身边的朋友都喜欢开玩笑，好像不管什么事都可以拿来开玩笑。有时候我觉得挺搞笑的，跟着一起笑，但有时候我觉得那些玩笑超出我的底线了，就有点生气；直接吵一顿走了，他们又觉得我开不起玩笑。我该怎么委婉并准确地表达我的底线？

李尚龙回信：

Milu，你好。玩笑的确有冒犯别人的风险，因为搞笑中一个重要的技巧就是冒犯，所以才有了《吐槽大会》。吐槽也是对别人的弱点进行攻击，如果对方没有意见也就算了，但如果有意见，自然有玩笑开过头的风险。

这让我想起以前当老师的岁月，那个时候调侃其他老师是一种让课堂变得放松的方式。但我们在调侃其他老师之前，一般都互相通个气，比如哪些人能说，哪些人不能说。要不然胡乱调侃，很容易得罪人，甚至反目成仇。所以，开玩笑可以，但要有底线。同时，坚守自己的底线也很重要，否则尊严、隐私都没了。你怎么样都可以，他们自然什么都敢说了。但有些玩笑是开不得的。

在我心里，有三种人是不能拿来开玩笑的：已故的人，德高望

重的人，特殊群体。当然，回到你的问题，我有几个方法分享给你，有助于杜绝对方给你开一些无聊的玩笑。

第一，严肃下来，让空气突然安静。有时候大家开某个人的玩笑未必是真想开玩笑，而是看这个人的反应。你的反应不是他想要的，等于变相打击他，他自然就不说了。这个时候千万不要怕严肃，更不要怕尴尬，就让气氛尴尬下去，让他难受下去，谁让他先没底线的，他活该。

第二，给予明确的警示。"你这样说我很难受。""这个玩笑开得很好，下次别开了。""我不觉得你说的很好笑，以后能不开吗？"说这些话的时候，可以看着他的眼睛，冷漠地提醒他：这个玩笑让我很不爽，不要再开了。

第三，站起来就走。跟你不喜欢的人或群体在一起时，如果他们的玩笑让你不开心，要记得你的"掀桌权利"。

其实，大家都知道吐槽别人会有风险，因为你不知道对方的底线，所以和朋友们在一起开玩笑时，我往往是自嘲。有哪些是可以自嘲又不会让别人抓住把柄喋喋不休的呢？第一，证明自己是个强大的人。第二，可以让对方笑出来。第三，我都这样了，你还舍得开我玩笑吗？

比如，我们经常拿穷举例子。吐槽自己穷其实特别受欢迎，因为财富只掌握在少数人手中，大部分人都觉得自己很穷。所以我们开玩笑时，常常会说诸如"我六位数的密码保护我三位数的存款""我从来没有接到过诈骗电话，因为诈骗的人总觉得我不配"这样的话，最后惹得大家哈哈大笑。

话又说回来，一个有底线的人才值得被尊重。曾国藩在选拔人才时有个标准，叫"有操守而无官气，多条理而少大言"。有操守就是有做人的底线，一个无底线的人就是没有操守的人。无官气就是为人实在，不会摆架子，不会觉得自己很厉害。多条理就是想问题有思路，做事情有章法，对人有态度。少大言就是说话靠谱，不说大话，做实事。在这四个品格中，有底线排第一位。

人做事要有底线，国家是，集体也是。英国作家霍布斯写过一本不朽的书，叫《利维坦》，书中这样写道："一切理想政治的基础都是秩序，而秩序这个东西必须以暴力作为后盾。因为人这个东西坏起来可真没底线。你看看历史上那些坏人，他们都用了什么样可怕的方法。所以你必须用暴力震撼他们去服从秩序，才可能建立进一步的政治文明。"这段话放到人际关系角度来说，你可能不需要暴力，但至少需要一点力度，让这种没底线的玩笑跟话语不要进入到你的生活。所以，做人一定要有底线。

最后我也放大一点，人生有两个底线：第一个底线是最基础的，是法律；第二个底线是你的道德与良知。第一个底线很明确，写在了法律条款里。第二个很模糊，但我有一个自己的原则，希望对你有用。

第一，不撒谎。有时候这个世界比你想得复杂，在不得不撒谎的时候，你至少可以选择沉默，或者不去故意说胡话。

第二，不赚黑心钱。很多事情是"好生意"，但丧良心。像校园贷、地沟油、"割韭菜"，一旦你有机会赚这些钱，请你一定要看明白后面的逻辑，并问问自己，这件事情你赚到了钱是不是会伤害到更多的人。

第三，不作恶。无论你做什么都要记住你的初衷是不伤害别人，你做的事情只要不伤害别人就坚定地去做。做的过程如果不小心伤害了别人，也问问自己你的初衷是什么。

　　以我自己为例，从创业初期到今天，我们一直在思考一个问题，就是怎么样才能赚到更多的钱。现在我明白了，赚钱很重要，但更重要的是我们怎么去给更多的年轻人提供更高的价值。飞驰学院成立到今天，我们有无数可以"割韭菜"的方法，但我们选择了一种最漫长也是最有效的读书会的方式，我们动不动就用两年、三年的时间去陪伴大家。因为我们知道，只有长期的学习和陪伴才是最好的教育，不作恶是这家公司的底线。

　　当然，也希望你有自己的底线。

✉ 第 24 封信：内向者怎么处理人际关系？

飞翔： 龙哥好，请问内向的人应该怎么处理人际关系？

李尚龙回信：

飞翔，你好。我曾经也是一个内向的人，但现在你可能已经看不出来了。推荐大家看一本书，是我写的，叫《1 小时就懂的沟通课》。在这本书里，有一章专门讲了什么是外向，什么是内向，以及应该怎么做才能让人觉得舒服。

现在我在这里再给你分享一些干货，希望你看完以后有所收获。

首先，内向者建立优势的 4P 法则。对于优秀的内向者来说，像茶壶煮饺子，里面确实有货，但就是倒不出来。这个方法很重要，叫 4P 法则。所谓 4P 就是四个以 "P" 开始的英文字母组成的单词。

第一个叫 Preparation，它的原型是 prepare，准备。

内向者在很多公开场合，尤其是面对人的时候，压力比较大。请你记住，无论是公开发言还是在会议上的讨论，你准备得越充分，越不容易紧张。我认识的一位演讲家，他原本是一个很内向的人，看着台下的听众一度紧张得话都说不出来。后来他就在家里把自己的演讲稿对着墙背了 100 遍，等他再次上台的时候，他拿了全校第一名。很多人夸赞他真厉害，他说他无非是把一件事情做了

100 遍而已。

第二个叫 Presence，展示。

内向者常常会有一个误区，就是觉得自己努力工作就好，认真就好，别人都会知道的。可事实上，如果你不去向别人展示出来，告诉别人你有这方面的能力，告诉别人你做成了这件事，别人很难真正知道你的成就。所以请你一定要记住，展示自己很重要。有人说展示不是显摆吗？展示并不是显摆，而是表示自己重要，表示自己有真实的思考。在工作中多表现，在领导面前多出现，低调做人，高调做事。你做的你就大声地说出来，不是你做的也不乱说。但只要这个事儿跟你有关，你就要记住，学会展示非常关键。

第三个叫 Push，推动。

强迫自己走出舒适区。很多人常年生活在舒适圈，不想讲话就不讲话，久而久之，真的变成了一个不爱讲话的人。请注意，不爱讲话的人跟内向的人是两个概念。我们见过很多内向的人，但他爱讲话，爱表现自己，所以要给自己一些"Push"。有一本书叫《内向者沟通圣经》，里面讲了个故事。有一个非常内向的朋友，他很不喜欢参加聚会，但他却推动自己一定要走出舒适区。于是，他干了一件事，就是每次参加聚会都给自己提出两个要求：第一，至少待够 30 分钟；第二，收集 20 张名片。一开始很难，但他长期坚持这么做，并且强迫自己这么做，久而久之，从量变到质变，后来他成为业内很有名的社交专家。可见，强迫自己坚持做某件事很重要。我刚进影视圈的时候谁都不认识，跟导演、编剧的关系也是淡若水，后来他们总是带我参加一些酒会，我特别害怕。那时候我经常在酒会里面待一会儿，就跑了。我更害怕那些一个人拿着一杯酒，一喝喝一晚上那种场合。但没有办法，你要认识人，你才能有更多的资源。

所以我逼着自己每次要认识五个人以上再走，要加五个人的微信，久而久之，我也就适应了。直到今天，我已经可以做得不那么尴尬了。"推动自己"这四个字可以放在任何领域，无论是社交、工作还是学习。如果你每天都在一种很舒服、很爽的状态下生活，那么你很有可能是原地不动的，甚至你还有可能是退步的。所以，一定要推动自己去自己不熟悉的领域。

第四个叫 Practice，练习。

前面几个步骤都不是一蹴而就的，你更不可能在短期内就成功。所以，不要相信有什么吃完以后就能起死回生的灵丹妙药。你需要不断地练习，甚至刻意地练习，你才能对想要学习的领域熟悉起来。每一个高手在成长的过程中都需要大量的练习。而内向者想要突破自己的局限，要做的也是 Keep practicing。一直练习，不断地练习，把练习当成一种习惯。你只有不断地练习才能发现自己虽然内向，但也可以成为社交达人，也可以尝试向不同的人、不同的圈子，甚至不同阶层的人表达观点。你可以在不同的场合讲相同的故事，看一看他们不同的反应。你也可以尝试在不同的会议中用不同的策略来验证它们的效果。请注意，练习是让自己准备技能、演示技巧而走出舒适区的最好、最重要的环节。你练习得越多，你的能力提高得就越快。久而久之，你发现自己其实并不内向，而世界上内向的人可真多啊。

其次，我们有一个三步法告诉你内向者该怎么破冰。内向者在与人沟通中最难的应该就是破冰。所谓破冰就是双方从 0 到 1 的沟通。

第一步，不要着急去说什么，而是要去提问。比方说你实在不知道怎么说的时候，你就看着他，问他：请问你是做什么工作的？

你工作中有没有什么难忘的事情啊？这个难忘的事情对你有什么影响啊？你问得越细，对方就越能感受到你的关心。

第二步，介绍自己。请注意，如果你实在不知道说什么，就介绍自己。你可以开门见山地介绍自己，也可以通过讲故事的方式介绍自己。比如，你喜欢什么，擅长什么，通过这些内容找到共同话题。"你跟我都是双鱼座。""哇！你跟我都是 AB 血型。""你跟我都是湖北武汉人。"

第三步，当你们找到共同话题后，就要聊你们的共同话题。内向者找到和别人的共同话题之后，往往状态会有一个突飞猛进的变化，就是他可以走出尴尬的状态。我建议大家可以从明星、天气、旅行这些大多数人都不拒绝的话题说起。不要怕聊了之后，发现大家没什么共同话题。没关系，倾听也是一种沟通。

有一本书叫《如何在工作中建立人际网络：一个内向者的社交指南》，里面总结了一个内向者的特点。

第一，他们一般是优秀的倾听者。大多数的内向者不太愿意第一个开口是因为他们害怕直接表达观点会得罪人。所以，他们要先了解对方的看法，然后再表达自己的看法。其实我们慢慢会发现，就算你不表达自己，只是微笑又肯定的倾听，也会给人很大的能量。

第二，他们能观察到谈话对象的行为跟风格，而这是建立人际关系的一个重要技能。所以，越内向的人越能够建立这样的技能。他能够让你判断出对方的个性，比方说对方是否开放、友好、坦诚。

第三，内向者都有好奇心。内向者会对别人好奇，会经常思考人为什么会这样的问题。这也算一个优点，只是这优点需要在时间的堆积下才会让人喜欢。但如果没有时间的堆积，你还得继续让自己呈现在别人面前。还记得那个词吗——Presence（展示）。

如果我们实在改变不了怎么办？答案只有一个，让自己默默发光。随着时间的流逝，别人会知道你是一个优秀的人，你发光就会让更多的人靠近你。就好比你愿意跟周杰伦交朋友吗？我们知道，他虽然不爱说话，但是他发光。

所以，祝你成为一个发光的人吧。

✉ 第 25 封信：如何增进亲密关系？

海海： 龙哥好。我有一个朋友，她渴望亲密关系，但如遇到问题，
比如工作不顺心，或者心情烦躁，就很排斥，只想一个人待着。
但这样做，又让她有心理负担，怕别人因此生她的气。这样
的事情让她很困扰。她该如何调节自己呢？

李尚龙回信：

　　海海，你好。如何处理好亲密关系一直是很多人遇到的难题，
我自己也不例外。在解决你的困惑之前，我想给你推荐一个作者，
叫约翰·戈特曼，他写过一个系列，叫"亲密关系四部曲"，我读
完很受益。如果你的家庭关系或者说你与伴侣之间出现了情感问题，
我建议你读读那本《幸福的家庭》。另外三本是《爱的八次约会》《获
得幸福婚姻的 7 法则》以及那本争议很大的书《爱的博弈》。没错，
爱是需要博弈的。为什么同样是男人出轨，普通家庭的妻子大多会
选择离婚，而富有家庭的太太则选择原谅呢？看完这本书我才知道，
这都是背后博弈的结果。这博弈，包括身份、地位、金钱。有时候
你必须把金钱考虑到亲密关系里面，它才会更持久。

　　有一个坏消息是，无论多么亲密的关系，都会随着时间的流逝
遇到问题。原因很简单，感情本来就会随着时间变化而淡化。所以，

夫妻之间需要修复亲密关系的救生衣，而修复的效果决定了亲密关系的存亡。曾经有人问我："龙哥，我和我的老婆（老公）现在不爱了，怎么办？"我说："如果不爱了，那就去爱吧。"因为爱是一个动词，爱是一系列动作之后才有的结果。所以，如果你不爱他了，你回想一下你们曾经有过的一些美好时光，想着想着可能就重新爱上了。大多数情况下，你可能爱上一个熟悉的人，但不会爱上一个陌生的人。

其实，每段感情里都有两个盒子：一个是糟糕盒子，我们称之为"潘多拉魔盒"，记忆中所有不美好的画面全都装在里面；另外一个叫美好盒子，里面装的全是美好的记忆，美好的事物，美好的关系。很多亲密关系出问题的人，是因为每次遇到麻烦都先打开糟糕盒子，自然引起不好的反应。幸福的伴侣即使发生激烈争吵，也总是将不愉快的情绪装到美好盒子里。

我有一个朋友，他每次跟老婆吵完架都会说一句："我要不是看你好看，我真要跟你干了。"你看，即使生气的时候，他也能想到美好盒子里面那个长得好看的东西。其实学会运用美好盒子，除了可以修复感情，还有其他妙处，比方说著名的"蔡格尼克效应"。这个效应的观点是，人们对那些没有完成的事情往往记得很清楚。比如你去路边小餐馆吃饭，服务员即使不拿笔去记你点的菜，也能很精准地为你上菜。甚至你的一些小要求，比如汤里面不要加辣椒，或是烤串里面不要加蒜，他都能记得。这就是蔡格尼克效应在起作用，但等你吃完，你再问他你点了什么，他一般不记得。因为这件事结束了。所以，我们要让那些不高兴的事尽快完结，让那些高兴的事持续得久一点。

如果你的伴侣总是爱翻旧账，你不要着急反驳，你仔细想想看，

这件事之所以总被翻出来，是不是之前就没有解决？

我们知道爱人之间发生争吵要及时认错、改错，但我们很少从科学的角度去思考原因。蔡格尼克效应告诉我们，遇到问题要及时沟通，赶紧翻篇儿，赶紧结束。要不然这个争吵会一直在你的脑海中，很容易被拉出来继续。所以，很多时候我们喜欢翻旧账。

人总会因为被对方忽视而淡化亲密关系，总会因为对方的重视而增强感情。人被忽视的方式有很多，比如在亲密关系里面有一个很著名的"糟糕末日四骑士"：第一个叫批评，第二个叫蔑视，第三个叫防御，第四个叫筑墙。光看名字，你就能看出很强的杀伤力。我有很多亲段密关系都死在这四条上。所以我的建议是：第一，不要批评别人，除非你觉得这个批评有效、有意义。第二，不要蔑视他人，因为你蔑视他人，同样也会被他人蔑视。第三，不要建立防御机制，因为人是敏感的，而且永远敏感。你防御别人的时候，别人也在防御你。第四，不要筑墙，除非你决定放手。

沟通是解决亲密关系最好的良药，一定要跟自己的伴侣多聊一聊。哪怕你们谈的都是一些无聊的话也没关系。很多人都对怎么提高亲密关系很感兴趣，不妨读一下这几本书。

第一本书是弗洛姆的《爱的艺术》。 你必须先理解爱情是艺术，才能增进亲密关系。这是我第一次看到一个心理学家定义"爱并不是与生俱来"的概念，而是一种需要培养的能力，它是一门艺术。你学艺术还要报艺考班，你学爱为什么不去吸取知识，不付出努力呢？

第二本书是查普曼的《爱的五种语言》。 除了说话，爱还有其他表达方式。也就是说，你不用把什么都挂在嘴边。肯定的言词、精心的时刻、准备的礼物、服务的行动和身体的接触，这些都能增进两个人的亲密关系。

第三本书，如果你进入婚姻了，请移步到卡伦·霍妮的《婚姻心理学》。你可以在书里看到五个阶段的婚姻的亲密关系，分别是重新认知、理解差异、理解自我、有效表达和灌输和解。

第四本书是一本长篇小说，我特别喜欢，叫《正常人》。它看似讲的是一个富家女跟一个穷小子的爱情故事，其实探讨的是爱的本质和背后的心理、社会问题。故事的男女主角虽然没在一起，但是里面有很多爱情的小窍门。这本书现在已经被改编成电视剧，如果看不进去书，可以看电视剧。

第五本是莉尔·朗兹的《如何让你爱上的人爱上你》。书中详细描述了男女在情感需求与表达方面的区别，探讨了他们坠入情网的缘由和过程，并由此引导人们通过各种语言以及非语言的方法与技巧，博得意中人的青睐，收获心目中的理想爱情。

总之，亲密关系要在开始前评估，实践中寻找，在结束时总结回顾。

 第26封信: 谈恋爱最重要的品质是什么?

小静: 龙哥好。我有一个朋友,她交了个男朋友,两个人在一起后几乎是形影不离。可是男生的占有欲太强了,女生离开几分钟,男生都要打视频电话。久而久之,女生觉得这样相处下去很累,就跟男生分手了,把男生的微信、手机号也一并拉黑了。但是,男生还是一直缠着她,会让他的朋友给女孩打电话说自己生病了之类的,甚至还在女生家楼下堵她。这种情况要怎么处理?

李尚龙回信:

　　小静,你好。看完你说的案例,我只觉得可怕。或许你还不知道,谈恋爱最重要的品质其实就是四个字——情绪稳定。如果一个人的情绪不稳定,无论对方是谁,他有多优秀都不要跟他走得太近。也就是说,我们要避免跟情绪不稳定的人成为好朋友或是情侣。你看新闻上报道的那些因为分手而做出过激行为的男男女女还少吗?

　　人的感情是最脆弱的,尤其是年轻的时候,还没有办法控制自己。被分手的一方,总感觉自己很糟糕,所以只有潜意识地把对方打垮,才能解救自己。

　　我的前女友跟我提分手的那天,给我发了一条特别冷静的消息,说我们在一起不适合，还是分了吧。当时我就蒙了，因为过去很长一段时间，我在潜意识里就觉得自己配不上她，觉得她是一个北京孩子，有户口，有正经工作，而我虽然很努力，但还是会有一些东西做得不好。所以我们在一起的时候，我就不停地表现，希望用自己的好弥补自己的不好。可是被分手的那一天，我还是深深地受到了自尊心的打击。现在看起来，还真是她没眼光。我记得当时我在练车，看到那条信息的瞬间，脑子嗡嗡的，前方的路都模糊了，根本看不清。中午休息的时候，我还在那个无法正常思考的状态里，觉得这根本不是真的。很快，下午练车时，我已经成为"行尸走肉"。那种感觉，即使现在想起来都觉得好难过。幸亏那个时候我有一个读书的习惯，通过读那些情绪管理的书，我明白人一定要控制自己的情绪。所以，我时刻提醒自己："尚龙千万不要爆发情绪，不要哭，不要求对方，也不要把自己最好的东西交给别人。永远要保持内心深处的平静。"

后来我给领导打了个电话，让他把我的课排满。然后，我开始进入一个高速循环的状态。那时我觉得内心有一个大窟窿，而我要缝补那个窟窿，时间作为针线在那个时候起了作用。我不知道自己是过了多长时间恢复的，我只记得那段时间确实不好过。但是，我挺感谢那个姑娘的，因为那个姑娘的确做到了，说了分手后再没有跟我联系过。她用实际行动告诉我，长痛不如短痛。这也是我想跟你说的。

我们要避免跟低自尊的人谈恋爱，因为他们一旦被拒绝，可能会爆发出你无法想象的报复。这种报复多半是年轻时可能觉得很爽，但年纪大了之后会后悔的。其实对于你的朋友来说，当她决定不再理前男友的时候，咬着牙不说话真的很重要，让他用时间去忘掉自

己的伤痛。既然你已经不爱他了，踏踏实实的消失才是最好的，坚持别见他，让时间成为缝补他伤口的解药。

当然还有一种可能，就是你跟他频繁沟通，聊着聊着你们感情还升华了，处成好朋友了。这样的案例也有，但是不多。第一，两个人心都很大；第二，两个人之前没有真正地爱过。

以上所说的话题都是基于两个人是理性的，两个人中但凡有一个是冲动的、失去理智的，另一个都有可能遇到麻烦。如果遇到这样的情况，比如对方去你楼下堵你，我这里有三条建议，把它写在笔记本上，牢牢记住：

第一，报警。

第二，找一个更强硬的人去警告他。

这个强硬的人可能是你的父母，可能是你很好的兄弟。

第三，发一封很强硬的书信去断绝关系。

说到这儿，我自己也很难过。人年轻时总是容易为了情跟爱丧失理智，长大之后才发现一切都是幻觉，理性才是万物之源。

我在《持续成长》这本书里面讲过理性的重要性。理性思维能帮你很快从分手的伤痛里走出来，也就是你要明白，当对方说分手的时候，要么他不适合你，要么他觉得你配不上他，要么他背后可能有人了。其实不管是爱情还是婚姻，门当户对最长久。所以，亲爱的同学们，如果你现在也在一段恋爱里面，接下来这段话非常重要，请你仔细听好。

无论你们在热恋期多么爱对方，都应该问彼此一个问题：如果我们分手了，你会对我做什么？你可能会听到各种各样奇怪的答案。比方说："我们怎么会分呢？""你怎么可以这么说话呢？太晦气了，呸呸呸。""我跟你分手后，我还是会祝福你。"虽然分手后不知道对方到底会做什么事，但一定要说，一定要问。因为有一天两个人真的分手的话，你会发现有这么一句话垫着太重要了。还有一句话更重要，叫"分手见人品"。感情结束的地方，才是人性真正的亮剑。两个人分手之后的处理方式，暴露着彼此的品格。

希望你了解成年人的规律，不要高估人性，同时也要相信爱情。

✉ 第 27 封信：离婚后，还能不能好好生活？

蜕变： 龙哥好。我有一个朋友，面对老公的出轨，她决定离婚。她因为在小县城生活，就业机会少，所以开始考编制。明明她没有做错什么，这个期间，却遭受很多白眼。经过很多次失败，她终于考上编制了。家人开始张罗给她相亲，可很多人听说她有儿子就不愿意了，有的人能接受她有儿子但人品不怎么好，她该何去何从？想听您的建议。

李尚龙回信：

蜕变，你好。这是一个很现实也很残酷的问题。我们 MBA 班上有个女孩子长得非常好看，属于那种一眼夺目的漂亮。从她的穿着打扮上也能看出她的家境不错，至少是个中产阶层。我们班有男生问这个女孩是不是单身，她说是单身。然后，班上那些单身的男孩子一下子就骚动起来了，胆子大的跃跃欲试，想着能不能跟女孩谈个恋爱。可后来不知怎么的，那些环绕在女孩身边的追求者一下子又都散开了。再次聚会时，她带着女儿来到了饭局。从别人的口中我才知道，哦，她离婚了，一个人带着女儿在很艰难地生活。她虽然看起来家庭条件不错，自身也很优秀，但一个人带着女儿也确实不容易。她为什么离婚我们不知道，但有一件事是很确定的，一个带着孩子的女人，在婚姻市场上确实要打折，而且打得还挺狠。这很残忍，但是这又是真实的评判。

虽然社会发展到今天，很多人都提倡婚恋自由，爱一个人不应该讲究物质条件。但婚姻需要门当户对，经历过的人无不知晓。如果你的家庭背景、外貌身材、财富匹配等所有条件加起来是 100 分的话，仅仅是离婚带孩子这一项，足以让很多人望而却步了。你可能需要满足很多条件，才勉强拿到 60 分。可是，就像你闺蜜和我同学这样，她们又做错了什么呢？她们明明什么都没做，在婚恋市场上已经被一部分拒之门外了。

遇到这种情况，她们该怎么办呢？

我的答案很简单，一个事业成功的女人，本就拥有更大的世界。为什么一定要把婚姻视为最终归宿呢？不能将生活的重心放在工作上吗？不能先谈谈恋爱再考虑要不要把自己嫁出去吗？

我有一个邻居，曾经是阿里巴巴的高管，现在已经实现财富自由，提前退休了。她刚满 40 岁，离婚之后一直没有再婚，一个人带着孩子，握着大量的股票，过得舒服又自在。前段时间我们一起跑步，她告诉我她谈恋爱了，找了一个小她 12 岁的男生，当时把我笑坏了，我打趣她："这还真是第二春呢。"我问她："你后面还会结婚吗？"她说："不一定，再看呗，谈得好的话可以考虑。"从她的状态不难看出，对她来说结不结婚已经不重要了，重要的是她已经掌握了生活的主动权。

所以，我的建议是，继续做自己想做的事，让自己发光发热，不要让那些无法控制的事情去控制自己。当你把时间和精力放在自己能控制的事情上，你会发现一切越来越好控制，但是一旦你把自己交给那些无法控制的场合和人，你的生命就容易失控，人也会变

得越来越不自信。

很多小伙伴问我：感情为什么讲究平等？在感情中应该注意什么？我想给很多没有结婚的小伙伴讲一个故事。

这个故事发生在美国，美国的实验人员找来100位大学生，男生、女生各50人，在每个人身后贴上数字编号，范围是1到100，男单女双。因为数字贴在身后，所以他们本人并不知道自己的号码是多少。实验要求在有限时间内，男女各自寻找一个合适的异性，争取得到最大总和。如果配对成功，两个人可以得到数字加在一起十倍的奖金。比方说女生背后是60，男生背后是71，那么加起来就是131，他们可以获得1310美元。

一声令下，实验开始。由于大家都不知道自己背后的数字，所以大家第一时间互相观察，用别人的目光来大概确定自己背后的数字。很快，分数高的男生跟女生被找了出来，就是99号男生跟100号女生。大家都希望能和高分配对获取最大的利益，所以这两位的追求者开始变得越来越多。尽管这两位高分男女并不知道自己背后的数字，但看着周围围观的人越来越多，也大致清楚了，他们绝对是高分。所以在这个过程中他们变得很挑剔，总希望可以找到更高分的，于是一次又一次尝试着。

就这样，有趣的事情发生了，屡遭碰壁的追求者迫于无奈，只能退而求其次。比方说他原来想找90分以上的，后来发现80分也可以，70分也差不多，60分也凑合吧。所以，中游分数的人很快完成了配对，结束了游戏，拿钱走人。可是那些个位数的人比较悲催，因为追求配对的过程中，他们四处碰壁，几乎是乞讨般地希望别人和自己配对成功。最后他们无外乎两种决策：一是低分凑合。比如5号男生和6号女生凑合了，虽然奖金只有11乘以10，110美元，但是好过没有。二是跟对方商量按比例分奖金，事后有报酬。比方说我们配对，但是钱大部分都给你，或者结束之后我请你吃顿好吃的。当然其中不乏亏本交易，因为无论如何都要配对成功，要不然真是丢脸。这个实验进行了很久，眼看就要到结束时间了，还有少数人没有配对成功。没办法，只能随便找一个，草草地完成任务。当然，也有坚持己见，配对不成功，以单身结束实验的人。

实验结束后，研究人员得出一个非常有意思的结论，绝大多数的配对对象都是与自己背后数字非常接近的人。比方说 55 号男生，他的对象有 80% 的可能性是 50 到 60 之间的女生。而两人数字相差 20 以上的情况非常罕见，很符合研究人员做实验的预期。但是，实验人员惊讶地发现以下特例，就是大家很关心 100 号女生配对的是不是 99 号男生。事实证明，并不是，100 号女生和 73 号男生配对成功了，两个人相差 27。为什么会相差这么多呢？很简单，因为 100 号女生被追求者冲昏了头脑。她采取的策略只有一个，叫再等等，她一直在等待更大数字的男生。可是，99 号男生早已经找到其他的女生了。当她发现，大部分人都已经配对完毕，她终于开始慌了，于是在剩下的男生里找了一个数字最大的，就是 73 号。研究人员观察，这位 100 号女生最后也去尝试过找超过 90 号的男生，但为时已晚，那些 90 号以上的男生早就配对成功，结束了游戏。而这位 100 号的女孩子虽然号码牌是最高的，但还是留下了遗憾。她以为再等等可以等到最好的，到头来却发现，等到最后不一定等到最好的，也可能是别人挑剩下的。所以，最好的一定是主动出击，主动寻找的。

主动意味着对别人的了解，对自己的自知，对感情的自信。

经常有人问我，龙哥，该怎么找女朋友呢？我的意见是这样的，如果你是 20 多岁，你可以尝试把自己放入一段感情中。就算这段感

情最终没有开花结果，但通过两个人的相处，你至少能获得成长，明白自己到底适合什么样的人。

其实，女生也可以主动追求爱情，无论你结过婚还是没结婚，带娃还是没带娃。在这个倡导男女平等的现代社会，男生可以追求女生，为什么女生不能主动追求男生呢？不要光等，灰姑娘毕竟是童话，不是每个人都能等到自己的水晶鞋。

所以，如果你现在 20 多岁，想打好自己手中的牌，首先要知道自己的号码是多少，其次是努力把数字变大，从而进入更好的匹配体系。但是，如果你真的很爱很爱那个人，就别管那该死的数字了，因为以爱情结果的婚姻都应该被祝福。

✉ 第 28 封信：大多数痛苦，都来自关系

青辂： 龙哥好。我想问一下我该怎么劝长辈不乱买东西。妈妈自从疫情在家就经常在购物网站上买买买，一天下来能买 20 多个快递。短短一周下单的金额有 5000 多块，我倒不是心疼钱，只是家里东西越来越多，要是有能用的也行，但很多都是冲动消费买的，根本没什么用。这可怎么办呀？

李尚龙回信：

青辂，你好。每次我心情不好的时候都会反复读一本书，叫《被讨厌的勇气》。因为我发现成年人的世界，心情不好的主要原因几乎都与人际关系有关。其实人只要做到两点就能很开心，第一叫"关你屁事"，第二叫"关我屁事"。但当事人是妈妈时，"关我屁事"这句话好像很难说出口。实际上你真的可以说出口，而且说完之后，心情真的会好很多。因为一个人一旦跟另外一个人树立边界感，他的心情就会舒服很多。

我妈也喜欢买东西，还经常给我买东西，比方说我妈特别喜欢给我买一些腌制的牛肉跟鸡肉。有一天我回到家，发现我们家门口堆满了快递，我就知道我妈又给我买东西了。于是，我很认真地跟我妈说："妈，你能不能帮我一个忙，不要再给我买东西了。下次

再买，我直接拒收了啊。"一开始她还是坚持给我买，买一次我拒收一次，后来她就不买了。

也就是说，课题一旦分离，一切就简单很多。你的妈妈短短一周就花了 5000 块，这钱是她的还是你的，还是你们共有的？如果钱是她的，买的东西也多是她在用，那你不应该管她，因为这是她的事情。如果钱是你的，你可以直接跟她说不要再买了，也可以直接停掉她的亲人代付。这样做可能会导致你妈认为你不孝，那你就多请她吃一点好吃的，让她看两场她们那个年代的话剧或者电影不就行了。我就是这么哄我妈开心的，效果还不错，你不妨也试试。有段日子我跟我妈说："反正我一个月就给您这么多钱，您随便买，但是超过这个费用，您得自己想办法，因为您儿子的能力就这么多。"这和我小时候父亲教育我的逻辑是一样的，做事要有总量控制，我觉得他说得很对。

你看，我就是这样完成了课题分离。其实越亲的人越不容易实现课题分离，总是把事情搅和在一起，最后搞得大家焦头烂额，烦恼不已。其实只要回到问题的原位，就能把很多事情想明白。大家都是成年人，永远不要扛着别人的课题跑，守好自己的位置就可以了。

一个不爱学习的孩子，上课不听讲，回家不好好做作业，天天就知道打游戏，如果你是孩子的父母，你会怎么做？大多数情况下，你会想尽一切办法让他学习，让他上辅导班，给他请家教。有时候也免不了耳提面命，不做完作业就家法伺候，大巴掌给他扇沟里。但是，你想过没有，越是采用这种强制性的手段，越难让孩子真正发自内心地爱上学习。当然，有些家长把心思花在引导孩子的学习兴趣上，但从著名心理学家阿德勒提出的"课题分离"概念出发，这根本不重要。面对这种情况，你首先要考虑的是，孩子学习不好是谁的课题？不是思考怎么才能让孩子爱上学习，而是思考孩子学不学习到底跟谁有关。然后你发现，学习这件事是孩子自己的课题。与此相对，父母命令孩子学习，就是对别人的课题妄加干涉，双方自然免不了发生冲突。当然，你可能会想，让孩子学习是父母的责任和义务，这怎么能是妄加干涉别人的课题呢？因为孩子选择不学习，由此导致的未来人生的后果最终要由他自己承担。

同理，你看看夫妻关系，你跟父母之间的关系，当你们发生矛盾时，是不是都是其中一方对另一方的课题妄加干涉？我们一定要明白，如果你对别人的课题妄加干涉，冲突是绝对不可能避免的。所以，我们必须学会把自己的课题和别人的课题区分开来。人际关系造成的烦恼，其实都源于要么别人对你的课题妄加干涉，要么你开始干涉别人的课题。

请注意，这并不意味着阿德勒的心理学是推崇放纵主义的，而是让你思考是谁的责任。父母要随时准备好给孩子提供充分的支持，在孩子没有向你求助的时候，不要去指手画脚，不要觉得自己帮他选的路就是最好的路。最好的亲子关系是父母负责带路，孩子负责走好每一步。

所以，与其整体被这些事情搞得烦闷不已，不如让问题简单化。做好你该做的，那些令人烦恼的事说不定自动迎刃而解。传说中，在希腊首都的街道中心，有供奉天空之神宙斯的圣殿，在圣殿中有一辆古老的战车，在这辆战车上，有非常著名的格尔迪奥斯绳结。据说能解开戈尔迪奥斯绳结的，就是亚洲的统治者。这时候来了一位皇帝，叫亚历山大。亚历山大造访了这座宫殿，解这个绳解了半天，解得痛不欲生。在一番努力仍然无法解开的时候，他拔出宝剑说："用我亚历山大的方式吧。"一剑将绳结砍成了两段。后来，大家也知道了，

亚历山大成为整个欧洲以及亚洲的统治者。

　　你看，很多课题都是这样子的，你只需要一刀砍断它，问题就简单了很多。所以，没必要那么着急和焦虑，一定有更好的解决方案。

请 远 离 消 耗 你 的 人

第二部分

学习让你拥有
比别人更多一种解决问题的思路与方法

✉ 第 29 封信：远离抱怨，向厉害的人学习

小郭： 龙哥好。我想问如果不得不和讨厌的人打交道，怎么控制自己的情绪不被他们的抱怨所影响呢？有没有什么方法可以让他们乐观一些，而不是总是抱怨？

李尚龙回信：

　　小郭，你好。我的生活里经常有各种各样的人向我抱怨，每到这个时候，我都会给他们讲一个故事。光武帝刘秀有一次带兵打了败仗，他虽然很沮丧，但晚上依旧去巡视营房。他每到一个营房都看到里面的士兵一个个垂头丧气，一副特别没有出息的样子。刘秀看得很心烦，一路走，一路失望。直到他走到了一间营房的外面，他看到一个年轻的军官正在烛光下用一块儿破布默默地擦拭着自己的盔甲和武器，脸上既没有悲也没有喜，既不沮丧也不愤慨，整个人显得很平静。这让刘秀很震惊，觉得此人日后一定可以成大事。后来，这个人果然成为东汉开国的大将军，就是吴汉。这个故事告诉我们什么呢？面对挫折、打击，不要伤心，不要难过，不要愤怒，不要沮丧，不要抗议。抱怨只会让你走上绝境，不如默默磨亮你的武器，做好迎接下一次战斗的准备。

　　抱怨无疑是这个世界上最没有意义的事情。比方说祥林嫂，你从她身上可以发现，抱怨不仅不能解决问题，还让她的生活越来越难了。所以，假设他也知道抱怨没有用，那他为什么会跟你抱怨呢？所以我为你总结了以下几种可能。

第一，他可能不是抱怨，他只是希望跟你共情。鲁迅说过一句话，叫："人的悲欢并不相通，我只觉得他们吵闹。"是的，如果没有经历过一样的事情，很多时候我们很难体会到当事人的感情波动。就好比那些经历过大风大浪的人，你听他的故事，你心想不就是这么一点点小事吗？有什么好抱怨的。再比如一个同学听另外一个同学考研的艰难经历，他想这有什么了不起，哪有工作辛苦啊。你试着站在他的角度去考虑，去思考，可能并不是抱怨，而是一种求助或者梳理。有一本书叫《共情的力量》，书里说共情是未来稀缺的品质。更好的共情，也是产品经理、创业者、作家、导演等艺术工作者必备的能力。

第二，如果他真的只是习惯性地跟你抱怨，那么他可能知道你并不会拒绝。我也有朋友曾经在深夜跟我抱怨，一抱怨就是一个小时，但慢慢地他们就不跟我抱怨了。第一，他们逐渐接受我深夜不爱接电话的现实。第二，他们知道我不愿意接话，当对话中一个人不接话，另外一个人无论怎么抱怨，都不能形成闭环。还有一次，一个朋友来我办公室抱怨一件事，他滔滔不绝地说了20多分钟，我只说了一句话，我说："兄弟，我四点半还有个会，你要不要先坐一会儿？等我忙完再说。"正常情况下，没有人不会意识到这是逐客令吧。所以，他也当即回道："好吧，我也就瞎说，我该撤了。"所以，当有人不停地跟你抱怨时，十有八九他潜意识里觉得跟你抱怨你不会拒绝。

第三，他潜意识里知道你的时间不值钱。比方说你在演唱会见到了周杰伦，其中有个点歌环节，他把麦克风给你。你会用这个时

间跟他抱怨很多跟他无关的事吗？或者你有想过你的偶像会听你说那些与他无关的事吗？我想你肯定不会说那些有的没的，你只会兴奋地说出你最想听他唱的歌。是啊，因为你潜意识里知道他的时间值钱。所以，面对不停的抱怨，要学会说"NO"。

比如"我今天有一个事，你先别抱怨了，改天我跟你细聊"；比如"我先接个电话，你稍等"；比如"那要不今天咱们就先这样"；等等。当然，如果他跟你关系很好，你也可以用一个办法，比方说"你看你抱怨了这么多，有没有想过有解决方案呢"？再比方说，你可以跟他说"你看看我，我一般就不抱怨，我遇到事情第一反应是还有什么事情可以去做的"。更重要的一点，让大家知道你的抱怨、吐槽、叫苦，早晚要还的。我见过一个姑娘在朋友圈里抱怨，说自己明明表现很好，但晋升机会就是不多。不知道这姑娘是马虎大意还是故意为之，她发这条吐槽信息时竟然没有屏蔽领导，领导看到后不但没有说什么，还默默给她点了个赞。但是，后来听说，她被公司开除了。

话说回来，假如你是一个不爱抱怨的人，你也不希望别人跟你抱怨，那为什么那些人不能从你身上学到乐观的品质呢？接下来的答案有些残忍，因为人们只会和比自己厉害的人去学习，去和自己崇拜的人学习，而往往不会跟与自己平行或更差的人学习。所以对于你来说，先让自己成为厉害的人，成为被崇拜的人。那时，你自然就听不到抱怨的声音了，因为他人的抱怨离你太远了。

小郭同学，请一定要加油，成为更好的人。

✉ 第 30 封信：八招搞定一切枯燥学习

吟游诗人： 龙哥好。我今年省考失利之后，依然选择了坚持在家乡考编制。但学习出了问题，以前学过的知识再次学习起来心浮气躁，同时也不知道自己对知识究竟掌握了多少。希望龙哥可以提出建议，谢谢龙哥。

李尚龙回信：

吟游诗人，你好。很多人走出学校以后，学习能力、记忆能力确实是越来越差，这个真没办法。

究其原因，一是离开学习氛围浓厚的校园，个人很难有持续学习的动力；二是人的学习能力就是随着自己与之远离越来越差。所以，我在这里分享一套学习方法，考博、考研、考编、高考的同学一定要认真看一下。

第一，牢记注意力是一切。

我们的学生时代好像都曾遇到过这样的学霸：每天只学几个小时，但成绩永远是班上的前几名。这种人是智商超群还是天赋异常？都不是，而是他们掌握了学习的精髓——注意力。好消息是注意力可以提高，心流可以随着自己的修炼变得越来越长。在开始学习的时候，你不妨把手机放远一些，不要让手机随时打扰到你。同理，

也不要让你的室友或是男朋友、女朋友打扰到你。心流一旦被打断，再次回归到学习状态难上加难，但一旦进入状态，时间会过得飞快。

关于学习，专心致志的一个小时，顶得上你神游的十个小时。

第二，学会运动。

事实证明，运动对学习是有帮助的。一个结合运动去学习的同学和一个光学习不运动的同学比起来，前者的效率更高。有本名为《运动改造大脑》的书，里面讲了增强肌肉和增强心肺功能只是运动的基础，运动最关键的作用是改建和强善大脑。这里特别推荐跑步跟快走，效果更佳。因为人的脚掌和地面有更多的接触，脑部的血液就可以循环得更快。甚至有时候一边走路一边背单词，一边走路一边看书，效果更好，比你干坐在书桌旁看书效果要好太多了。

我自己也是这样，有时候写作写不下去，我就会边走边思考，然后拿手机去录音，效果真的非常好。所以，从今年开始，把跑步跟快走加入你的学习清单。

第三，以结果为导向。

所谓"以结果为导向"，就是以结果为驱动力去学习。这句话听起来很难懂，但简单来说就是有没有达成结果。如果没有达成结果都是无效努力，都是你只是看起来很努力。所有不以结果为导向的努力都只是自己感动自己。比方说你今年要过英语四六级，目标就是通过，那么需要背多少单词才能通过，你倒逼回去就行了。具体来说，就是如果过四级需要记忆 4000 个单词，过六级需要记忆 6000 个单词，你每天需要背诵多少个才能达成目标，你按照这个标准去完成就行了。只要这样以结果为导向的努力才是有效的努力。

第四，创造良好的反馈。

你为什么觉得学习无聊，游戏好玩呢？因为游戏的设计有一个特别符合人性的机制，叫及时反馈。你点了什么按键，马上会有相应的反应。比方说你打了对方一下，对方掉血了，你吃了一个鸡腿回血了。但是，学习不一样，你学完之后可能需要很长时间才有反应。比方说期末考试要一个学期才有一次，中间漫长的几个月你是不知道自己到底学得怎么样的。所以学习很容易让人觉得很无聊。

那怎么办呢？

我的建议是适当给自己增加一些反馈，这很有必要。当你学会一些东西，可以想办法讲出来或者应用出来，这就是自己给自己制造出反馈。如果不讲出来或者没人听你讲，自己写下来也是一种特别好的方式。再比如，你今天完成了学习任务，奖励自己吃一顿大餐，喝一杯奶茶。这样的及时反馈能够让你重新爱上学习，并能高效地学进去。

第五，回顾学习法。

无论你学了多少东西，学一段都要回去回顾一段。如果不停下来回顾一下，只是马不停蹄地赶进度，那么走得越远，忘记得就会越多。每当学习教材 1～2 页，你就应该适当地停一下，花几分钟大概地复述一下刚才学到的内容。只有你能讲出来才是属于你自己的知识。比方说我背了 10 个英语单词，停下来想一想第一个是什么？回顾的时间可以根据教材的分量和学习的难易程度进行增减。

这个方法十分适合背诵一些枯燥的，像政治、专业课等类型的题目，这些内容很管用。这里请大家参考一本书，叫《如何成为学习高手》，里面关于学习方法的叙述很丰富。

第六，学会利用音乐。

很多人反对一边听音乐一边学习，说这样更不能集中注意力学习了。其实根本不是这样。

我在学习、看书的时候一般都会听着音乐，而且不影响效率。我问了身边好几个学习高手，他们都习惯一边听音乐一边看着书。他们很多人都说，当播放音乐的时候，自己只在刚开始学习的前几分钟听到音乐声。但一旦投入进去，音乐好像融进自己的背景里消失了，而效率也变得高了很多。

所以请注意，其实听什么很有讲究。当你需要励志的时候，比方说快考试了，快遇到大赛了，你必须做一些辛苦的工作的时候，要选择那些能使人情绪高涨、令人兴奋的热血音乐。如果你需要安静的时候，比方说你在做回复邮件、回复钉钉这样的基础工作时，尽量回避一些节奏过快的音乐，选择一些能够让你心情平和的音乐。当你想放松的时候，可以选择一些让自己身心轻松的歌曲。

第七，寻找热爱。

很多人认为学习是痛苦的，要死乞白赖的坚持，但真实的学习并不是这样。如果一个人找不到学习中的热爱，注定是不能学好的。比如你从小到大特别恨篮球，怎么可能打得好呢？你从小到大都恨英语，怎么可能说得好呢？那些学习的高手一定是在学习中找到了成就感，找到了学习的乐趣，才走到了今天。

因为如果你痛恨这件事，是不可能有所提高的，所以聪明的你们，先培养对这门学科的兴趣，然后再开始猛攻。比如在学英语的时候，我经常建议我的学生去看几部美剧，先了解西方的生活，再培养对英文世界的兴趣。千万别一上来就做枯燥的真题，这样很容易把自己陷入枯燥跟乏味中。一门学科一旦跟枯燥、乏味息息相关，或者逐渐联系在一起，你可能就不想学了。再比如，你一开始弹尤克里里的时候，我特别建议朋友们先去学习最简单的《小星星》。这首歌特别好学，学完之后可以立刻显摆，给朋友弹奏一曲，看看反馈。

就是说，你要先爱上那种感觉，接下来你再学，效率就高太多了。

第八，找到志同道合的人。

请注意，一个人可以跑得很快，但一群人可以跑得更远。找到志同道合的人，让他们陪你一起前行，这样的效果会更好。所以，考研、考博的人不妨找个伙伴一起学习，成长的路上一群人努力可以帮你走得更远。

✉ 第31封信：怎么做一场高质量的演讲

东东： 龙哥好。我有时需要参加演讲，但很多内容都是在百度上直接复制粘贴的。请问，怎么样才能写出一篇属于自己的漂亮的演讲稿？

李尚龙回信：

东东，你好。

所谓真正的演讲稿，往往来自内心真实的感受。要想写出一篇漂亮的演讲稿，首先你自己要经历，然后要表达，最后是感动。具体该怎么写呢？

第一条，机会很重要。

关于演讲，市面上这方面的书太多了，我也翻阅了几本，几乎大同小异，都强调了内容、手势、语音语调和多加练习，但忘了演讲最重要的事情是演讲机会。早年的新东方，为什么名师的演讲实力都很强？因为新东方有一个非常好的正循环体系，就是你讲的课越好，你的课时就会越多。你的课时多了，讲的就会更好，从而课时会更多。从这里不难看出，演讲机会才是最稀缺的。一个人就算有着马丁·路德·金、奥巴马的演讲能力，有着安妮·海瑟薇的样貌，如果没有演讲机会也是白搭。你没有机会站在一群人面前演讲，也没有大量的机会在失败后一次又一次地更新你的演讲稿，你就不可能成为一个演讲高手。所以，演讲机会是最稀缺的，也是最宝贵的。

所以，在你能够做一场高质量的演讲之前，珍惜每次当众演讲的机会。这里说的"当众"，可能面前只有两三个人，即使这样，也要好好把握。如果你实在没有演讲机会，也不用太绝望，你可以找一些空教室或是空场地，想象你此刻正站在台上，下面有很多人听你演讲。然后，你试着把自己的话讲出来，久而久之，你就不会害怕了。不要觉得这个方法不重要，我就是用这个方法练习的。直到今天，就算台下有人，我依旧不会担心，因为大量的练习，这些流程和套路会深入你的 DNA，变成你生命的一部分。训练是王道，这是谁也没有办法帮助你的事。倘若你有机会在公开场合做过 100 次演讲，每次演讲一结束，都能好好地复盘、改进、更新，你的演讲能力不可能不行。

第二条，逐字稿。

克里斯·安德森是 TED 的创办人，他写过一本书叫《演讲的力量》，书里说，一个好的演讲有三个"有"字。第一个叫有内容，第二个叫有准备，第三个叫有亮点。有内容排第一，有准备排第二。所谓内容跟准备，就是我们说的逐字稿。我们往往不会为了演讲而去演讲，而是为了讲一点什么，所以采取了以一对多的方式。在这个内容为王的时代，你讲述的内容最能决定你是不是一个优秀的演讲者。直到今天，我每次在演讲的时候依旧会写逐字稿，能背下来就背下来，背不下来，我就算上台念，也不浪费我的演讲稿，我不会让我自己脱离这个稿子。

原因很简单。第一，你写的逐字稿代表你在认真准备。第二，在这个短视频时代，当场发挥的时候，你可能一句话没说对，被人

剪下来放在网上断章取义，很容易遭受网络暴力，划不来。所以，想要让自己的内容好，至少做到自己的逐字稿没有瑕疵。

我经常跟我的同事们说："你们上课前一定要写逐字稿。"他们说："干吗呀，我都熟记于心了。"我说："你们别问，可以试试。"后来很多老师都感谢我了，说幸亏是这些逐字稿，让自己的课程内容越来越扎实了。其实原因很简单，因为我们每个老师在上课的时候都不知道接下来会发生什么。比方说会不会有学生突然打断你，会不会麦克风突然不好使了，会不会那天你不舒服，会不会你的思维短路了。这个时候，逐字稿就代表你输出的内容的底线，你讲得至少不会比这个糟。

第三条，好的演讲要有好的开始，也要有震撼的结尾。

好的内容除了要有知识的深度，还要包含一个好的开始、好的结尾。演讲刚开始的时候，你要有一个能够吸引人们注意力的开头。比方说你可以先提个问：有多少朋友曾经听我讲过这门课？有多少朋友曾经读过这本书？有多少人认识我？这样的互动能够很快拉近你和听众之间的距离。你也可以讲一个笑话或是讲一个故事，甚至故意出一个丑，来吸引别人的注意力。如果开头实在没把控好也没关系，结尾令人印象深刻也不错。这就是心理学中著名的峰终定律。

什么叫峰终定律？就是一个普通人对一场演讲的评价只有两点。

第一，你的演讲是否有高潮。

第二，你的演讲是否有一个好的结尾。

你可以下载一些 TED 的演讲，看看他们是怎么结尾的，你会发现无论他们前面讲得怎么样，结尾都干净利落。请记住，你可以用金句的方式结尾，也可以用震撼、幽默的方式结尾，甚至可以首尾呼应，把开头讲的事情在结尾处再点亮它。

　　说句实话，我个人不太喜欢特别有激情的结尾。在我看来，好的演讲没有必要从情绪上震撼别人，而应该从情感上震撼别人，从内容上给人共鸣，让人感动，而不是从语音、语调带着别人去共鸣，逼着别人去感动。

　　当然，除了开头跟结尾，中间也最好有亮点。

　　我刚开始当老师的时候，一节课两个小时，我要花十倍的时间去准备，大多数的时间都在写逐字稿。演讲是个苦活儿，你必须十分努力，才能看起来毫不费力。TED上面所有的演讲者讲得都很自然，很多人并没有经过演讲培训，他们只不过是各行各业的高手，但依旧能讲得很好。其实，仅仅是因为他们把稿子背得滚瓜烂熟了，每一句都是精心设计过的，没有一句多余的话。一段18分钟的演讲，有人会花200个小时准备，经过无数次的修改、删减，以最佳状态呈现给观众。而一个人如果想登上TED的舞台，至少应该珍惜生命里每一次上台的机会，去提高自己的演讲能力。这中间除了要下死功夫，还要时刻去想办法制造亮点。所谓亮点就是金句。

　　你可以用PPT去阐明自己的亮点，也可以出其不意搞个怪。世界演讲比赛冠军戴伦有一次演讲的时候，在台上摔了个大跟头，观众哄堂大笑。戴伦说："我摔跟头的时候大家都说快起来，太尴尬了。只有我的老师说，你在地上多趴一会儿吧。"演讲者的任务不是让观众感觉舒服，而是要引起激烈的共鸣，给观众留下难以磨灭的印象。

　　最后，千万不要把演讲想得多么高大上，也别想这玩意离你有多远。事实上，如果你知道怎么在饭桌上对着一群朋友讲话，怎么在宿舍里对着大家发号施令，怎么在朋友圈里说那么一两句讨人喜欢的话，你就能够做好一个演讲。好的演讲能够让你受益匪浅。这个时代牢牢掌控在输出者手中，输出者只有两种方式，就是写作和

演讲。演讲比写作更具备煽动力。所以，东东，希望你可以用这样的方式重新准备一下你的演讲稿，看看能不能有感而发，去走心，写出一篇不一样的演讲稿。

✉ 第32封信：持续的极致带来持续的成功

小陈同学： 龙哥好。我有一个朋友，他最近很受挫，工作总是出错，就是最简单的快递信息整理，他都能漏掉好几个。老板找他谈了好几次，希望他多用心，多长脑子，看事情不要只是一个维度，做事情要考虑用户的体验。老板说只有集中注意力专精一件事，才有可能做成功。他看到老板工作很辛苦，也知道老板一直在朝着目标努力，但他总有一些事情做得不到位、做得不够好，辜负了老板对他的期望，所以他迷茫了。他明明没有老板辛苦，却总觉得很累。难道真的要像老板一样辛苦才可以进步吗？

李尚龙回信：

小陈，你好。这一年我遇到很多在自己领域做得非常好的人。但无论哪个领域，哪个年纪，什么社会阶层，什么背景，他们都具备一个特点：抗造。换句话说，无论前一天他们遇到什么挫折和打击，第二天都会满血复活。

随着我对这个领域有越来越深刻的理解，我开始明白，成功真的只有一条路，就是持续的极致。什么叫持续的极致？我把它分解成两个词，第一个词叫极致，第二个词叫持续。你看你朋友的老板

想跟他说的话也是如此，如果你的朋友听明白他的话，就应该知道老板希望他把一切都做到极致。无论任何事情，只要你做到极致，老天都会帮你。因为当你做到极致的时候，你的眼里没有对手，你总能爆发出意想不到的能量。

我特别喜欢稻盛和夫写过的一本书，叫《干法》，书里说就算扫地，你依旧可以做到极致。比方说原来你是从左往右扫，那你今天可以试着从右往左扫，或是原来从周围往中间扫，现在从中间往四周扫，甚至你可以不用扫把扫，跟领导申请一下，试试能不能用好用、效率又高的机器扫。最后，你总结出哪个方法效率最高，效果最好。

但是，你要知道，这种极致只有一天是不够的，你需要持续的极致。人最怕的就是间歇性的鸡血，持续性的低迷。怎么做到持续极致呢？答案只有一个，就是养成优秀的习惯。

当然，你可能会问："你这样活不累吗？"我经常被人撑啊，说："龙哥，你每天活得这么累，难道不觉得辛苦吗？你每天如此的忙碌，你真的不觉得难过吗？"我告诉你，真的不累，忙起来很快乐的。你可以试试看。从跑步机上下来的人，跟躺在床上的人比起来，前者更开心更幸福，因为忙起来真的很快乐，闲下来才是真的累。

或许你会说，我就是爱闲着，我就是喜欢躺平，你能耐我何？这么一来，又把问题拉回本质，即你想成为什么样的人。前段日子我参加了青岛啤酒节，其间我跟几个制片人、导演一起喝酒，到了晚上大家喝得微醺的时候，我看到路边有几个大腹便便的男子光着膀子，一边喝一边大叫着，完全是忘我的状态。如果在小城市生活，可能没有那么大的理想，只有老婆孩子热炕头，谁又能说他不幸福呢？但不好意思，至少这不是我想要的。如果我是那个喝到吐，喝到疯疯癫癫然后不停摇摆身体的男人，我一定不会开心，我甚至会讨厌我自己。

有人会问，我们为什么要背井离乡，奋斗到极致？因为我们希望可以成为更好的自己。我创业八年了，经常感到无比累，也经常会在深夜感到无比焦虑，甚至很长一段时间我都失眠，找不到自我。但是，我慢慢明白，劳累可能是没有找到好的规律和方法，没有搞清楚好的态度，没能让自己更好地进入状态。人一旦陷入迷茫，就容易累。

每当我迷茫的时候，我都会思考一个问题：当初为什么出发？在瓦尔登湖寻找生活意义的梭罗曾经说过一句话："每个早晨都是一个愉快的邀请，但迷茫的人每天早上起来都是劳累的。"一个人如果开始明白自己想要什么，就不容易累了。

最后，假如你真的很清楚自己要什么，但每天还是很累，那么很可能是你的精力管理出了问题。所以，我也给你推荐了一个书单，希望你能够按照书中的方法提升自己的精力，让自己越走越顺。

第一本书是《斯坦福高效睡眠法》。这本书的精华已经放在我的读书会里，欢迎反复地去听。

第二本书是《我们为什么会觉得累》。作者是慕尼黑大学的教授，叫蒂尔·伦内伯格，他也是时间生物学领域的代表人物。在这本书里，他把人分成了云雀型和猫头鹰型。云雀型的人早上精力旺盛，而晚上需要早点休息，他们像孩子一样叽叽喳喳。而猫头鹰型的人晚上精力旺盛，早上却颓废到不行。你要明白自己是什么样的人，从而找到自己最好的状态。

有时候一个人就是因为状态不好，所以做出很多错误的决定，这一点希望你跟我共勉。对于我来说，我是一个中午状态很差的人，所以中午我一般不会做创造性的工作。我会做一些平凡的、重复性

的工作，让自己更好地度过中午的时光。对于你来说，找到精力不充沛的时候去锻炼，去放松，不要花时间去做一些很重要的工作。

第三本书是《内向者心理学》。假如你是个内向的人，一定要学会精力管理。怎么去提高自己的个人精力管理？作者兰尼给我们支了三招：一是控制节奏。你要找到自己的节奏，不要打乱它。二是控制个人边界。我的是我的，你的是你的。三是学会恢复精力。比方说你要学会利用自然光给自己充电，或是学会通过饮食、运动让自己变得更好。

第四本书是《轻断食》。假设你每天少吃一点碳水，多运动10 ~ 20分钟，你就能恢复自己最好的状态。

最后总结一下，成功只有一条路，就是持续的极致，加油啊！

✉ 第 33 封信：已习惯了目前的工作，怎么成功转型？

微雨： 龙哥好。我已经工作多年，跟着龙哥参加读书会两年了，收获颇丰，可总感觉有力无处使，还是从事着自己不喜欢的银行工作。饿却是饿不死，但是磨人意志，没有时间和精力做自己喜欢的事。我知道人要先度过生存期，再谈理想，但我对现在的工作不满意，换行的话试错成本太高。请问，有没有什么好的策略或者建议？我该怎么运用已有的知识谋生呢？

李尚龙回信：

微雨，你好。谢谢你跟着我参加了两年的读书会，认知层面你应该刷新了不少，但是从认知到行动还有着一个巨大的鸿沟。作为一个已经从体制内出来的人，我想告诉你的是，如果你决定从银行或者其他体制内出来，需要下一个巨大的决心。是的，这个决心很大很大，甚至需要你茶饭不思，纠结、痛苦、难过好几天，甚至胆战心惊才能行动。但是，请你一定记住，一旦你决定了，可能就没有退路了，因为你就要开始另外一种生活了。

我的大学同学，他们中的大多数人都过着稳定的生活，而我不

一样，我到今天还在过着充满挑战和不确定的生活。这就好像没有体制这样的大船保护你，你只能自己建造小船，生活的担子没有任何人可以帮你扛，只能你自己扛。这样的生活给了你诸多自由，但也充满着各种风险。所以我还是建议你，想好再出发。

其实，无论你在哪个地方，每一次转型都是一次重新开始。无论过去你获得了什么成就，在你不了解不熟悉的领域，都需要弯下腰踏踏实实地向别人学习。我把身边转型成功的人做了几个总结，希望对你有用。

第一，带着资源转型。我的一个朋友是私行的经理，在银行待了五年，觉得生活太没意思了，决定跳槽。跳槽之后，她开始自己做私募，也不知道从哪个地方要到了我的电话，就开始给我打电话募资。我虽然不知道她这么做是不是合适，但我觉得她一个小姑娘也不容易，还是跟她见了一面。她说他们这些私行出来做私募的，很多都会给老用户打电话，希望可以再次合作，他们这叫带着资源转型。虽然最后我没有跟这个姑娘合作，但是我从她这里学习到一件事，就是带着资源转型。当你把公司的资源变成自己的资源，背后的阻力是难以想象的。因为原来你在位，你靠着平台，现在你只身一人，别人凭什么相信你。别人信的是过去的公司和品牌，而不是你这个人。所以这背后需要你非常努力，要么磨炼出超强的能力，要么花时间打磨关系。说实话，哪一种都是硬仗。

其实，很多人一旦离开平台就不是很厉害的人了，因为他不具备一个人活成千军万马的能力。准确来说，他没有独自发现问题和解决问题的能力。我曾经写过一本书，叫《当你又忙又累，必须人间清醒》，里面有一篇文章，我到今天仍记忆犹新，就是《离开平台，剩下的才是你自己的》。如果没有能力，是不是就没有办法带走公司的资源呢？不是。我们还有一招，叫多交朋友。怎么交朋友呢？答案只有一个，叫"做超乎公司要求你做的事情"。比方说公司要求你对客户5分，你就做到10分，因为剩下的不是公司对你的要求，而是你对客户的人情。要记住，客户对价格不敏感，对人非常敏感。

我的理发师曾经在一家很大的店面上班，给我理了三年的头发。后来他准备出来单干，我对他说："你记住我一句话，无论你去哪儿，我都找你理发。"因为我找他给我理发，沟通成本能够减少很多。我不需要再告诉他我要理什么样的头发，或者我适合什么样的发型，他直接给我理就可以了。但是，这哥们儿说了一句话，打消了我继续找他的念头，他说："哥，我去天津了。"我说："那就算了，这个代价太大了。我没有办法每次理发还要从北京跑到天津，就是为了让你给我理发。"你想想看，假设他在北京，他就成功地把我从公司的资源变成了自己的资源。

第二，带着能力转型，这是最高超的转型。无论你是在体制内还是在体制外，但凡你有能力，有一技之长，你在哪儿都能活得很开心。无非是体制内还是体制外，自由还是不自由。能力这个东西，总能带你走得很远。如果你现在在体制内总觉得有不满意的状态，为什么不花时间去学习一项技能呢？你可以先看看行业，然后决定要不要在这个行业扎下来，开始培养专业技能。这项技能可以是长远的，比方说自学一下写作，自学一下演讲，或是考一个教师资格证。也可以是新型行业，比方说你可以自学一下直播运营。大家注意，越新的行业越没有专家，你越早开始自学越能成为专家。

第三，带着心态转型。好的心态就是随时做好从零到一的准备。我的一个好朋友在教培行业整改之后，很淡定地说了一句话："就算我以后做了销售，我依旧可以从零开始。"这种心态令人佩服。

因为到了一定年龄以后还愿意从头开始，真的要有一个很好的心态。后来这个朋友跟另外一个哥们儿在上海弄了一家脱口秀俱乐部，开始做脱口秀。我去看过几次，说实话，讲得并不好。后来我去他家，我发现他家里到处都是脱口秀的稿子。他说自己从零开始，万事开头难。虽然艰难，但这种心态会保护他走得很远。

第四，带着梦想转型。我认为最后一条最重要。新东方的俞敏洪在遇到教培行业坍塌之后，第一时间竟然是回到农产品售卖转型的赛道。之所以这样做，是因为他出身农民家庭，帮农民卖东西是他的梦想和初心。可能这个东西一开始并不赚钱，但一个人只要冲着理想去，全世界都会为他买单。果然，东方甄选的转型非常成功。这件事给我一个启发，当一个人面临更换行业的时候，是什么行业都可以试试的。

现在回过头来，认真思考一下，你最初的梦想是什么？说不定这是一次和梦想重逢的机会。曾经，我们是有什么资源做什么事，现在面临转型，最好的方法是想做什么事，就去找什么资源。

第 34 封信：读书的意义到底是什么？

芥末：我有个 9 岁的外甥，平时我们一起听您的读书会，他也很喜欢。暑期我们一起制订了阅读计划，但他觉得读书没用。他说他的父母没有读书，现在一样生活得很好，而我很努力地读书，却没有见我过着富裕的生活。龙哥，站在我的角度，您会怎样回答他？

李尚龙回信：

芥末，你好。感谢你喜欢我们的读书会。首先我想告诉你，从某种意义上来，这小子说得没错，他只有 9 岁就已经知道物质生活是多么重要。但是，换个角度看，他说得也不对，因为光有物质生活肯定是不够的。你看那些大老板，他们自己可能已经不读书了，但他们都尽力把孩子送到国外的名校去。而且这类人喝多之后对孩子说的话几乎都是："你呀，一定要好好读书，爸爸就是吃了没文化的亏。"

简单来说，读书和不读书最大的区别是你看这个世界的维度是否单一。一个人不读书，他看世界的维度只有一个，就是别人是不是有钱。就像那些在网上刷游艇的人，没有文化的人只会喊："榜一大哥，谢谢你。感谢大哥送的'嘉年华'。"而有文化的人会想：

这钱是怎么来的？如果这钱背后是校园贷，我是不是可以把他直接拉黑？其实读书到最后，就是为了让我们更宽容地去理解这个世界到底有多复杂。

网上有一个段子，是这样说的：

当你看到一幅美景，读书的人会说："落霞与孤鹜齐飞，秋水共长天一色。"而不读书的人会说："这不是鸟吗？"

当你开心的时候，你会说："春风得意马蹄疾，一日看尽长安花。"而不读书的人会说："哈哈哈哈。"

当你伤心的时候，你会说："问君能有几多愁，恰似一江春水向东流。"而不读书的人会说："呜，好难过啊。"

当你思念一个人的时候，你会说："玲珑骰子安红豆，入骨相思知不知。"而不是只会说："亲朋好友们，我想死你们啦。"

当你表达爱意的时候，你可以说："山有木兮木有枝，心悦君兮君不知。"而不会只是说："么么哒。"

你看，生活就是如此。我总是会想起《三国演义》里面刘备、关羽、张飞的一场戏。

刘备说："为图大事，我漂流半生，苦苦寻找志同道合之人，直到今日，淘尽狂沙始见真金，天可怜见，将二位英雄赐予刘备，备欲同你二人结拜为生死弟兄，不知二位意下如何？"

关羽作为一个读书人，他出口成章："关某虽一介武夫，亦颇知'忠义'二字，正所谓择木之禽得其良木，择主之臣得遇明主，关某平生之愿足矣。从今往后，关某之命即是刘兄之命，关某之躯即为刘兄之躯，但凭驱使，绝无二心！"

张飞想了想，他也不读书，也听不懂。哎，别说了。张飞说："俺也一样。"

关羽觉得自己态度还不够明确，言语可能还不够恳切，所以关羽继续说："某誓与兄患难与共，终身相伴，生死相随！"

张飞想，这说得真对呀！所以张飞说："俺也一样。"

关羽又说了："有违此言，天人共怒之！"

张飞继续说："俺也一样。"

你看，这就是读书跟不读书的区别。苏东坡的朋友黄山谷也是一位诗人，他说过一句话："三日不读，便觉语言无味，面目可憎。"三毛也写过："书读多了，容颜自然改变。许多时候，自己可能以为许多看过的书籍都成了过眼云烟，不复记忆。其实它们仍是潜在的，在气质里，在谈吐上，在胸襟的无涯，当然也可能显露在生活和文字中。"读书真的会改变容颜吗？我觉得一定会，它会从内到外改变一个人的气质。

毛姆写过一本书，叫《阅读是一座随身携带的避难所》。对我来说，这些年我一直保持阅读的习惯。因为我讨厌单一维度的生活，而且在这残酷的世界里，如果我可以有一个短暂躲避的地方，那一定是书里。

说到这儿，可能还会有人怀疑，说："生活在这个被比喻成赛跑的社会，我们太忙了，我们哪有时间在阅读的世界里漫步？"能够说出这种话的人，可能真的没想过读书。所谓时间不够，归根到底是价值排序和选择的问题。你真的有把读书这件事看得很重要吗？你不是真有那么忙，更不是一辈子都在忙，而是你根本就不想阅读。因为再忙的人也有属于自己的"节庆时间"，这个时间是可以自由支配的。如果真的想阅读，蹲厕所的时间也可以拿来利用嘛。

最后，我们聊一聊读书跟赚钱到底有没有关系。我曾经在《你只是看起来很努力》中写过一篇文章叫《读书可能不会让你变得很

有钱，但是会让你变得富裕》。我当初想说的是读书不会让你暴富，但是它能让你从内到外散发出一种富裕的气息。今天，我要收回这句话，因为我当时写这句话的时候，还没有去读创业类、经管类和经济类的书。我不知道很多赚钱的方法都在这些书里，比如说《有钱人和你想的不一样》《财务自由之路》，很多赚钱、存钱、钱生钱的逻辑也可以通过读书得到。

所以，在你还没有发家致富之前，还是尽量多读些书吧，"书中自有黄金屋"啊！

✉ 第35封信：好的心态能打败一切

诗文同学：龙哥，你好。我的问题不是工作，也不是学习，而是生命。我是一名病人，父亲为了照顾我也生了大病。生病的这几年，我看了很多书，考了一些证，也一直在努力地活着。书中有些鸡汤文会说，面包会有的，爱情也会有的，等等。可是，拥有这些的前提是你要健康，不是吗？所以，我应该怎么面对生命，接受生死离别？

李尚龙回信：

诗文，你好。我想告诉你的是，很多厉害的人都是在人生的低谷期努力读书学习，然后厚积薄发，一举成名。就拿新东方的创始人俞敏洪来说吧，他在上学期间因为身患肺结核休学了一年，他没有就此一蹶不振，而是用一年时间读了300本书，然后改变了他的一生。我身边有些朋友遇到困境时，通常也是这么做的。虽然并不是每个热爱读书的人最后都功成名就，但至少比他没有读书前强太多了。请你一定要相信，读书可以改变命运。

我特别理解你的痛苦和煎熬，因为身体不好，很多事情都没有办法往前走。你让我想起著名作家史铁生，如果你读过他的文章《我与地坛》，应该知道他也是身体不好，什么事也做不了，而文学却

救了他的命。上帝关上你一扇窗，可能会为你打开一扇门。他的门是文学，你一定也有你的门。只不过门在哪儿，你现在还不知道，那就去寻找、去探索。

史铁生21岁的时候双腿瘫痪，后来又患肾病，最后变成了尿毒症。命运让史铁生饱受痛苦，甚至多次到达死亡边缘。双腿限制了史铁生的行动，他的思想却可以自由驰骋。他把对生命的感悟，对生活的思考都倾注到了他的作品中，用笔写下了不朽的名篇。你纵观很多身体有缺陷的人，身体不好的人都在思想上有着过人的成就。17世纪法国著名的哲学家迪卡儿，从小就体弱多病，一辈子都保持着每天睡十个小时左右的生活习惯。他躺在床上的时候喜欢思考，悟出了"我思故我在"这样精彩绝伦的哲学论点，所以他也被称为"西方现代哲学思想的奠基人"。同时，他还是著名的数学家和物理学家。而"我思故我在"也成了一代人在面对困难时的名言。

我们说回史铁生，他有一部散文集让我印象非常深刻，叫《病隙碎笔》，里面有一段话是这么写的："生病的经验是一步步懂得满足。发烧了，才知道不发烧的日子多么清爽。咳嗽了，才体会不咳嗽的嗓子多么安详。刚坐上轮椅时，我老想，不能直立行走岂非把人的特点搞丢了？便觉天昏地暗。等到又生出褥疮，一连数日只能歪七扭八地躺着，才看见端坐的日子其实多么晴朗。后来又患尿毒症，经常昏昏然不能思想，就更加怀念往日时光。终于醒悟：其实每时每刻我们都是幸运的，因为任何灾难的前面都可能再加一个'更'字。"

这真的是生命的哲学啊。我们总以为未来会好，所以期待着未来，却忘了此时此刻才是一切，此时此刻才是所有。无论未来是好还是更不好，你当下唯一能做的就是下好手上这盘棋。

另外一个我想跟你分享的故事主人公，她出生在 1880 年 6 月 27 日。她的父母本来以为她会是一个快乐而健康的女孩子。可是两岁之后，也就是 1882 年 2 月份，因为突发的猩红热，她丧失了听觉和视觉，这意味着她的世界从此一片漆黑。可就是这么一个女孩子，后来拿到了剑桥、哈佛的双学历。她就是著名的作家海伦·凯勒，她写过一本著名的书叫《假如给我三天光明》。当你为没有一双漂亮的鞋子而哭泣时，你该为你有一双可以穿鞋子的脚而感谢。

她说："有时候我会想，也许最好的生活方式便是将每一天当作自己的世界末日。"用这样的态度去生活，生命的价值方可以得到彰显。我们本应纯良知恩、满怀激情地过好每一天，然而一日循着一日，一月接着一月，一年更似一年，这些品质往往被时间冲淡。

亲爱的朋友，身体不好确实令人痛苦，但千万不要放弃，因为人的一生是在不断变化的。老天让你来到人世间，一定想告诉你一些什么，请你用心倾听。另外，我想告诉你一个科学实验，人的身体是会随着心态改变的。一个乐观的人不仅会让自己的心情变得很好，更会让自己的身体发生潜移默化的正向变化。

1979 年，有人做了一个至今被人津津乐道的抗衰老实验。实验者招聘了一批七八十岁的男性，在一个修道院里像度假一样过了五天。这五天的主题活动是假装现在是 1959 年。他们讨论 1959 年发生的事情，读 1959 年的书，听 1959 年的广播，还特意找来了老的黑白电视，看 1959 年的电视节目。实验人员甚至还给他们准备了一场所谓最先进的直播，看了一场 1959 年的体育比赛。五天之后，实验人员给这些人体检，发现他们的记忆力、视觉、听觉以及身体的力量都比参加活动之前更好。接着，他们让不知情的外人看他们参加活动前后的对比照片，人们普遍认为参加活动后的照片看起来更

年轻。

　　类似的案例有很多，很多年前，实验人员招聘一些得了 2 型糖尿病的患者玩电子游戏。他们给每个人发一个闹钟，要求患者们每过 15 分钟就换一款游戏继续玩。实验的秘密就是这些闹钟都被做了手脚，有些走得很快，有些走得很慢，有些是准时的。结果发现，分发到的闹钟速度快，这个人的血糖水平波动得也快。这说明糖尿病人的血糖并不是根据实际时间的变动来发生变化的，而是根据个人对时间的感知来变化的。也就是说，心态发生变化后，身体也跟着发生了变化。

　　你看，心态是多么重要啊！每个人活在世上都有自己的使命，倾听内心的声音，调整好心态，勇往直前，一切都会变好。

✉ 第36封信：一说话就冷场怎么办？

桃子：龙哥好。我最近苦于交际，跟朋友、同事完全不知道说啥。就算跟不错的朋友在一起聊天也总是冷场。其实，我是愿意说话的，但是总怕自己说得不好会得罪人。龙哥，我应该怎么做呢？

李尚龙回信：

桃子，你好。我自己也曾经是一个一说话就冷场，一说错就自责，这么一个非常让人讨厌的家伙。但好在我还是不停地说，当然也得罪了不少人。后来，我发现想让自己不冷场的方式，并不是要不停地说话，而是少说话、会说话。我积累了关于说话的五条干货，跟你分享：

第一条，三年学说话，一生学闭嘴。这世上所有的"祸"都是从嘴巴里出来的，不管是你说的话，还是你吃的东西，都很容易给你惹祸。如果你在一个陌生的场合不知道怎么说话，可以不说话，交给那些会说话的人去说，你在聚会里就负责倾听，偶尔微笑点头，这也是一种智慧。久而久之，当他们意识到你可能就是不爱说话，他们反而愿意跟你说得更多。

第二条，想好再说。我们身边喜欢说话的人通常可以分为两种：

一种是想好了再说。这种人轻易不会开口，一开口就是一字千金，然后越来越被人尊重。一种是说完之后才开始想。这种人先让自己把话说出来，然后说着说着意识到坏了，这话说错了。久而久之，他们就养成了不好的说话习惯，得罪人无非是时间关系。我经常跟我身边的小伙伴说，你说慢一点，别着急，想明白再说，要不然你就别说。有时候你说多了或者说错了特别尴尬。你说错一句话，你要用十句话去挽回这一句话，最后反而给人留下情商特别低的不良印象。所以，话不一定要多，而是要精准，要靠谱。

第三条，善于提问。有一本书写得很好，叫《提问的艺术》。简单来说，如果你不会说，就去提问。提问分成三种：

第一种叫封闭式提问，适用于你想得到明确答案的时候提出。比如："你今天到底是在广州还是深圳？""你是白羊座还是天蝎座？""你到底喜欢我还是喜欢他？"

第二种叫开放式提问，适合闲谈的人际沟通时提出。比如："你在这个公司干了多长时间啊？""你喜欢看的电影是什么啊？""最近有没有特别好的电视剧，让你欲罢不能呢？"

第三种叫追问，适合想要找到核心答案时提出。

我的建议是除非你是做销售的，或者你的地位比较高，否则不要在公开场合去追问任何一个人。

当然，无论哪一种问法，你都可以把话题重新抛给别人，让别人多说。遇到那种不太熟悉的场合，我一般都会多问少说。比如，我会问："真不好意思，我没听懂您这话是什么意思啊？""不好意思，我能多问一句吗？""这个问题真有趣，麻烦您再跟我说说吧。""太棒了！我怎么没想到！"你看，这些问题一旦被你提问，对方就开始多说了，而你只需要倾听、微笑、点头。

第四条，重复对方的话。请注意，这条非常管用。无论对方说什么，你都重复一下。重复代表着肯定，重复也代表你听进去了。很多时候，就是因为你重复了对方的话，才能让对话往更深的层次去走。你可以适当地变换语气，比方说用疑问的语气重复一下，对方一定会具备很强的解答欲望。

举个简单例子。

那人说："我心情真难过。"

重复他："你觉得你心情很难过？"

"是啊，我跟我男朋友刚分手。"

"啊，你跟你男朋友分手了？"

你看，当你重复的时候，她会有源源不断的话说出来。还有一个小招数，就是当你没有办法马上接话的时候，不如陷入思考三秒钟，仔细回味他的话，然后做"正反回应"。什么是"正反回应"呢？就是你可以根据自己是否对这个话题有共鸣来选择正面回应还是反面回应。

如果你想要正面回应，大概的意思就是我和你很有共鸣，我非常欣赏你的观点。比如，"我非常同意你的看法。""天哪，我怎么没想到！""是啊，你说得太对了，你就是我的'嘴替'。"

如果你想要反面回应，大概的意思是我和你没有共鸣，但是我有兴趣了解你的世界。"这个逻辑很新颖啊，我怎么没想到。""你还真的给了我好多启发。""这个角度我还是第一次听。你是怎么想到的。"你看这样是不是就跟别人继续聊到一起了？

第五条，重新开启一个每个人都想聊的新话题。如果对方说的话你实在接不下去了，请跟我学这样一个话术："对了，我突然想到……"这个话术非常管用，我用了好多次。那接下来你可以聊这

么几个话题，比方聊聊变幻莫测的天气，聊聊大小城市的发展。聊到小城市可以聊聊当地的特色，比方说成都的小吃，西安的兵马俑。也可以聊聊近期的工作状况，明星的八卦，最近的新闻，等等。蔡康永写过一本专门讲说话的书，叫《蔡康永的说话之道》，里面有一个终极大招，就是聊吃的话题八成不会冷场，因为这个世界上对美食有兴趣的人可是太多了。这些话题都能帮你渡过难关。

最后，无论如何，都要克服说话的恐惧。讲话最重要的是什么？是讲啊！有时候就算讲错了也没关系，你可以通过不停地讲下去，不停地反思，去弥补你讲错的话。所以千万不要害怕，勇敢大胆地去讲。

✉ 第37封信：辞职去留学就是最好的选择吗？

悦悦 龙哥，你好。请问大龄单身，国企基层员工，这两年的大环境适合辞职去留学吗？

李尚龙回信：

悦悦，你好。世界每天都在千变万化，我们的人生也不是一成不变。如果你要问我大环境适合出国留学吗？我的答案是：非常适合。

你可能会好奇，我怎么直接给你答案，而不是给你一个思考的空间。因为有一句话我至今都非常受用，叫"别人恐惧我贪婪，别人贪婪我恐惧"。你只有走少有人走的路，才能看到不一样的风景。你问我大环境，我只能告诉你大环境的答案，但如果你要问我个体的选择，我有更多想跟你分享的。

2021年，我的一个朋友去爱丁堡大学读了传媒系的硕士，可是他的雅思成绩只有7分。你要知道爱丁堡大学是很厉害的，它的硕士录取条件的底线是雅思成绩最少7.5分，而他的听力只考了6分。比这个更糟糕的是，他还不是国内"211""985"的学生。爱丁堡大学的传媒专业还有一项硬性规定，就是必须要有传媒类实习的经验，遗憾的是，这条他也不具备。那你知道他是怎么被录取的呢？因为受新冠病毒感染疫情影响，当年几乎没什么人出国读书，所以

他等于是捡个漏，很幸运地被录取了。

可能你会说，当时大环境那么糟糕，他不害怕吗？怎么说去就去了呢？可是他说，他也怕死，但更害怕成为碌碌无为的人。这句话给我很大的启发，他说："你走在路上，都有可能会被陨石砸死，或是被楼房倒塌压住。你活在世上已经是上帝赐给你的礼物，为什么不去做自己喜欢的事情，同时规避风险呢？"天哪，我听完这句话，当时脑子一热，多么好的四个字——规避风险。它说明了一切，也道明了一切。

身边有无数的朋友跟我讲过这样的话："龙哥，我要去考编制，宇宙的尽头就是编制。"考编制当然很好，但你有想过不光你想考，别人也想考吗？岗位就那么多，参加考试的人以百万计。你想过自己考编成功的概率吗？

这个时代有自己独立的思考很重要，大多数人都选择的路未必适合你，少有人走的路未必走不通。事实证明，只要你选对了，再艰难的路也有走顺的一天。

有人说这两年创业的人很难，哪一年不难呢？做什么不难呢？要想做成事，什么时候都难，你要遭受别人的不了解，你要看着别人的白眼，你要忍受无尽的孤独，你要一个人活成一支军队。但是，我想告诉你，这都非常正常，因为谁让你想要成为一个不一样的人呢？说到这儿，我想到一本书。它写于1978年，是一本心理自助类的书，直到今天依旧被人津津乐道。这本书叫《少有人走的路》。书里说心智成熟的旅程，实际上就是通过不断克服人生的困难，激发我们自身潜能的过程。因为这条路困难重重，很多人根本无法坚持走下去。所以，越往后走，人越少。

其实，做任何事情都一样。一开始你可以随大流，可以跟随众人的脚步，比如大家一起读小学、初中、高中、大学。你会发现，从大学开始，你已经不能再抄别人的作业了，因为大家要么考研考博，要么出国留学，要么开始找工作，要么一毕业就结婚生子。你发现人的分类越来越迥异，有人选择躺下来被社会改造，有人选择去创业，改造这个社会。

我们有太多的人，第一，不知道自己要什么；第二，天天随大流。有时候你会发现二八定律放在很多领域都适用，永远是 20% 的人站在顶端，80% 的人为他们服务。在《反脆弱》一书中，塔勒布做了一个总结，根本不用 20%，3% 的人的偏好就可以演变整个社会的一致性。

你只需要做到两条：第一，少数人极其较真；第二，其他人根本无所谓。

每年都有想出国留学的，也有害怕自己适应不了国外生活的。真正想去的，不会因为一时的阻碍就不去了；不想去的，就是条件再怎么充足，他也不会去。所以，我想告诉你的是，如果你已经想好去留学，就赶紧去找相关的资源，准备相关的材料。

当然，做任何决定的前提是，这是你自己真实的想法，而不是人云亦云。所以，是继续留在单位上班也好，出国留学也好，不要墨守成规，也不要疯狂换赛道。不管做什么，坚持到最后。就算你是少数派，你依旧可以改变自己，甚至改变世界。

✉ 第 38 封信：怎么提高一个人的注意力？

S：龙哥好。我想请教一下，如何让自己的注意力集中？毕业两年了，注意力和学习能力不如上学时候那么好，希望能有方法摆脱这种状态。

李尚龙回信：

S，你好。我跟你分享四个提高注意力的方法。

第一个方式来自一本书，叫《注意力曲线》。事物对人产生刺激能够让人分泌肾上腺素，分泌肾上腺素的过程就是注意力提高的过程。肾上腺素分泌的多少，会显示你对这件事情到底是兴奋还是无聊。比方说，你现在听我讲课，你可能肾上腺素很低，因为你可能听不懂什么叫肾上腺素。这个兴奋或者无聊的程度叫作刺激水平，而刺激水平的高低决定了注意力集中程度的高低。而作者根据刺激水平和注意力之间的关系画出了一条曲线，这就是注意力曲线。这个曲线像一个倒过来的英文字母"U"，也被作者称为倒 U 型曲线，它更像是一个锅盖，两边低中间高。这个曲线是画在坐标系里的，人在刺激水平很低的时候，注意力就很低，随着刺激水平越来越高，注意力也越来越高。但是，这曲线是倒 U 型的，也就是说当注意力到达一个顶点的时候，刺激水平哪怕再高，注意力也不会随着升高，反而会下降，直到降为零。

为什么会这样呢？比如你上课的时候，老师让你注意力集中，你肯定会集中。但如果老师打你呢？同学骂你呢？羞辱你呢？你可能就没办法集中了。所以这也告诉你，在参加重要考试或是做重要事情之前不要太重视，正常发挥就好。只有刺激水平既不是很高又不是很低的时候，人的生理反应才会平和。因为这个时候身体是放松的，但意识要保持一定的警惕性，也就是说不要过于紧张，也不要过于松弛。注意力专家把这种状态称之为最优刺激状态。这个状态可能是倒 U 型中间的部分，刺激水平不高也不低，但是注意力很高，而且在某一个阶段注意力会到达峰值。

曲线的这一部分被作者称为注意力专区。我之前就见到一个男生，每次遇到自己喜欢的姑娘就语无伦次，我就建议他把注意力专区调到适中就好。如果过于重视会失态，不重视会失礼。这孩子就问我："龙哥，怎么去了解自己的注意力专区啊？"人啊，要多花时间去了解自己。我经常会有意识地记录自己的一天，看看自己的注意力专区在什么时候是好的，什么时候是差的。人和人是不一样的，我早起这段时间的注意力非常好。我一般就会看会儿书，后来发现晚上的注意力专区也很好，我就会背背书、看看书、写写东西。有些人的注意专区是在喝了一杯咖啡之后，有些人是在健身跑步之后，有些人是在站起来的时候，有些人是一群人在一起工作学习的时候，有些人是一个人关着门的时候，还有些人是一边听着音乐一边工作的时候。各位要找到自己的注意力专区的时间，把这段时间用好。

第二个叫控制干扰源。大家有没有观察过，你上了一节英语课，课间十分钟你打了一局游戏，再次集中精力回到课堂，你需要多长时间？根据研究，人在做一件事受到干扰之后，要花 25 分钟才能够

重新回到你手上的任务。25 分钟是什么概念啊？是一节读书会的时间。而心理专家肖恩·埃科尔推荐了一个方法，叫"20 秒定律"，就是你做任何一个事情的时候，20 秒足够让你远离干扰。比方说你把不健康的小吃从工作的地方挪开就 20 秒，工作时把手机放到另一个房间 20 秒，把互联网的路由器拔掉 20 秒。从根上断绝干扰，提高自己的心流。因为当你工作和学习的时候，每一个干扰都会让你失去将近半个小时的效能，因此你必须想办法断绝你的干扰源。

我在写作的时候特别容易开小差儿，一坐到电脑旁边总觉得头没洗，指甲也该剪了。写两行，觉得好久没跟爸妈打电话了，还是先给他们打个电话吧。又过了几分钟，是不是有人给我发信息啊，不会漏掉什么重要事情吧……后来，我看了《别让无效努力毁了你》这本书，按照书中提供的方法，写作前把手机放到看不见的地方，这样一来，效率果然提高了。所以，有时候抵制诱惑的方法并不是超强的意志力，而是从干扰源处就抵制它，这样注意力就不在那边了。

第三个叫注意力外包，说白了就是给大脑减负。通过外部工具把一部分注意力转移到大脑之外。比如，你把生日当作手机的开机密码，老板雇用秘书来规划时间，明星让经纪人去安排行程，本质上都是利用外部的资源来分担注意力。你有没有什么注意力是可以外包的？人的注意力是有限的，你不可能把每一个注意力都用到极致，所以本质来说，你需要外包一些注意力来分担你的压力。

对于你来说，你什么都可以不做。但至少有一件事你是可以做的，就是找一个笔记本，把重要的行程写在笔记本里或手机里，这些都属于注意力外包。

第四个叫策略放空。注意力外包可以降低犯错的概率，书里分享的一个方法也能帮我们激发创造力。这个方法叫"策略性走神"，就是在专注思考一段时间之后，故意放空自己，流失一段专门的时间来走神，放飞自我。这个方法对创作的帮助很大，走神未必都是坏事，有时候走神是为了更好的集中。人们往往认为只有全神贯注的时候才能最大限度地激发创造力。根据脑科学家的观察，有时候有计划的走神反而有助于激发创造力。

据说很多伟大的发现都是走神时的灵光一现。比如，阿基米德在洗澡的时候发现了浮力定律，牛顿在被砸的时候发现了万有引力。我们先不深究传闻的真假，至少在这本《别让无效努力毁了你》里，作者认为这是有扎实的神经科学依据的。在大脑里面有两个跟创造力有关的区域，一个叫左前额叶皮层，它负责的是深度思考，也就是调动专门的知识。比方说你在考四六级、考研的时候，这个部分在发挥作用，把你学过的知识调动出来。另外一个区域是你的右脑，它负责联想，也就是把一些原本不相干的东西连在一起，碰撞出新的可能性。这个区域有一个局限，就是你越刻意联想，越努力把无关的东西联系起来，反而越是什么也想不起来。你只有放松或走神，右脑才会更加活跃，这些联想才会自动发生。所以你思考问题的时候要专门留一些时间来走神，这是作者说的"策略性走神"。在你走神之后，你会发现大脑的注意力集中得越来越好。

请你一定记住，策略性走神就是你走得越彻底越好，让大脑完全放空。比如你在办公室里苦思冥想，在教室里奋笔疾书的时候，你想放松，仅仅在椅子上伸个懒腰是不够的。你要走出办公室，走出教室，到另一个环境去，比如去咖啡厅，去公园，去楼下的走廊，最好周围一个活物都没有，任何与办公环境、学习环境有关的东西都不在视线之内。吸一口气，听听音乐，或者什么也不干，就在这个环境里放空自己，才是一次有效的策略性走神。这时，你的创造力往往能得到更大限度的调动。接下来你再回去继续刚才的学习或工作，会发现自己的注意力提高了很多，而且效果也越来越好。

✉ 第39封信：对什么事都提不起兴趣怎么办？

多余人： 龙哥好。我最近对任何事情都提不起兴趣。我想学一门技能，但又不知从何开始，也不晓得学啥好。请问该怎么办呢？

李尚龙回信：

嗨，多余人。我必须如实提醒你，如果你真的什么事情都提不起兴趣，必要时，请一定及时去看心理医生。但如果只是情绪低落，那你一定要看看我接下来要讲的话。

正常情况下，一个人对任何事情都提不起兴趣，可能是因为他没有成就感。平淡的生活像是一眼就能望到头的高速公路，加速、减速好像都无所谓，所以就干脆停在了高速上。但不管是车还是人，停在高速上都是容易出事的，所以你要想办法找到激励自己的方法。为什么打游戏特别吸引人？因为游戏里有随时可以激励你的东西，你打它一下，它就给你一点点掉血的反应。我们要找到这样的东西。

我曾经有过这样的经历，体力处于巅峰，心灵却在睡梦里，什么事都不想干，觉得生活无聊透了。而这事就发生在公众号算法改革前夕，当时我的公众号阅读量降得特别狠，我有点儿不太想更了。而小说转到影视的过程太漫长，我也不想写剧本。想写新的作品，又一直没有灵感。抖音更着更着，也开始烦了。总的来说，创新到了极限，我不想再继续了。那段时间，我天天睡到自然醒，然后开开心心打开手机，随便看一看有什么事发生，一晃就到下午了。然后去公司跟同事们聊天，一天就这么过去了。直到有一天，我打开尘封已久的电脑，突然感到过去一段日子，我真是足够倦怠呀。其实，当你意识到自己倦怠的时候，这是一个很好的信号，因为意味着你还没有失去自我觉察，而另一个自己已经开始提醒你："诶，你该做点改变了，要不然可就废了。"也就是这个时候，我决定开始做一些改变，我希望可以突破现在的瓶颈。

年轻的时候，我们总是天真地以为生命没有意义。我们拿这个当借口，然后什么事都做不下去。但这是一件非常危险的事情，同学你看，就像你的名字一样，你觉得自己是个多余人，觉得做任何事情都没意义，都是错的。可是，生命本来就没有意义。我在30岁前也有过这样的迷茫：我追求的一切都是荒谬的，寻找的一切都是虚假的，人最终都会死。既然如此，我为什么还要努力呢？可在30岁之后，我重读了那本著名的书——《活出生命的意义》，我突然明白，生命于我们的确没有意义，但我在追求某件事情的时候产生了意义。

那段日子我决定改变，我想坚持100天早起，看看生活会不会有什么变化。然后，神奇的事发生了。第一天早起后，我坐在电脑旁，脑子里突然有好多不同于以往的想法。我发现早上的状态比下午好，比晚上更好，最重要的是我的创作欲又回来了。我的专栏开始更新了，渐渐地，越来越多的人开始看我写的东西，我得到了正向的激励，从而更好地继续创作了。我相信我的专栏还可以继续更新很长时间，同时能够更好地突破我的极限。

很快，我感觉自己的视野、状态、文笔都回来了，我感觉自己

文如泉涌，才华无限。我对着电脑，像上帝抓着我的双手在帮助我创作一样。你看，意义感又来了。这里我要感谢每一个参加我们"写作训练营"的小伙伴，没有你们的鼓励，我可能还沉寂在那个阶段，迟迟没有走出来。这也告诉我们，如果你自己不行，就去找别人帮你，他可以是一个人，也可以是一群人，让他们监督你，给你力量。现在就拿起手机发个朋友圈，让他们看到你正在努力做一些改变。

所以，最重要的是去做，而不是只想。一切改变，只有你在做的时候才会产生意义。你在想的时候，只可能满脑子云里雾里。又是那句著名的话："晚上睡前千条路，早上起来走原路。"我每次在提不起兴趣的状态里，总会想着我得做点儿什么，我必须做点儿什么。记得当时我的状态不好的时候，我搞了一把尤克里里，在家胡乱弹奏了一整天。我发现这个技能好像挺管用的，尤其是弹给女孩子听的时候，她们会很开心。于是，我决定学习这个技能。接下来的几个月，我认真学习了它的弹奏技法。终于在一次直播的时候，我给大家唱了一首歌，效果出奇得好。你看，又是正向反馈。

对于刚入社会的年轻人来说，如果你真的不知道做什么，可以先学习一些傍身的技能，比如写作和演讲。或许你觉得我是在老生常谈，但它们真的很重要。因为这两项技能不仅可以放大你的影响力，还能让你的时间更值钱。当然，不管是写作还是演讲都需要长期坚持，只有坚持才会有收获，只有坚持才能看到不一样的结果。重要的是，想要这两项技能变现，你可能需要更多的时间，我也是坚持了十多年才有了这样的水平，希望你可以比我更强。

✉ 第 40 封信："写下来"真的有魔力

小念： 请问龙哥，为什么很多事情写下来就容易做到或者更容易完成？

李尚龙回信：

小念，你好。我给你讲一个故事吧。这个故事发生在我大一的时候，当时我对生活充满着迷茫，也不知道未来何去何从。我甚至不知道自己以后会走到哪儿，遇到什么样的人，看到什么样的风景。我问了很多人，也跟他们讲了我的梦想，也听了他们给我规划未来应该怎么做。但是所有的梦想都是三分钟的热度，刚讲完时热血沸腾，第二天醒来还是走老路。我想很多人跟我一样，都有过类似的迷茫，原以为这只是青春底色，可是进入职场以后才发现，迷茫依旧如影随形。有一天晚上，我在自习室的灯光下干了一件事，就是把梦想写在纸上。那张纸我至今还留着，因为上面清清楚楚写下了我大学四年要完成的梦想。比方说过四六级，比方说参加英语演讲比赛，比方说看一场演唱会，比方说去跟一个有过一面之缘的女孩子谈恋爱。我觉得我必须实现那些梦想，要不然都对不起我写的这些字。此后，我感受到一种巨大的力量，那些梦想督促着我不断做出改变。

四年之后，我坐在北京鸟巢听演唱会，突然间哭得稀里哗啦。

141

我终于完成了自己写在纸上的十个愿望，那一刻，我释然了。很多事情光去想可能完成不了，一旦写下来，生活就具备了仪式感。有了仪式感，你就会抓紧时间去完成这些目标，给自己一个交代。直到今天，我在做一件大事的时候，依旧会找一个没人的地方，拿出一张纸，在纸上推演一遍，看看这件事儿是否靠谱？如果靠谱，我应该怎么完成它？这叫不打无准备的仗。尤其你在互联网公司，你必须具备这样的思考模式。

工作是这样，生活也是这样。我有一部特别喜欢的电影，叫《遗愿清单》，你有空可以看一看。这个故事讲述了两个身患癌症的病人，生命即将走到尽头，机缘巧合之下，结识成为好朋友。两个人决定在余下的日子里完成他们的遗愿。于是，两个人拿出一张纸，写下了人生最后想要完成的十个愿望。接着，"遗愿清单"的内容一条条被划掉，他们的生命也在一点点凋零，临死前两个人终于完成了自己的愿望。把每一天当作最后一天来过，在自己热爱的事情上燃烧自己，是我对生命的最高理解。所以亲爱的，把愿望写下来非常重要。

近年来，我还有个习惯，就是我会随身带一个本子，上面记载着我每天、每周或者每个月要去完成的事情，完成一个，我就划掉一个。这样的本子，我一年能用掉七八个。每一年年底，我都会找一个不被打扰的时间，把这些本子一一放到面前，然后一个个打开，寻找一年来我存在的痕迹。很多时候有人跟我开玩笑说："我问一下，你上周做了什么？"我会毫不犹豫地告诉他："你问周几呀？我都记得非常清楚。"你问我周几见了谁，周几跟谁吃饭，我做了什么事儿，我都能毫无保留地复述给你听。因为好记性不如烂笔头。在科技高速发展的今天，我依旧喜欢用纸和笔记录一些事情，以此来增强我对生活的仪式感，从而更好地完成自己的愿望。

或许你也发现了，写在微信里的东西好像就是没有写在纸上更让人有动力去完成它。我们太多人以为电子产品的记录能力比纸和笔要强，却忘了纸和笔的之所以流传至今是因为绝对有着不可替代的功能。所以，我建议各位可以像小念一样去学习这种方法，把目标写在纸上，然后贴在最明显的地方，让自己随时可以看到，时刻提醒自己要去做点什么。当你的目标被写下来，你的理想就开始清晰可见了。

那么接下来，你要做这么几件事：

第一，要不停地提醒自己这张纸的存在。

第二，在另外一张纸上去拆解自己的目标。

假如你今年的目标是考上研究生，你先看看时间还剩多少，每科要考多少分才能达成目标。然后继续细化目标达成所需要的条件，比如你每月至少需要学习多少天，每天最少要学多少小时，每门学科应该怎么分配时间，用多少时间做真题，用多少时间背单词，几点起床，几点睡觉……你规划得越清晰，执行起来越有效率。

所以，"写下来"三个字，真的有巨大的魔力。有时候你觉得自己什么都懂了，只是没有办法用语言表达出来，其实还是没有真正明白这件事的底层逻辑，一旦你真正理解了，你绝对有能力"写下来"。我也是成为作家之后才明白"写下来"代表着什么。

因此，我建议大家都要努力养成把愿望"写下来"的好习惯。写的时候，不仅是把事情表述出来，还能整理你的思路。无论是公开场合的发言，还是每一天你要做的事务列表，或者是对未来的展望，写下来，不仅让你的目标更清晰明确，也能增强你做人做事的仪式感。很多时候，人都是迷迷糊糊地被时代的洪流推着走，自己也不知道

以后会怎么样，也不知道自己可以到达哪个高度。可是"写下来"，会让一切变得清晰可见，你会知道自己怎么走到今天，怎么变成现在这个样子的。

　　既是如此，"写下来"也能看到你未来的样子。

✉ 第41封信：怎么养成好习惯？

聪聪： 龙哥好。我在开始一个目标的时候，尤其是身边的朋友知道我要做这个事情的时候，中途往往会因为压力而放弃或者逃避。所以，我想问问龙哥，这么多年从钻研英语到创业，您是怎么盯着目标不放松的？

李尚龙回信：

聪聪，你好。其实坚持做一件事并不难，难的是你对自己做的事是不是一直有信心。而且，做事一定要有方法，好方法可以让你事半功倍，好方法可以让你的坚持不再那么辛苦。所以，掌握一个好方法比你空想，傻傻地去坚持要重要得多。

这里有五条干货可以分享给你。

第一，一定要有正向反馈。

我讲过很多次，打游戏为什么会上瘾？因为你每按一个键都会有正向反馈。学习为什么会痛苦？因为你坚持的时间不够长，正向反馈还没来。在你学得很累或是快要坚持不下去的时候，不妨自己给自己制造一个正向反馈。就拿我来说，一般情况下，我写的东西要等到正式出版之后才可能会有正向反馈，但这个周期很长，很容易放弃。但如果改成专栏，大家看完之后马上会告诉我："龙哥，

我对这个观点，还有其他的想法。"你看，正向反馈马上就来了。这样一来，我的写作动力有了，心里也更踏实了。

还有一个小窍门，你把自己想做的事，马上公布出去。这样做的目的，一是督促自己抓紧时间把这件事做起来，二是让关注这件事的人监督你。可能你会说，要是最后没弄成，那多丢人啊。没关系，没做成就没做成，至少你尝试过。不要怕输不起，要敢于赢得起。

关于习惯，我推荐你去看一本书，叫《习惯的力量》。书中讲到养成习惯的三要素：线索、行为、奖励。当一个线索出来的时候，基底核在习惯的数据库里搜了一遍，找到了对应的习惯。简单来说，就是什么情况下你会用到这样的习惯。接下来，遇到什么样的习惯你会做什么动作。做完之后你获得了奖赏，你对这个奖赏很满意，继而给这个习惯点个赞。下次线索出现的时候，你还会用到它。很多好的习惯和坏的习惯都是这么养成的。

第二，内心深处你要确定你做的事是对的。

这一条很关键。很多事情为什么你坚持不下去，是因为你内心深处不确定这件事到底是不是对的。以我做的读书会为例，从商业角度很多人并不看好，因为很多人觉得做这个不赚钱。说实话，读书会确实不赚钱，但我依然在坚持。因为我从内心深处认为坚持读书这件事是对的。所以，假如你也认为读书可以改变命运，只管去读、去做，别在意他人的看法，你坚定就好。

第三，你要有行业的指明灯。

换句话说，你坚持的事前面得有人。比方说减肥，你身边的人减肥成功了，你减肥成功的概率就会高很多。比方说考研，你身边有人考上了，你才知道考上好像也不是特别难。这背后的学问很多，比方说坚持、动力。当你觉得自己坚持不下去的时候，不妨问问身边成功的朋友。他们走成功了，你是不是也可以走成功呢？这是我坚持下去的原因。原来我们做英语的时候，参考新东方的经验。现在我们做飞驰学院，参考樊登读书的经验。毕竟他们是前辈，走过的路，吃过的亏，包括成功的概率都比我们大太多了。

第四，你要把坚持变成一种习惯。

如果你每天只是想着坚持，可能很难坚持下来，但是坚持一旦变成习惯就好了，因为它不再耗费你的能量了。比如说我自己，最近一段时间每天早上起来第一件事就是坐在电脑桌前赶紧把《干一杯》的专栏写完，不写完不刷牙、不吃早餐，不知不觉就养成了习惯，以至我现在每天早上不坐在电脑桌前反而觉得不舒服。也就是说，你要保证你的习惯回路是完整的。

说到刷牙，我给你讲一个关于习惯的案例。在 20 世纪初，地球人还没有养成刷牙的习惯，据统计，当时美国只有 7% 的人家里有牙膏，但这部分人也不是人人都愿意刷牙。时代发展到今天，大家不刷牙反而不习惯了。这种局面是由什么导向的呢？最初是由一个名为白素德的牙膏做了一个广告，这个广告没有讲牙膏的功效，而是聊到了美白和牙垢。这一下子引起了爱美人士的注意。爱美之心，人皆有之，这就完成了一个漂亮的回路。这里牵扯到一个奖赏，也就是说你刷牙可以让牙齿变得特别美。他们还在牙膏里加了薄荷油这种清爽的原料，让你刷牙的时候不由自主地觉得口腔好像真的干净了。这种薄荷油一直使用至今，我们每次刷牙的时候都可以感受到。这里面使用了两个招数，一个是牙垢膜的概念，一个是个薄荷油的成分，它们联合起来扎扎实实地完成了刷牙习惯的回路。于是，近代史上最大的一次习惯养成运动就此诞生了。有了这样一个回路之后，刷牙渐渐成为一种风气跟时尚。接下来，仅仅十年的时间，

美国有刷牙习惯的家庭比例就从不到7%上升到65%。后来，这个习惯又蔓延到全世界，成为几十亿人每天早晚的固定流程。当然，这两招的大获成功最初纯粹是白素德的营销人员的天才创造，但他们在不知不觉中就完成了我们开头讲的三条回路。若干年之后，脑科学家和心理学家，包括很多营销人员去总结他们是怎么做到的。结果发现，当初白素德的营销人员之所以能让产品大获成功，同时又推动整个人类开始刷牙，原因就在于他们的营销恰好符合了习惯回路的要求。

所以，请一定要记住，完整的回路需要精心的思考和设计，就像你的人生一样。

第五，怎么改变你的坏习惯。

我们说回习惯的力量。既然有好习惯，自然有坏习惯。当你有坏习惯，比方说咬指甲、吸烟、酗酒。请记住，改变一个坏习惯的时候，不要总想着压制它，让它从你的生活中消失。改变坏习惯的黄金法则是偷梁换柱，给它一个合适的替代品，也就是说把习惯中的行为换掉。你看，很多成年人没事的时候喜欢咬自己的手指甲玩，咬来咬去，手指甲咬秃了，甚至咬出血。旁人一看，可能会觉得这是什么奇奇怪怪的习惯。但如果你认真拆解这个行为，你会发现它背后隐藏的奖赏，是通过这种刺激来驱赶一个人当下无聊的感觉。线索是无聊的感觉，奖赏是消除无聊。当你确定你的线索和奖赏就是为了消除无聊，你可以改变一下你的行为。比方说你把咬手指，改为玩一下手机，或者手里握个什么东西。再比如说你原本喜欢抽烟，现在可以尝试做两组俯卧撑或者喝一杯咖啡。

改变行为一点点来，落到实处才能养成好习惯。

✉ 第 42 封信：如何做读书笔记？

小杨：龙哥，请问读书笔记该怎么做呢？有相关的书籍可以看吗？

李尚龙回信：

小杨，你好。很多人以为做读书笔记要画线，但奇怪的是，有时候就算你画线了，也还是记不住。可见，画线并不是做读书笔记的有效方式。我们先来说说阅读的意义。

阅读有两种意义：

第一种意义是，我们在读报纸、杂志、图书或者其他东西的时候，凭借我们自有的阅读技巧和聪明才智，一下子就看懂了，一瞬间就能融会贯通。这样的读物能增加我们的见闻，但请注意，它并不能增进我们的理解力，因为在开始阅读之前，我们的理解力已经和我们读的东西相当了。换句话说，我们自身的理解力比我们读的东西要强，所以我们读得很快，而且很容易读完之后就能吸收到重点，但并不会让我们变得更强。

第二种意义是，一个人试着去读某种他一开始并不了解的东西，这个东西的水平比阅读人的高上一节。换句话说，你读的东西比你强得多。这类作品想表达的东西能增进阅读者的理解力。简单来说，我们只能从水平比我们更高的人身上学到更好的东西。我们一定要

知道他们是谁，如何跟他们学习。对于我们来说，你只有读到高水平的作品时，才会有真正的提高，这样的读书笔记才有意义。

关于读书笔记，以下几条非常重要，请做好摘抄。

第一，不再画线，做好摘抄。只是在书本上把自己感兴趣的内容画线是不够的，很容易就会忘记，但摘抄下来的东西特别管用，因为摘抄是主动的学习和记录。我有一个摘抄本，上面密密麻麻地写了很多东西，这些东西现在都变成了属于我的财富。

第二，给你分享一个格式。每次读完之后，先找一个干净的本子，或者一个没有写过文字的文件夹和目录档，分行依次写下作者、书名、你认为重要的观点和句子、你的一些思考和感悟。当然，如果你能用思维导图的格式把它总结出来，效果会更好。

第三，过两天要读第二遍。很多好的书，第一遍读可能只是图好玩或是一种参与感，第二遍才是真正的阅读。

第四，用批判性的眼光看书里的世界。所谓批判的眼光就是你要跟文本保持一定的距离，而不是跟着作者的想法走。所以，读书时一定要有问题意识，时刻提醒自己问问题。比如，我为什么要读这本书？我想研究什么问题？这本书到底在说什么？等等。

你看，读书就是这样一个让人越来越清醒的过程。

第43封信：读书那么多，为什么赚不到钱？

阮顶天同学：龙哥好。我觉得就算上了大学、考了研也没有获得实在的赚钱能力，读书给人一种啃老回避社会的感觉。我们怎么去思考这个问题呢？

李尚龙回信：

阮顶天同学，你好。在回答你的问题之前，我一定要告诉你，读书跟赚钱其实是两件事。有些人读书特别好，学问也特别高，但是一贫如洗；而有的人学历不高，却当上大老板，赚了好多钱。可是，我想告诉你，这个社会真正赚到很多钱的人还是以读书人居多。不管他们读的是财经书籍还是人物传记，他们通过读书把自己的知识和才华变现了，然后确确实实赚到了钱。很多人希望通过提高学历赚到钱，却总是围绕文学、小说打转，以为自己读过很多书，就可以实现自己的理想。实际上，仅仅是读这些书，是赚不到钱的。要想通过这些赚钱，你要写出畅销作品来。从这里不难发现，赚钱的本质跟读书没多大关系，它只需要你提供价值——要么帮客户节省时间，要么提供某种稀缺性，然后标价就能卖出一个好价钱。

我在读书会上讲过一本书，叫《世界尽头的咖啡馆》。书中第一次提出 PFE（Purpose For Existing）概念，即"你存在的意义"，

你不妨多读两遍。

　　注意，我并不是跟大家说读大学赚不到钱，只是说链条有点长。你看多少没有读过大学的人也赚到钱了，因为他们直奔钱多的地方去了。当然，赚快钱是要找风口的。比如说电商直播，这两年因为疫情，很多东西的销路并不通畅，但它通过网络直播把市场打开了。所以，很多从事这个行业的人是赚了很多快钱的。我有一个小兄弟，初中学历，在电商直播行业刚起步的时候杀进去做商务，无时无刻不盯着盘子和各种渠道供应商交流，一个月至少可以赚2万多元。这份工作虽然很累，但用他自己的话来说，养活自己没问题。所以，想要赚快钱，需要学会抓风口。要不然，钱没赚到，还可能被当成"韭菜"被别人收割。

　　有的人懵懵懂懂，只看到别人做电商直播赚钱就一头扎进去了，原本是想着自己创业的，结果成了别人创业的"实验品"。为什么这些人会被收割呢？因为这个行业早就变成了"红海"。所谓"红海"，就是每个人都想在里面赚到钱，结果大部分人都在亏钱。你想想看，如果连扫地的保洁阿姨都知道开直播赚钱，那是不是"韭菜"的风刮得太大了？这里并不是说保洁阿姨不能开直播，而是告诉你，你想赚别人的钱，别人早想把你割到地上去了。

　　所以，但凡你决定赚快钱，想成为风口上的猪，你就要想清楚，自己怕不怕被摔死，因为风一定会停下来。如果风停下来，你准备怎么办呢？我的建议是，赚钱不一定要快，有时候慢即是快。打好地基，让自己越来越值钱，这一点很重要。毕竟你还有百岁人生，未来的路还很长。你有没有想过自己的晚年，是越来越赚钱还是越来越值钱，还是既不赚钱也不值钱？

　　怎么样让自己越来越值钱呢？我们回到最先开始聊的话题——读书跟学习，纵观历史，你会发现你拥有的一切都有可能被夺走，唯独存在你脑子里的知识、阅历、本领谁也夺不走。而且很多本领会陪伴你很长时间，会让你的生活结构、经济状况越来越稳定，会让你越老越值钱。

人生需要打持久仗，而不是百米冲刺。所以，我们需要跑马拉松，而不是赚了快钱转身走人。但是，我不否认，有的人读书确实给人一种回避社会的感觉。比如有的同学已经快要大学毕业了，对自己的未来依旧很茫然，不知何去何从，只好人家考研他考研，人家考编他考编。实际上，我们每个人或早或晚都是要进入社会的，越往后拖，你的机会成本就越高，资源也会越来越少。很多东西学校是不教的，它需要你踏入社会亲身体验。

我们说回赚钱，还有一种钱叫慢钱。什么叫慢钱？就是一开始可能并没有显现出赚钱的痕迹，但是你坚持做这件事，为这件事做足了充分的准备，慢慢地，它开始赚钱了，并越赚越多。很多职业都是越老越值钱，比如老师、医生、律师、文艺工作者、作家、演员、导演等等，年老时大多是行业优秀的从业人员。但这些职业，无一不需要读书和学习，甚至需要更高的学历和见识才能做得好。

有一本书叫《有限与无限的游戏》，书中讲述了世界上两种类型的游戏：有限的游戏和无限的游戏。如果你想玩一个有限游戏，就一定要进入快钱市场，赚一笔马上走。千万别恋战，因为可能让你从赚到钱变成没钱。你看那些栽倒在股市里爬不起来的人，很多都是跑得不及时。至于什么时候跑，需要的就是个人智慧了。如果想玩一个无限游戏，可能短期内你确实没有收益，甚至没赚到钱，但一想这可能是一辈子的游戏，你就会坚持把它做得更好。

所以，不要怕读书赚不到钱，你若盛开，清风自来。

✉ 第 44 封信：为什么让你专注目标？

YY：专注目标到底有什么好处啊？

李尚龙回信：

嗨，YY。前些时间我跟一个很久没见的朋友一起喝酒，他拿着那个倒满红酒的酒杯，愁容满面地跟我说："我觉得我完了。"看着他的表情，我心里非常难过，因为我知道他的人生一定发生了什么事。他已经快半年没有发朋友圈了，一个曾经那么喜欢发朋友圈的人，突然半年没有发朋友圈，要么生活中没有什么值得高兴的事跟大家分享，要么心态崩了。他应该两个方面都有，创业失败，债台高筑。如果我没记错，保守估计他应该有几百万的欠款，好在他还能扛得住，现在可能偿还了不少。听说他最近开展了几个业务，带着几个人在赚钱，情况也在慢慢地好转。

"我还差 80 万。"他说完这句话的时候，我心一揪，以为他下句话就是找我借钱。结果他第二句话打消了我的顾虑，他说："我今年应该可以还清。"我叹了一口气，他继续说："可是我下面几个小孩儿突然闹着涨工资，要不然就离职。"他摇了摇头，我知道他这回是真的伤心了。那几个小孩儿是他手把手带到今天的，从什么也不会到在现在的领域能有一技之长，着实不容易。没想到，他们现在有了自己的想法，有想要买车的，有想买房的，有想要离开北京回家发展的，有想赶紧结婚生孩子的。

我说："那你要理解，因为人都有自己的目标。"

"可是谁能理解我呢？我完全可以申请破产一走了之。"他说。

"然后呢？"我问他。

"我找个移民公司，然后不回来了。"他有些生气地跟我说。

听他这么说，我就知道他还是想继续做点什么。

我问他："你先别难过。你能告诉我一个问题，就是你的当务之急是什么吗？"

他愣在一旁说："还债。"

"怎么还债呢？"

"把手上两个业务做完就能还债。"

"如果这几个小孩儿走了，你手上的业务能不能做完？"我问他。

"我再招几个人就行了，大不了重新培养，只是时间需要花久一点。"

"那你现在难过、发泄、抱怨有用吗？"我点点头，然后冲着他笑。

他也点了点头，笑着说道："我也就是跟你抱怨一下，明天我还是会去公司盯着这个业务的。"

我把杯子里的酒喝了，然后又聊了几句，就和他告别了。

过去的一年我最大的收获，就是拥有了平和的心态。现在无论遇到任何麻烦，我都不着急。我会在每一个清晨或者夜晚，找一个没有人的角落把自己的目标写下来。我会告诉自己，无论这世上有多少麻烦，只要盯着目标，就算在路上挨两下巴掌，又能怎么样呢？我扛得住！所以，我的成长总是比别人顺一些。

创业快两年了，每次公司遇到危机，我都会问自己一些问题：

你做的这项业务赚钱吗？你做的这项业务能改变别人吗？你做的这项业务有意义吗？如果答案是肯定的，无论这路上有多少人阻挡我，无论这路上有多少事阻碍我，我都要去做。人啊，就是要盯紧目标，麻烦才会越来越少。如果你盯着麻烦，麻烦就会放大，而且越来越大。如果你盯着目标，目标则会越来越清晰。我用这个方法特别受益，所以分享给你。

你可以拿出纸跟笔把自己的目标按照轻重缓急写下来，同时把自己遇到的麻烦从大到小列下来放到它的右侧。接下来，你对着这张纸发一会儿呆，写下对策。记住，只在左边写，别管右边。最后，看看你写的对策有多少可以盖住右侧。你会发现一个非常有趣的现象，当你开始冲着左边写的时候，右边的麻烦开始越来越不重要了，甚至很多对策可以直接打败右边。

我再跟你分享一个我的亲身经历。有一天，我要从武汉飞到北京，可是飞机晚点了，我们在机场焦急地等五六个小时之后，航空公司通知大家，航班取消了。乘客们人山人海地冲到柜台，前对着空姐破口大骂，而空姐只好无奈地跟乘客说着抱歉。那一刻，我的脑子里突然启动了一套应急机制，然后它清晰地被画了出来。当下我明确了自己的目标，就是要回北京。于是，我逆着人群冲出了安检通道，到国航的柜台改签了最晚一班飞往北京的机票，那是最后两张。等我办理完机票之后，看见气吁吁的一群人从机场里走了出来，他们才想到去改签，可是时间已经来不及了。当我坐到最后一个回北京的飞机座位的时候，心里不禁感叹：如果人总能盯着目标，能少多少麻烦。

这也是我想跟你说的，或许你现在的处境跟我那个朋友一样，四面楚歌，一地鸡毛。你觉得世界上的人都在针对你，每一个角落都站着你的敌人。但请你一定要记住，永远要盯紧目标，而不是盯紧敌人，不要总是强调自己怕什么，要多去问自己要什么。

这个世界很邪门，你越怕什么，越来什么。相反，你越是不怕曾怕过的东西，那些东西好像也没那么可怕了。怎么让自己不怕那些曾经怕的东西呢？就是不去正眼看它们，而是用正眼看那些对你真正重要的事情。我记得小时候，我特别害怕一个人在黑夜里行走，总觉得有一些看不见的东西在身边，每次想到这个就会越来越害怕。现在好多了，我甚至喜欢在夜晚走走路，跑跑步。因为我在十多岁的某一天迷恋上了在脑子里做实验，在脑子里讲故事。后来，我成了作家和编剧，我写了很多感动人的故事，我反而不怕黑夜了。

你看，这就是生活的奥秘。你只有盯着生活的目标，才能打败那些意外或者必然的麻烦。所以，你别沮丧，盯着目标想办法到那里，这样生活才能好起来。

✉ 第45封信：快30了，还要不要考研、考公?

匿名：龙哥好。本人25岁，现在在四线城市的私企，想考公进体制。但是，我大学学的是旅游管理，每年要么没岗位，要么是异地乡镇三不限的岗位，所以一直没有考。现在我想换一个好考公的专业，或是直接考研，可是考上后研究生毕业已经30岁了，还值得去考吗? 想听听龙哥对大龄考研、考公的意见。

李尚龙回信：

无论什么时候，读书提高学历都是没问题的。这个与生理年纪无关，主要与心理年纪有关，看你是不是有一颗想要进步的心。

25岁正是风华正茂的年龄，人生还有无数可能性。据最新数据，我国每年考公考研的人数正逐步攀升，2022年研究生的报考人数更是高达460余万人。尤其是当前的就业环境并不乐观，很多临近毕业的学生更是选择了考公、考研。

我有一个理论，如果你有一天无聊的时间就去读书，如果你有一年无聊的时间就去准备考公、考研，或者读个MBA，别让自己的青春浪费掉。虽然在我看来，你还特别年轻，人生正处于刚刚开始的阶段，但我特别理解你担心毕业时已经30岁的恐慌。其实大可不必，不管你做什么选择，你都是会到 30 岁的。你只要看自己的 30 岁是增值了还是贬值了，是变好了还是变差了？如果有很大概率变好，为什么不去试试呢？

我给大家分享一个关于考公、考研的锦囊，希望对你们有所帮助。

第一叫职场优先。你考公、考研的目的，其实也是为了有个好工作。如果现在你能找到好的工作，并且很喜欢，可以持续地突破；或者通过在职场学习打磨自己的技能，让自己更好地在职场赚到钱，那就先工作吧。因为有时候你个人的工作状态和工作领域是红利期。比如原来的公众号，现在的短视频，赶上风口期，你可以赚得盆满钵满。风口期一过，拉都拉不回来。但是，考研在任何时候都可以去选择，40 岁去考研也不是不可能。另外，你的工作遇到瓶颈的时候，也尽量不要全职考研，这样风险太大。记得四个字，骑驴找马。

第二，以下三种人适合考研。第一种，本科学历自己不喜欢，需要用一个研究生学历盖住。第二种，本科的专业自己不喜欢，需要更换一个圈子。第三种，本专业必须深造，比如医学、物理等专业，不深造就没有后续发展的可能。有一种人不适合考研，就是别人都在考研，你跟着一起考的，不适合。

第三，市场稳定适合工作，市场不稳定适合考试。如果市场稳定，你可以试试去创业，甚至在公司内部创业。如果市场不稳定，请一定要小心，因为你的创新有可能是和趋势作对，这很累呀。

第四，别管年龄，看看自己是不是需要。你一旦决定考研、考公就要义无反顾，因为这是一条很艰难的路，但无论如何，这份努力是有收获的。

为了让你更有力量，给你分享几个成功的案例。2005 年，81 岁高龄的金庸考上了剑桥大学的历史学专业，并于 2006 年完成了自己

的硕士论文《初唐皇位继承制度》，2007 年他又获得了该校的哲学硕士学位。老人家还嫌不过瘾，2010 年，获得剑桥大学哲学博士学位。

江西师范大学软件学院 2022 年硕士研究生复试结果在网上公示。有一个 41 岁的天津人叫单良，排在录取名单里的第一名。很多人一看录取名单，很自然地以为他一定很优秀才会被排到第一名。殊不知，在此之前他考了 7 次，这是他第 8 次考研。有媒体报道，单良从 2009 年就开始参加考研，但一直没有成功。他一边照顾家里，一边自学，前后一共参加了 8 次考研，历时十四年，此番终于上岸。如果你是他的朋友，你会不会被他的精神鼓舞呢？

第五，关注优势，不要跟短板较劲。越是到 30 岁的关口，我越感受到这一条的重要性。如果考研仅仅是为了弥补自己的短板，那我就劝你放弃。真实的世界逻辑是你只需要关注你的优势，通过和别人配合来弥补你的短板。你需要做的是接受自己的不完美，同时把注意力放到你的强项上去，而不是通过考研究生来证明自己。在我们的生活里，就算你有短板，大不了把那个桶倾斜着放，水也洒不了。

第六，多条腿走路。在当前这个互联网时代，多条腿走路可以降低风险和成本。无论你是准备考研还是已经在考研的路上，都需要花费一定的成本，即时间和金钱。如果全职考研，一年的时间过去了，考上研究生，三年时间过去了，这都是时间成本。为了考研购买的复习资料、报考的补习费，你的生活费这些也是成本。所以，我的建议是你可以考虑勤工俭学，也可以考虑一边工作一边利用业余时间准备考试。

✉ 第 46 封信：怎么提高自己的记忆力？

青辂： 龙哥好。我感觉自己记忆力的超级差，可能我总熬夜，或是太长时间不去深度思考导致专注力下降。总之，怎么样才能让自己进入学习状态，产生正反馈和积极效果呢？现在背书特别容易忘记。

李尚龙回信：

青辂，你好。人和人的记忆水平本就不一样，有的人一天能记100 个单词，有的人一天记几个都非常困难。从科学层面来说，每个人的记忆空间其实是一样大的，至于你每天能记多少东西完全取决于你后天对记忆力开发的强弱。记忆力特别像人的肌肉，你越用它，它就越好使。

德国著名的心理学家赫尔曼·艾宾浩斯曾经写过一本有关记忆力的书，叫《记忆力心理学》，也是第一本对记忆的研究记录报告。我们从小学到大学的"艾宾浩斯曲线"，就出自他的手笔。下面，我把有关记忆的八个方法列给你：

第一，记忆力分为两种。一种叫短期记忆，往往只能持续几秒钟，可能最多一分钟。在生活中，我们每天会出现大量几秒钟的记忆，但这些记忆都不重要。比如你对面那个人叫什么，或者说刚刚经过

你身边的车牌号是什么。第二种叫长期记忆。短期记忆只有转化成长期记忆，才能对我们的生活产生影响。

"艾宾浩斯曲线"告诉我们，记忆的遗忘速度是不规则的，不是每天忘掉平均数量的内容，而是在最开始遗忘的阶段忘得最快。随着时间的推移，遗忘的速度开始逐渐变慢，最后遗忘停止了，留下来的是长期记忆。这些记忆可以随时被调取，或者在某些特殊环境和某个时间的触发下再次让你想起来。

第二，持续的复习。艾宾浩斯做了一个很有意思的实验，他把40个人分成了 a 组和 b 组，让他们同时背诵《唐璜》中的诗句。a 组在背诵完一段时间后进行了一次复习，b 组从来不复习。24个小时之后，a 组记住了 98% 的内容，b 组只记住了 56% 的内容。七天之后，a 组的学生记住 70%，b 组的学生记住 50%。这表明，一次复习虽然会增加记忆的保持度，但随着时间的增加，这种优势会逐渐降低，该忘的还是忘记。所以，及时复习非常重要，并且在遗忘点出现之前复习，能更好地避免遗忘。把知识变成更多的长期记忆，从而终身保留下来。

第三，351-351 记忆法。根据记忆曲线，记忆的内容在 20 分钟之内，如果你不复习，可能会忘掉 40% 以上，9 个小时会忘记 65%。所以，艾宾浩斯这本书的经典之处就在于他发明了这个记忆方法，即当你学习完所有内容时，尽量在 3 个小时之内回忆一遍。接下来，在第 5 个小时、第 10 个小时、第 3 天、第 5 天、第 10 天分别复习一遍。经过这 6 次学习，长期记忆就会形成。

你会发现对这部分内容的记忆开始进入长期记忆。你可以今天就试试背单词或者古诗，回忆过程所用的时间越多，记忆的效率就会越高。这里指的回忆是在脑子里面像过电影一样，重复那些你要记的东西。

　　第四，链式记忆法。所谓链式记忆法，就是找到你记忆的内容和内容之间的连接点，形成一个记忆链条。我们都知道电话号码是非常不容易记的，但找到规律之后，你就会发现方便了很多。尤其是电话号码，单纯让你记一串数字，你可能需要好几分钟都记不下来，但如果它跟某一个人或者跟某一个规律相关，它就好记多了。同样地，如果你遇到的是不熟悉或者抽象难以理解的内容，就很难记忆。这个时候你需要转换，把它们链接到生动直观的内容上去，就方便记忆了。

　　比方说很多人背英文单词"apple"很困难，但如果举一个苹果再来背，效果就好多了。再比如让你去背诵两个看起来毫不相干的词很难记住，但是如果它们出现在一篇文章的上下文，很容易就记住了。这就是为什么我建议大家去看英语电影、看英语原著故事来背单词，因为它是一个链式记忆。当一个东西特别抽象的时候，用链接把它们和可爱的生物、可爱的动物、可爱的场景联系在一起，效果加倍。当你需要记住一整本书的时候，面对庞大的词汇量，这个时候就需要运用环形链式记忆法，让彼此没有关联的词汇环环相扣。比方说有 a、b、c、d、e 五个词，你先把 a 跟 b 进行链接，再把 b 跟 c 进行链接，最后 d 跟 e 进行链接。这样你只要记得 a 就可以顺藤摸瓜，记起 b、c、d、e 中任何一个词。

　　第五，联想记忆法。这种记忆方法的特点就是让记忆的东西产生画面，画面越夸张越容易被记住。为什么战争场面很容易被记住？因为太血腥了。为什么吵架、打架这样的词很容易被记住？因为太有画面感了。

　　第六，冥想。有一个专家曾经做了一个实验，他让很多击剑爱

好者分成三组。第一组每天练习 20 分钟的实际击剑，练习 20 天。第二组在 20 天内不做任何练习。第三组在两天内先做 10 分钟的实际练习，再做 10 分钟的冥想击剑，也就是靠着想象纠正自己的技术动作。20 天过后，再去检测他们的练习成果。结果发现，第二组，进步率最低。第一组，进步率只比第二组略高。而第三组，进步率竟然超出第一组很多。这个实验说明，想象力对人的作用是巨大的。

第七，整体记忆。很多人发现，当你理解一件事的时候，才能更好地记住。原因很简单，因为你理解了，你的脑子里就形成了一个完整的记忆点。比如你要背诵一篇文章，你可以在记忆的时候把整篇内容通读一遍，然后分块提炼出有特点或者有代表的句子。比方说带数字的句子，或者是能够体现文章中心思想的句子，利用我们之前讲的链式记忆法，把这些句子联系在一起，便于整体记忆。

第八，找出最适合记忆的时间。根据生物学对人类普遍作息规律的研究，人类思维最活跃的阶段是睡觉前的一个小时和醒来后的一个小时。在这个时间段，人脑中的杂念最少，也是最适合记忆的时间段。早上的记忆能够有效避免前期内容的干扰，睡觉前的记忆能够避免后期记忆内容的干扰。

希望以上八条对你有所帮助，找到适合你的记忆方法。

✉ 第 47 封信：如何提高资源整合能力？

小张张：龙哥，有个问题向你请教，如何有效地提高资源整合能力？

李尚龙回信：

小张张，你好。我们曾经讲过，未来职业里最需要的思维能力之一就是资源整合能力。资源整合分为两大类，一类是个人的资源整合，一类是企业的资源整合。企业资源整合分为两种情况：第一种就是你把别人买下来，让人家为你所用；第二种是你独有的资源，别人必须跟你换。目前看我这个专栏的大多数人可能还不涉及企业资源整合，所以我重点说一说个人资源整合。

个人资源怎么整合呢？

第一，你得先有资源。既然称为"资源"，顾名思义是有限的，既然是有限，你就要去争取。比如你认识很厉害的人，你能接触到稀有的渠道和厉害独特的思路。如果没有，你要一想想自己怎么去得到这样的资源。

很多人主张你有什么资源就去做什么事，但我的建议是，你想做什么事就去找什么资源。很多时候找资源是一件漫长的事情，所以说不要着急，不要一口吃个胖子，先把自己变强。等你自己变强了，有些资源自然而然就来了。我经常跟别人说，不要在混圈子的过程

被圈子混了。有时候你进入一个圈子，你会惊奇地发现你就是给别人点赞的那个人，其他什么也不是，所以先让自己变强。

第二，要分析已有资源。整合资源的前提是善于发现资源，很多时候你并不是一无所有。很多你拥有的东西你已经把它当作理所当然，其实未必是这样。我有一个朋友，他是一个导演，他准备创业的时候突然问我："哎，你觉得我有什么特殊的资源呢？"一下子把我问愣住了。我说："您不认识张艺谋吗？"他也愣住了，说："认识他有什么用啊？"我说："他是稀缺资源呀，你得去找他帮你的忙啊。"他说："他也叫资源？"后来他刷着脸请张艺谋喝酒，帮他录了一节课。也就是这一节课，投资人给他投了几百万，让他开始了自己的创业。

有时候你以为自己是个素人，殊不知你可能有王炸的技能，只要你能找到自己的"张艺谋"。我的建议是列出一个清单，包括资金、团队、渠道、客户、品牌、专业、人脉，等等。分析一下，自己拥有的这些资源如何为自己服务？如何为自己的目标服务？还是那句话，不能为自己目标服务的资源都是无效资源。什么才是有用的资源呢？一句话：只有能变现的资源才是有效的资源。

我认识的一个姐妹，特别爱混圈子，普洱茶喝了快两吨了。认识的人快加满两个微信了，还是一脸茫然。原因很简单，她混的资源都是无效资源。

前段时间，我在饭局上认识了一个央视的领导。组饭局那个兄弟是一个电影出品人，于是对央视的那个领导毕恭毕敬，恨不得每一杯酒拿壶都干了。因为领导手上掌握了很多帮助这位兄弟发行片子的资源。但是，我吃了一个小时就走了，连领导的微信都没加，因为我很清楚他的资源在我这里没有用处。人哪，要知道自己要什么才能更好地得到它。不要觉得自己世俗，成年人的世界就是这样，简单点儿真好啊。

第三，你缺少什么资源。这一条对创业者格外重要。你要明确地知道自己缺什么，列一个变现路径。从你的产品研发，到你下游的渠道、客户、你的品牌、物流资源，然后到你的回款方式，你全部列出来，看看自己到底缺什么。在一个人知道自己想要什么的时候，接下来就是思考缺少的资源在谁手里，记得去找他，研究一下对方想要什么。这个时候，就是我说的那句话：等价交换，才能有等价感情。

一个负责我项目的平台的小姑娘，每次跟我见面都不跟我聊业务，而是跟我喝大酒。后来，我就问她："你到底想干吗？"她说："我想找男朋友。"原来是这样啊，行吧，饿了递个馒头，困了递个枕头，于是我就把身边一个特别好的男性朋友介绍给她。你看，她虽然没给我提供任何资源，但跟我处成了朋友。如果有一天我真的想找她要资源，我相信她也不会拒绝吧。想办法获得对方的信任和认可，给对方想要的资源，让对方给你想要的资源。这背后的逻辑可能有点儿复杂，但是你必须经过几件事的实战，你才能知道成年人的交往本质上就是等价交换。

最后，我跟你分享三个资源整合的方法，希望对你有帮助：

第一个叫拼凑。很多创业者都是拼凑的高手，他们在已有的元素上加入一些新元素，形成创新。就好比 2017 年前后，"互联网+"就是在自己的产品基础上加上互联网，形成了自己产品的互联网化。有一天我在一个 APP 上正在随意浏览，突然发现我家附近一家卖肥肠的店正在直播，发货方式是闪送，于是我就买了 100 元的，直接包邮到家。你也可以研究一下，搞一下直播或是视频号化、小红书化，

说不定也能收到意想不到的效果。

第二个叫杠杆原理。我推荐大家看一本书，叫《金字塔原理》。很多创业者都很喜欢这本书，里面讲的很多原理都可以应用到现实生活中。比如我刚才讲的我那个兄弟找张艺谋帮忙的案例，就是用别人的资源完成自己的理想，运用的就是杠杆原理。

第三个叫取长补短。大家都知道蒙牛的创始人牛根生吧，据说他当年创立蒙牛的时候什么都没有，但他资源整合能力很强。当时，他第一反应是找政府，搞定关键人，然后将工厂、政府、农村信用社三方资源整合在一起。没有运输车，他就整合个体户投资买车；没宿舍，他就整合政府出地；没钱，他就整合银行出钱让员工分期贷款。就这样，农民用信用社贷款买牛，蒙牛用品牌担保，农民生产出的牛奶包销。你看，蒙牛一分钱没出，就把这事做成了。聪明的企业家绝对不会亲力亲为，聪明的个人也不会总是针对自己的短板疯狂努力。要学会外包给别人，取长补短。

整合的关键是互补。只有互补的资源别人才可能帮助你。

✉ 第 48 封信：怎么对抗持续的情绪低落？

诗琳：龙哥好。您之前在《三十岁，一切刚刚开始》中提道：当你焦虑时，就持续去做焦虑的事情。可是我最近发现自己在做事的时候，总是会出现低落的情绪。请问龙哥，如何才能在持续行动的过程中防止低落的情绪出现？

李尚龙回信：

诗琳，你好。看了你的问题，我想起那句名言："情绪可以低落，理想必须高涨。"当你做一件事开始情绪低落的时候，往往是因为你做这件事会有持续的挫败感。对一件事情的掌控感不多时，就会出现情绪低落。比方说，我在做一件我很不擅长的事情的时候，就会持续情绪低落，就好比在更新这个专栏的时候。但我会提醒自己，这种情绪低落是正常的，甚至是对的。

我曾经读过一本书，书里说人为什么会情绪低落呢。因为从进化的角度来看，我们的身体是一系列适应、进化的遗产，帮助我们在面对不确定和风险的状况下生存和繁衍。低落情绪有助于我们去消解冲突中的焦虑。

实际上，一个很沮丧或者很卑微，甚至比较容易认输的人，往往不容易战死或者冒险，所以他能保护自己。低落情绪还可以阻止

一个人去追求不可实现或者看起来很危险的目标，这也是一种很强的自我保护机制。除此之外，低落情绪还可以帮我们更好地分析环境和周边。尤其是当环境非常棘手的时候，它们会提醒自己只要不出手就不会出事。这是一个反复被验证的心理学理论。因为心理学家发现，情绪低落的人在评估一个事件的控制权时会更加精准。而情绪正常的人总觉得全世界都是自己的，容易高估对某一个事件的控制度。他也会鼓励自己展开行动，追逐奖励。而低落情绪会把注意力放在威胁和障碍上，去做一些约束的行为，提醒自己不要茫然，不要冲动，万事都有代价。当情况不太妙，目标不靠谱或不太可行的时候，低落情绪会发出暂时停止的信号，确保你的有机体，你的生命不做无谓的努力。在一个时间、资源和行动力都有限的世界里，进化出这样一种机制，真的对生存很重要。

可是，所有的计划都不是完美的，低落情绪也是有代价的。最显然的弱点就是行动上出现瑕疵。在这个不断变化的世界里，一个行动力迟钝甚至瘫痪的人是要冒很大风险的。因为他有可能会被捕猎者吃掉或者失去捕捉猎物的机会。情绪如果进一步低落，压力、荷尔蒙的过度释放，不仅会对身体有伤害，还会导致机体的认知弱点，成为我们身体、心灵的残缺。比方说，重度抑郁症患者常常会陷入一种扭曲的负面思维里，会出现"生而为人，我有罪"的致命幻觉。这些扭曲的想法，甚至会导致其自发产生自毁性行为，也就是我们常说的自杀。我们的图书畅销榜上常年名列前茅的《人间失格》，就是日本作家太宰治在这样一种自卑状态下创作出来的。

所以我们总结一下，真正的高手永远是逆着基因生长，就是你确实给我进化这道机制，但我偏要乐观给你看。我觉得我就是这么一个人，我会接受低落的情绪，但是我不退缩，虽然很累，但终究是有意义的。就好比一个人在上坡，他的身体确实有一些劳累，但是一个人在解决比自己大的问题的时候，就需要先逼着自己长大，然后再解决问题。我就是这样逼着自己长大的，因为除此之外，别无他法。什么时候我开始发现自己的情绪不低落了呢？就是我开始盯着目标的时候。当我开始做点什么的时候，这种焦虑感就荡然无存了。

团队给我布置了每周三必须直播一场图书的任务，给他们创造 KPI 的一个状态。所以每周三直播前的那几天，我是最焦虑的。因为直播的时候，我要推荐一些书，虽然团队已经把书给我准备好了，可是那些书我还没时间看，所以我就很焦虑。最好的方式当然是马上看，看得越快越好。我一般是从周一就开始看，有时候周末也看，争分夺秒地看，然后去写一本书的讲书稿。等到看完心里有数的时候，我再去上直播。导演喊"3、2、1"的一瞬间，我淡定地吐了口气，我不焦虑也不紧张了，因为我已经准备好了。

所以，我的建议是接受负面情绪，同时朝着高处攀爬。行动是打败焦虑最好的方法。

还有个小方法，也很管用，大家可以试试，就是给情绪贴上标签，并且说出来。在《自然·人类行为》期刊上，有篇文章分析了超过 10 亿阅读量的推文。研究人员通过人们在推文中强烈的感情色彩词语，观察标签情绪的行为怎么去影响人们的情绪状态。他们得出的结论：

对于大多数人来说，在他们做完"我觉得自己如何"的陈述之后，情绪会迅速下降。你可以试试，很管用，哪怕不跟别人说，只是打字，或者用日记写下来：我感觉很沮丧，我感觉很失望。光写下来，情绪就会得到很好的改善。其实我们每个人生活中都会遇到各种烦

恼，情绪低落是很正常的事情，有时候它只是暂时的，过一段时间就过去了。当然，有时候低落的情绪会持续很长时间，以至于它像拉伤的肌肉、破坏的内脏一样，成为我们生活的一部分，影响到我们的生活质量。请注意，当你的情绪已经到了长线和长期的状态时，你应该采取一些自救的行为。

请远离消耗你的人

第三部分 ——

人生顺利"避雷"最好的方法：
远离消耗你生命的人

✉ 第49封信：工作没激情怎么办?

鱼崽子：龙哥好。我大学毕业就回到自己的家乡，一个普普通通的
三线城市，在一家公司待了三年。瓶颈期过去了，但感觉
工作越来越没挑战性，我也开始对工作敷衍了事。漫漫职
场路，我该怎样保持对工作的热情呢?

李尚龙回信：

鱼崽子，你好。工作想要有激情，首先要主动，生活也是一样，
这是我跟很多人说过的话。因为只要你还在主动工作，你就能找到
这份工作的挑战性，这与工作的性质以及工作的内容，甚至工作的
地位都无关，而是跟工作态度息息相关。

什么叫工作态度? 就是你怎么去工作，你是否有热情去做这个
事。在职场里，有四种人分别叫阻燃型、不燃型、可燃型和自然型。
阻燃型跟不燃型在职场里都不受待见，而可燃型有一个麻烦，就是
但凡身边没有可燃物就颓废了。

所以职场的第一法则，请你一定要记住，叫成为自然型的人。
要在平凡的工作中找到新的挑战，要在平淡的生活里找到能点燃自
己和点亮自己的火柴。怎么去主动呢? 我接下来跟你分享的七条法
则很重要，你认真读一下：

第一条，骑驴找马找工作、去创业。

如果你觉得现在的工作很平淡，千万别着急辞职，一定记住四个字，叫"骑驴找马"。无论你是三线城市、二线城市，还是一线城市，记住不要裸辞，驴是你胯下那一只，马是其他机会，这机会可以是创业，可以是其他的工作机会。所以，无论你现在的工作是否稳定，请你一定要记住——居安思危。要具备反脆弱的能力，因为没有哪个工作可以养活你一辈子。所以，就算在一个稳定且没有挑战的公司，也要调研你的行业，了解一下其他行业，为下一步做打算。

如果你想创业，千万记住，不要突然进入一个你完全不熟悉的领域。很多人创业失败就是犯了这样的失误，根本没有从内到外详细了解行业报告，只是因为兴趣爱好，就冒冒失失地拿着一笔钱去创业了。这种人最后基本都是行业的炮灰。你可以尝试先在现有的岗位努力工作，了解你所在的领域的创业逻辑，一边做谋生的事情，一边去创业。这样你既有了动力，又有了目标，同时还有了安全感。

第二条，尝试在公司内部创业。

假如你在大厂，或者你在一个小公司，但是这个公司非常好，再或者你还不具备出去发展的机会，我的建议是可以尝试在公司内部创业。拿着项目去跟公司的领导申请，说"我能不能带这个项目"，说"我能不能重新发展一个项目"，或者重新开启一条业务线，再或者找一些资源帮助公司和自己一起发展。总之，不管是内部创业还是外部创业都只有一个目的，就是要有自己想做的事，要有准备和目标，要不然人很容易松懈。

第三条，主动找老板沟通。

各位要切记，老板的时间很宝贵，你要主动跟老板沟通。我曾经在《1小时就懂的沟通课》这本书里说过，你要去支撑你的领导，

我们称之为"向上管理"。领导是组织里最需要帮助的人，同时也是信息最多、资源最广的人。在你没有动力的时候，一定要去问问领导："您的大方向是什么样的？"如果他的大方向清晰可落地，他就能给你更多的启发和动力，也可以帮助你走得更远。所以前提只有一个，先要问问领导想成为什么样的人，然后跟随领导成为这样的人。

第四条，寻求本岗位的能力精进。

如果以上都不适合你，你也不想动。请记住，任何一个岗位，哪怕就是打扫卫生，你也有机会可以精进你的技能。因为就算是扫地，每个人打扫出来的也不一样；就算是送快递，每个人的服务质量也不一样。只要你换个角度，换个思路，总能有不一样的目标。人啊，可以在工作岗位上混一辈子，也可以在工作岗位上精进一辈子，完全取决于你想成为什么样的人。

第五条，调整工作的节奏。

比方说，把运动加到工作里，把学习放在工作后。除了工作之外，你要给自己增加一些额外的任务。比方说今天下班，你可以安排自己跑一个5公里，或是骑行10公里。再比方说，你可以给自己报一个英文班、兴趣班，或者报一个计算机编程班。如果说你在工作中没有办法学习，那么下班的时间很关键，因为它决定了你的一生。我们经常说工作五年决定了你的未来。如果你在工作的前五年没有办法在工作中学习，那你一定要在私下去认认真真、踏踏实实的学一项技能，或者让自己的身体变得更健康。

第六条，给工作增加仪式感。

仪式感很重要，哪怕这个仪式只是在书桌旁放上一杯咖啡，或者放一点点小吃。比方说你试着早起半个小时，试着换个新发型，试着换一种穿衣风格，试着去一个没有去过的地方待上几天……尝试做一些自己习惯中没有的事情，或者尝试战胜一些困难，完成之后给自己一些奖励，仪式感足了，工作效率自然就会高很多。我们的工作跟我们的生活一样，都需要仪式感。你的仪式感越足，你的工作效率就会越高。

第七条，发展副业。

我的建议是每个人都应该有自己的副业，因为未来在一个行业或一个职业干一辈子的可能性越来越小。副业不仅可以对抗风险，还能让自己跨越到不同行业，看到不一样的风景，同时再反作用于你的主业。而且很多人做副业比做主业还赚钱。

千万不要当一天和尚撞一天钟，工作已经占用了你生活的大部分时间，如果只是敷衍了事看似浪费了老板的钱，其实浪费的是你自己的生命。

✉ 第 50 封信：好的商业，具备三个特点

何导： 龙哥，您如何看待在国内创办戒烟俱乐部和戒酒俱乐部？有市场吗？可以赚到钱吗？国内有成功的案例吗？

李尚龙回信：

何导，你好。虽然我本人并不抽烟，但戒烟和戒酒的原理是一样的。我们在美国电影里总能看到一堆人围坐在一起探讨自己是怎么戒酒的，从而给彼此力量和方法。

1935 年，一个叫比尔·威尔逊的人和几个医生成立了一家戒酒匿名会。他们希望戒酒者通过互相帮助达到戒酒的目的。这个组织现在依旧存在。虽然说比尔·威尔逊已经去世五十年了，但这个协会依然在正常地运转和扩展。每年有 210 万人在那里寻求帮助，大约有 1000 万人在那里成功戒了酒。也就是这个协会，诞生了一个著名的"十二步戒酒法"，大家有空可以去网上查一下。

我简单说一下第一步，就是你要承认自己在对付酒精这件事上已经无能为力了，这样你就不用把注意力放在自己已经控制不了的事情上。你只需要把目光交给自己能控制的事情就好了。协会要求会员设立一天一次的目标，也就是说你不一定要保证自己终身戒酒，你只要保证自己 24 小时之内不喝酒就已经很成功了。而 24 小时之后是新的24小时，新一天的目标又开始了。通过这样周而复始的循环，从而帮助戒酒者完成戒酒。所以，我们不妨也给自己设定一个每天一次的目标。不要想着目标太小，不值得设立，俗话说"不积跬步，无以至千里"，聚沙成塔，积少成多，只管先把每天的小目标落实下来。这跟跑马拉松其实是一样的，如果你给自己设定的目标是42公里，一下子可能很难完成，但如果你给自己设定的是42个1公里，你完成的可能性就会大很多。所以，我们不要一下子就把目标定得太高、太大，高到够不着，大到无法实现，那样只会让你不堪重负，心烦意乱。

这家戒酒匿名会也是成立很久后才开始盈利的。目前中国有很多类似的机构，但都不盈利。我来帮你分析一下原因。

前段时间我去看了一次心理咨询，那个老师的收费标准是一个小时1980元，价格高得吓死人，还说第一次没有办法解决我的问题，我们必须长期沟通，第一次只能理解，要到七次、八次之后才会药到病除。我们第一次聊的效果很差，几乎没聊什么实质内容，于是他们就很着急帮我预约了第二次。我突然明白了一个道理，商业的本质只有四个字"持续付费"，把一生一次的付费变成一生一世的付费自然就盈利了。

你问我如何看待在国内办戒烟俱乐部和戒酒俱乐部，可以赚到钱吗？我的回答是：不能。虽然它是一件好事，但绝不是一个好生意。其实，戒酒的道理很简单，你只需要把我刚给你说的十二条查一下，然后按照那个做，你很快就能够戒酒，并且能戒得很彻底。戒烟也是一样，大家去看一本书，叫《这书能让你戒烟》，里面有非常详细的方法论，你跟着做也许就可以戒掉烟。

可是，为什么总有人戒不掉呢？有人说因为他们没有知行合一，有人说因为他们太懒了。其实都不是，因为你低估了"瘾"（上瘾

的瘾）背后的商业链条是多么强大！请大家记住，但凡有瘾的东西，都有市场。你想想看，那些给你味觉刺激的，持续刺激让你上头的，像酒精、烟，当然我们知道毒品是违法的，千万不能碰的，一次都不要尝试，再比方说那些甜的、咸的、辣的，你发现它背后都有强大的商业利益。如果你读过彼得·格鲁克的《商业的本质》，你就知道赚钱有两个重点，一是你的产品有吸引力，让用户去付费；二是让用户去复购。这个复购真的是商业中伟大的发现，也是明知抽烟有害身体健康，政府至今都没有取缔它的原因。抽烟的复购率真的太高了。有个段子说，戒烟是世界上最简单的事，因为他已经戒了好多次了。这背后的利益大得惊人，且不说能赚多少钱，光是这个产业链能保证多少人上岗、就业，缴多少税，你想过吗？

　　很多事你用商业逻辑一看就明白了。口红的色号为什么那么多？橘红、正红、复古红等一系列红，有几个人看得真切？只要不是十分特别的颜色，谁会在意你的口红色号是橘红还是复古红。但口红厂商抓住了人人爱美的心态，牢牢占据了美妆市场，所以很多人一买就是很多支。

　　这些年我一直相信很多钱是可以赚的，但有些钱真的不能赚，尤其是没有良心的钱。我曾经跟一个医生聊天，他说其实有些药是可以药到病除的，有些疑难杂症早就找到了药方，只是有一些财团把这些药方锁进了保险柜，他们不去开发，也不公布于世。因为一个病如果一次就能治好，那就不是好生意。你需要持续买药，他们才能持续赚到你的钱。这是多么恶心的操作啊，但这就是资本和商业的真相，它需要你持续付费，所以你的病不能一下好，你得慢慢地好。

　　我第一次听到这个逻辑时非常震惊，但仔细一想，嘻，很多生意都是这样。你看我们现在用的很多产品，牙膏口是不是越来越大，矿泉水口是不是越来越大，都是让你更快复购。我们经常喝的一些饮料，很多都出了小瓶装，目的也是让你复购。我们的智能电视，电视很便宜，但是要看里面的内容，需要给各大视频平台付费，甚至同一平台不同的剧目还要继续付费。

所以，如果你的产品不能完成复购，你就不可能赚到钱。就像你说的戒烟俱乐部、戒酒俱乐部，它们提供的服务是帮助别人戒烟、戒酒。但是，如果一个人真的在你这里戒烟、戒酒成功了，他还会来吗？你还能让他复购吗？当然，如果你戒烟以后又复吸了，戒酒之后又复喝了，那是另外一回事。能轻易复发的烟瘾、酒瘾就不会轻易戒掉，那他们更不会来戒烟俱乐部、戒酒俱乐部了。

另外你要知道，所有的资本跟财团都希望人们持续抽烟、喝酒，而你的商业模型是反人性的，你得有多大力量才能把这事儿做成呢？所以，你说的创办戒烟俱乐部、戒酒俱乐部是一件好事，但绝不是一个好生意。

好的生意，一定有两点：第一，产品足够好，可以付费。第二，产品足够吸引人，可以被复购。但是，对于我来说，其实还有一条，就是要有良心。

人不能什么钱都赚，要赚有良心的钱。

✉ 第51封信：找不到工作怎么办？

路星儿：龙哥，你好！最近工作上有些迷茫焦虑，希望龙哥帮忙分析分析。我是2021年毕业，就去了上海发展。由于工作内容单一、重复，我在做了8个月以后，决定在2022年3月份离职。因为疫情我不得不居家。那时，我一度怀疑自己这步是不是走错了，不该辞职，应该继续苟着。还好在居家的这两个月有龙哥的读书会和直播相伴，让我不至于太难过。因为决定辞职时，我就想好了以后的工作方向——电商运营助理，所以我在居家期间进行相关课程的学习，但现在的情况是，不用居家了，我依旧没找到工作。龙哥，上海这么大，我竟然连一份工作都找不到，接下来我该怎么办？请龙哥支招。干一杯，龙哥！

李尚龙回信：

路星儿，你好。2022年毕业的大学生很多，但找到工作的概率很低。因为大环境的经济形势都不好，很多小老板自己都在找工作，更别说让他们提供点就业机会了。所以，我希望你认真看完下面这几个找工作的关键点。

第一，找不着工作真的和你的能力无关。2022年，受大环境影

182

响，大厂招不到人，小厂面临倒闭。所以找不到工作，千万别自卑，这反而是一个厚积薄发的好机会。

第二，活下来。我之前见了很多人，无论是小公司的创始人，还是大公司的高管，我给他们的建议都是不要屃，活下来。只要活下来就能找到机会。但前提是，无论如何先让自己活下来，才能看到希望啊。

第三，开源节流。这一点也是给所有人说的，减少开支，换小一点的房子，减少不必要的消费。控制一下消费欲望，然后积极寻找新的赚钱方法。能卖点什么就卖点什么，不要忌讳别人说你品位差，讽刺你做微商。活下来比什么都重要，这年头谁也不好过。所以还是那句话，先赚到钱，把生存期度过去，再去谈所谓的梦想。如果你正在开公司，你要多问自己几遍：这个人是给公司增加收入还是减少收入的？这个团队是消耗还是投资？如果是亏欠的，坚决砍掉，断尾求生。

第四，打败焦虑。最重要的事情就是打败焦虑。你想想看，自己最焦虑的是房租、学习成绩、对未来的迷茫、对存款的怀疑，还是对人生的选择？无论如何，请注意，打败焦虑最好的方法是立刻做让你焦虑的事情。比方说你缺钱，那就赶紧去赚。你觉得未来一片迷茫，就赶紧试试你想做的事情。至于怎么做，我的建议只有一个，就是做之前你要想想五年之后你会成为一个什么样的人？如果你喜欢那个时候的自己，那就去做。比方说我现在写书，我开的课，以及接下来我要做的一系列很重要的事情，在五年之后可能都会使我感觉到骄傲自豪。所以，你想到什么就赶紧去做，不要拖延，拖延是打败梦想最糟糕的一件事。

第五，可以考虑换一个城市。上海是国际大都会，发展好，机会多，

这是毋庸置疑的。但大城市竞争压力也很大，不要总是强调偌大的上海为什么没有你的工作，因为好的工作岗位不但你喜欢，别人也喜欢。以前需要招人的，现在可能不招了。所以，你有没有考虑过换一个城市呢？前些日子，我的一个特别好的哥们儿决定去日本发展了，他说想试试从头开始。我不知道他过得怎么样，既然是大时代的变迁，每个人都有属于自己的机会。虽然不知道结果到底会怎样，但你得勇于尝试。

第六，降维去找工作。我遇到一个产品经理，原来在教培行业上班，懂技术也懂产品，年薪 50 万元。随着"双减"政策出台，教培行业开始被整顿，他一下子失业了，迟迟找不到新工作。我跟他聊过一次，建议他将年薪 50 万降低到年薪 20 万。他这样做了，顺利找到了新工作。一句话：先谋生，再去谈所谓的梦想。

对你来说也是一样，先找一个助理的工作是对的选择，哪怕工资不高，先降维地干着，慢慢努力往上爬。每个人都在艰难前行。有的人倒在寒冬起不来，有的人在寒冬咬紧牙关爬起来。

希望你是咬紧牙关爬起来的人。加油！

✉ 第52封信：酒桌上怎么做才得体？

李李同学：龙哥好。我在酒桌上既不会也不想逢场作戏，不知道该怎么处理。想问问龙哥，我该怎么做才得体？

李尚龙回信：

嗨，李李，这是一个特别好的问题。因为工作原因，我也经常参加酒局。一开始我也不知道怎么说话，后来慢慢明白了，酒桌就是权力的斗争。谁的地位高，谁的话多，谁的话密，谁的话重。

卡耐基先生说过一句话，流传特别广。他说，一个人的成功，15% 是由于他的专业技术，85% 是人际关系和处世技巧。我之前看过一本书，叫《学会应酬，半生不愁》，里面讲了很多应酬的技巧。我不知道这本书现在有没有再版，如果可能，请你一定记住，在酒桌上讲话尽量让别人舒服，同时也别让自己难受。

一个人在酒桌上的表现，其实是一个人最真实、最全面的表现。第一，你的能力不能造假。第二，在几杯酒之后，你的表现可能会全面地被所有人看到，这也造不了假。所以，一个人的沟通能力以及情商表现会在酒桌上表露无疑。我的建议是，如果你的酒量大，最好的方式就是直接喝。我反正是这样。我的酒量虽然一般，但我确信只要我不尴尬，尴尬的就是别人。我一般遇到这种莫名其妙的局，

第一反应就是，算了，喝吧，喝大了赶紧跑。另外，实在不会说话，就静心倾听，保持微笑点头就好。

我跟某著名演员吃过几次饭，基本上插不进去嘴。大部分时间我都是听，偶尔接一两句："您说得太对了，您说得太好了，您太厉害了。"也能渡过难关。如果有人真的让你说，记得放开一点，别紧张，没有人会觉得你说的是真的，也没有人真的会觉得你说得好，说得多么重要。最重要的是气势上不要输给别人，要大声一点，自信一点，表示祝福和期待。

比方说，找一个好的节日，祝大家节日快乐。找一个周末，祝大家周末愉快。实在不知道怎么说，祝大家今天能有一个好的心情。你看所有的节日只要聚餐，你都可以说。哪怕今天不是节日，你也可以表达祝福，然后说："很开心，今天有机会跟大家聚会，祝大家万事如意，工作顺利，生活美满。"

我们其实都知道，谁也不愿意逢场作戏，但成年人的世界不是小孩子那套"我不喜欢你，我不要给你玩"的逻辑，而是背负着各种压力和任务去应酬、去社交。我曾见过好多把自己喝到酒精中毒的销售跟营销。我每次问他们，他们都只会摇摇头说："我也不想喝啊，可我能怎么办呢？"

在酒桌上，说什么话才能让对方舒服，自己又不难受呢？当然是对对方有了解，知道对方的喜好，迎合对方才能让对方喜欢。所以，在参加之前，你可以查一查对方的公司是什么背景，对方是哪儿的人，喜欢吃什么，有什么忌口，你们有没有共同好友。永远不要去打无准备的仗。在你说话的时候，你要学会眼观六路，耳听八方，察言观色。比方说你讲了一句话，你看有人脸色不对了，赶紧收起来，或者私下去敬一杯。有的人喝多了容易失态，哭的，喊的，破口大骂的，什么情况都有可能发生。总之，参加酒局是一个非常累的活儿，不是逼不得已，还是少在酒桌上谈工作，因为很多事情还得第二天清醒了再一起喝个茶进一步落实。

我给你分享三个场景，告诉你在酒桌上该怎么讲话。

第一，给领导敬酒。总的来说，就是表达对领导栽培的感谢。比方说："感谢领导，我从什么都不懂到今天能有一点小小的成就，都要感谢领导您对我的栽培，谢谢领导，我干一杯。我也会在未来继续给领导添砖加瓦，给公司创造价值，祝愿公司越来越好。"

第二，如果给长辈敬酒，记住夸长辈年轻。比方说："这么久没跟您一起吃饭了，今天仔细一看，您可真是越来越年轻了。祝您年年18岁，永远青春焕发。"长辈们往往都希望你夸他年轻，越夸他越高兴。

第三，如果是同事、朋友，那就祝工作、生活、感情一切顺利。比方说："我提一杯，祝大家万事如意，一切都好。"大家一起工作、一起玩耍，图的就是开心，说点吉祥话挺好。

其实，也不是每一个饭局都需要喝酒，那怎么做到不喝酒又不得罪人呢？我跟你分享两个在酒局躲酒的方法。

第一个，早点打招呼，私下跟组局的那个人打。你可以提前跟组局的那个人说："我今天实在喝不了酒，不知道我去方不方便？"你千万别到了现场之后说："我不喝酒啊，我酒精过敏。"人家组局就是为了开心，你当众驳人面子，实在不礼貌。

第二个，找几个很重要的借口。比方说，"我最近有备孕计划，不好意思，实在是不能喝"，或是"我刚巧在喝中药，医生说千万不能喝酒"，或是"我今天吃了头孢，喝了酒人可能就没了"。

我给大家说一个特别不合格的理由，就是"我今天开车了"。

每次我们有朋友以开车为借口拒绝喝酒时，就有一些人撑他。比方说："你不就想证明你有一辆车吗？开车好厉害啊，不过我有更厉害的，我这里有个叫代驾的方法，不知道好使不好使，要么我来给你叫代驾吧，我付钱，你觉得怎么样？"所以，这不是一个好方法。

但是，我遇到一个情商特别高的人，他拒绝喝酒的做法，让我受益至今。他说："同志们，今天我真的喝不了，我在群里给大家发个红包赔罪，下次我来安排。"所以他一晚上没喝酒。但他活跃了气氛，大家非常喜欢他。

真的是绝了。

✉ 第53封信：怎么培养自己的自学能力？

乐吧：怎么培养自学能力呀？

李尚龙回信：

乐吧，你好。自学能力是成人应该学习的一个重要能力，尤其是职场。如果一个人拥有强大的自学能力，在任何领域都是王炸。不管是亲密关系、上下级关系，还是朋友关系、亲戚关系等各种关系，那种具有超强自学能力的伴侣、同事、朋友、亲人，他们的存在都格外让人放心和舒服。而自学建立在高度自律的基础上，你要知道学习的必要性，理解自学的重要意义，才可能拥有高超的自学能力。所以，如果你想有高超的自学能力，一定要把阅读、写作和实践结合起来，这需要时间的堆积和日积月累的坚持。

小学、初中、高中，老师可能还能手把手地教我们怎么学习、怎么做题，到了大学，没有老师会像保姆一样陪在我们身边，我们必须培养自己的自学能力。所以大学老师最多给我们指明一个大致方向，最后是得自学者得天下。

后来走进职场我才发现，尤其是大公司，你想有更好的发展机会，必须得有很强的自学能力。领导交给你的任务没有给解决办法，你要自己寻找方法，解决困难，完成任务。再之后，我开始创业，

我更明白一件事，很多东西老师不是教的，甚至老师教不了你。因为这个问题可能只出现在你的领域，也可能只由你个人面对。社会是一所大学，你要做的就是自学、找方法、避坑，然后找到回家和上升的路。所以你能看到很多辍学的企业家，他们虽然没有上大学，但是社会就是一所大学，他们的自学能力太厉害了，所以很多问题都能迎刃而解。

如果你有孩子，最好让孩子在 10 岁之前至少自学一门重要技能，比方说画画或者编程等。要让孩子知道，学习不仅是老师跟课堂的事，更是自己的事。从小养成自学的好习惯，未来才会把命运握在自己的手中。

我们应该怎么学会自学呢？这里有三条非常重要的干货，请你拿出笔跟着我一起学习。

第一，跟书学；

第二，跟课学；

第三，跟人学。

当你对一件事感兴趣的时候，自学的可能性就来了。最好的方式是你先在网上搜一下相关话题，注意，这些都是免费的资料。比方说你想学尤克里里，网上先搜尤克里里的自学方法。想学英文，搜一下英文的自学方法。你会惊奇地发现，免费的都是最贵的。比方说你在网上搜四六级、考研、托福，你看到的一定是大量的广告，而你浪费的是宝贵的时间。所以比较好的方法是，以自己喜欢和想成长的方向去付费学习。

第一步，去买书。千万不要小看买书这个环节。在国外买书超级贵，你可以问一下你认识的国外朋友和留学生。有些书买下来要几千元一本，你想要借阅一下可能也要几百元，而且限期一个月之内必须还。相比而言，国内的书是真的便宜，不仅很多书五折包邮，还有大量的书你买回来也不会读。

所以，请一定要读书。你只用二三十元钱就可以把一个作家在一年里或者更长时间的思考模式带回家，这真的是一件太划算的事了。现在买书也很方便，你可以去实体书店购买，也可以登录购物网站购买，甚至说你想买什么书，登录网站搜索相应的词汇，比方说经济学、政治学、管理、谈判、写作、小说等，页面马上出现相关科目的推荐书籍。通过翻阅资料，你能得到第一手资料。当你有了相应的知识，觉得自己理解得不够透彻、不透系统，翻到书的背面往往有二维码或者 APP，手机扫码加入进去，恭喜你进入在线教育的世界。

按照惯例，这个时候你会遇到很多有意思的老师，他们分别负责这个学科的多个分支。就拿英语来说，至少会有听、说、读、写、翻译五个分支，选择自己感兴趣的老师报名他的课，有线上的，也有线下的。线上的课你直接购买就好了，应该也不贵。但线下的课你可能需要报名，因为线下会手把手教你怎么学习。

行业的规范就是这样的，线上的课便宜一些，因为成本比较低，线下的课贵一些。听的专栏价格比较低，有交付的训练营价格比较高。一年的课程价格高，但是效果可能更好，时间越长，交付的效果肯定越好。

培训课程有一个原则，就是永远不要相信速成，这世上没有什么专业技能是速成的。21 天看似可以养成一个习惯，但不会帮助你掌握一个技能。无论你多么有天赋，你都要明白时间的堆积是最重要的。

等你上完了或者上够了这个领域所有的线上课，甚至参与了一

些有必要的线下课的时候，恭喜你，你会进入一个专业领域的圈子。这个时候你会遇到你的老师、你的同学，这些人很快会跟你相处成朋友，其中有些人会把你带进一个属于你们自己专业的圈子。

在这个圈子里你能了解到更多可能连网上都没有的信息，而这些信息往往是私密的、独一无二的、经典的、精华的。接下来，有意思的事情来了，越小越精英的圈子聚集起来，越容易赚到钱。

你仔细看，身边多少赚钱的消息是公布于众的呢？赚大钱的消息一般都是在小圈子里萌发出来的。这个时候你已经是这个行业里的一分子了，你要么可以出山走进职场，要么可以开课当老师，收回你当时的学费。另外，你会发现还是要活到老学到老，没有哪个老师可以陪你一辈子，你只能靠自学。请注意，自学真的是王道。

所以，找一个方向，跟书学，跟课学，跟人学。

✉ 第 54 封信：备孕中被降薪怎么办？

卡伽同学： 龙哥，您之前说应该先解决好温饱再去换工作，所以疫情的时候公司降薪，我欣然接受。目前公司已公示恢复所有部门的薪资，但我们部门的四个人除外。您说老板是不是铁了心要降我们的薪？我在公司工作六年了，被老板这样一弄，感觉升职加薪根本没希望，一点儿奔头也没有。问题是，我现在处于备孕中，换工作对已婚未孕很不友好，现在两难。想听听龙哥的建议。

李尚龙回信：

卡伽同学，你好。大环境不好，不管是裁员还是降薪，都是企业开源节流的正常做法。裁员意味着公司用不着你了，降薪意味着公司还用你，只是现在你不值这个价了。有的公司是给你降薪，同时你也不用工作那么长时间，变相给公司节约成本。而有的公司开始降薪是因为实在扛不住了。这个时代，当老板的人没有现金流，做什么都没意义。无论这个公司有多少人，上游没有钱，下游也不可能会有更多的资金帮助运转。上游公司运转不下去，下游的家庭运转不过来。

公司其他部门的薪资都恢复正常了，你们的却没恢复，这件事

很蹊跷。正常情况下，公司的薪资都是保密的，就算公示，也会给出合理的理由。所以你要确认你的信息来源是否准确，如果是公司同事私下跟你闲聊说起的，可能只是他的随口一说，不足为信。很多人为了自己的面子，就把自己的薪资说得很高，实际上可能只有他说的一半多。所以，先管好你自己，再去想别人。

以我的经验，老板这么做有两种可能：第一，他认为你们不值得那么多，所以他不想再花更多的钱养你们。第二，逼着你们走，他好不赔"N+1"。因为你主动离职，老板就省掉了"N+1"。想让领导给你涨工资，最好的方法只有一个，先让领导吃饱。千万不要觉得这个说法很奇怪，实际上这才是真实的人性。如果老板自己都入不敷出了，他怎么给你涨工资呢？职场本来就是残酷的，离职之前一定要想清楚，所以请你务必要斟酌。

请你记住，备孕跟涨工资是两回事，因为你涨不涨工资或者能不能回到原来的水平都跟你备孕无关。生孩子这件事你不要太焦虑，顺其自然就好。每个备孕妈妈或多或少都会害怕因为多了一个孩子或是有了多个孩子，自己现有的生活水平会下降，然后焦虑得不行。其实缺钱是这世上大多数人的常态。就算是亿万富翁，可能也会担心自己有了孩子后生活降级。所以，缺钱与生不生孩子关系不大。与其现在焦虑，不如接受现实，看看身边谁最能赚钱，找个时间拜访一下，看看人家能不能带你一起玩。越是经济寒冬，越要抱团取暖。多参加聚会，多与人交流，说不定就柳暗花明了。

另外，不是换工作对已婚未育不友好，世界上99%的女性在职场中都会面临一个不好处理的时期，就是产假期间。按照我国《劳动法》的规定："女职工生育享受不少于九十天的产假。"产假期间的薪资按本人工资的百分之八十发放，这就意味着公司要投入大量的成本进去。更有甚者，有人休完产假，拿完公司的钱就离职了，等于公司白养了几个月。所以，有的公司在招聘员工的时候对女性有诸多限制也可以理解。可是，作为普通人，我们应该怎么办呢？这里有三条建议，你可以记下来：

第一，发展副业。工作之余不妨找个副业来做。有时候副业可能比主业还赚钱，主业让你谋生，副业可能让你谋爱。

第二，骑驴找马，寻找靠谱的机会。比方说考研、考编，或是找一份可能赚钱的工作。

第三，多去见人。不管是线下还是线上，多与人沟通。但是要记住，线上信息真假难辨，不如线下信息靠谱。如果线上、线下都可选，优选线下的工作机会。

最后，在个人经济状况不好的时候，不要做任何大的决定。比如说创业，比如说裸辞，比如说结婚，比如说生孩子。

希望以上建议对你有所启发，希望你多赚点儿钱，好好生活。

✉ 第 55 封信：生活需不需要松弛感？

Scold：龙哥好，我总感觉自己的压力很大，我该怎么办？

李尚龙回信：

Scold，你好。前段时间有个词很火，叫"松弛感"。所谓松弛感，就是你可以不去追求别人对你的评价，不去追求和别人过分的比较。你只去追求自己内心深处真实的想法，想做的事情，想实现的梦想，想成就的自己。

你有没有想过，为什么"松弛感"能火呢？其实这个词是一个隐喻，它意味着每个人都在背负自己的重担。而这个时代里，没有人可以逃离永无止境的重压。大家可以去看一看尼采的《悲剧的诞生》，它是一次一次的循环，一遍一遍的折磨。这意味着另外一件事，就是"松弛感"是一种大多数人都缺失的东西。

这个世界给每个人的压力太大了。尤其是当你到了大城市，巨大的压力如影随形。每天叫醒你的不是闹钟，可能是压力给你的生物钟。但我并不是否定压力的必要性，因为人有了压力才会有动力。小时候读《约翰·克利斯朵夫》，里面有个情节我一直不太能理解，在小说的结尾处，有一个叫克利斯朵夫的圣人，同时他也是个巨人。这个人不仅力大无穷，而且能力很强，他不停地把人从河的这边渡到那边。可是有一天他看到一个很小很小的小孩，他帮小孩渡河。他把小孩背在身上，可是当他背着孩子走到河中央的时候，突然电闪雷鸣，河水泛滥，差点儿把他淹死。好在最后他还是成功上了岸。上来之后克利斯朵夫说："我以为我会因你而死呢。你这么小，就这么重，就好像整个世界压在我的肩上。我在这里生活，我帮助那么多人过河，我还没有看过你这么小又这么重的人呢。"就在那一瞬间，这个孩子消失了。然后一转眼，光辉熠熠的一个神，也就是耶稣，出现在了克利斯朵夫的面前。这个神说："克利斯朵夫啊，你刚才扛的可不是小孩子，你扛的是我。你在过河的时候背负的就是全世界。"小时候我一直搞不清楚这句话到底在说什么，可是人到中年，尤其是到了30岁之后，感觉自己背上的压力越来越重，尤其是当我开始有了自己的责任感的时候。我突然明白，其实每个人都是克利斯朵夫，无论你是否力大无穷，你是否能力十足，你都要背负自己的"上帝"，每个人也都没有喘息的机会。

可是，为什么有时候你会觉得背着"上帝"并不累呢？因为有些"上帝"是你心安理得背负的，它可能是你的爱情、你的家庭、你的事业、你的文学、你的理想，你曾经热爱的一切，甚至是一个更好的自己。从这个角度来说，有了这些压力，你的渡河才有了意义。因为你背上了自己的上帝，你才有可能活成圣贤。

所以，我想告诉你，我并不反对压力。但是在这个时代，你发现你背着的不仅是那个孩子，还有好多你意想不到的石块。这些石块不知道哪儿来，但就是奇重无比。后来我们分析才发现，这些石块都是后天压在你身上的，它来自外在的评判以及和别人的比较。比方说别人买了学区房，我也要加班加点搞一套；比方说别人一个月赚了一万元，我也要一个月赚一万元；比方说别人的公司上市了，

我的公司虽然小，但也得定个 IPO 的理想吧。因为惧怕别人的负面评价，害怕社会把你比下去，害怕跟别人比较输了，所以你开始不停地往自己背上加石块，结果就是生活的压力越来越重，直到压垮你自己。

为什么很多人最后过不了那条河？因为当石头越来越重时，你根本没办法走到你理想中的彼岸。或者，你走着走着，发现河的对面根本不是你想要的彼岸。我在过去一年深陷这样的危机，我有很多想法，可是做着做着就背离了初衷，我还让自己越来越累。我的手机从来不离手，信息从来都是秒回。我想我都这么努力了，可是我还是做不到最好，感觉这世界没了我就是转不起来。所以前些时间我去了一趟西安，下午的时候我竟然想睡一觉。我已经好久没有午休了，那是我第一次难得进行了一次午休。我关掉了手机，睡了快一个小时。那一个小时睡得天昏地暗，然后我从梦中突然惊醒，赶紧去找我的手机，我发现手机里并没有什么人给我发信息。天没有塌下来，也什么都没有发生，我还是我，世界还是那个世界。

我打开窗户，外面下着淅淅小雨。窗外阴雨蒙蒙，我抬头一看，天上全是云彩。路上的行人慢慢地行走着，我突然意识到，人本来就应该活成这样。原来没有高楼大厦，没有手机、电灯的时候，人们的生活就是如此。什么时候我们把自己变得如此焦虑呢？

我经常鼓励我的小伙伴无论多忙，都要给自己放空一段时间。换个城市，换群身边的人，换一个安静的地方，哪怕只有几天，关掉手机，不和外界联系。

是的，我们无法改变世界，也无法从不得不承担的巨压中摆脱。但是，通过这种短暂的放松可以让我们得到片刻喘息，让我们去思考自己到底要什么，还有什么是可以做的，什么是可以放弃的。

有时候这种巨压只有通过短暂的逃离才能看得更清楚。就像你看书一样，如果你贴得太近，可能看不太清楚。可是你稍微放远一点，一切都清晰可见。

所以，适时放空自己吧。它能帮你逃离你以为的压力，你以为的恐惧。你会发现，有些问题不是问题，而是你自己放大了问题。

✉ 第56封信：对未来没有信心了，怎么办？

松：我对现在的大环境没有信心，我对自己也没有信心了，我应该
怎么办？

李尚龙回信：

松，你好。

现在大家对大环境好像都没什么信心。就拿我自己来说吧，不久之前，我给一个勾搭了很久的投资人打电话，这个人一直不接我电话，我原来以为是我的业务模式不好，或者是他不愿意投我。可我们之前一直聊得很好，甚至双方都已经签了意向合约。也就是说，他确实要签我，而且他要给我投钱，如果说他不给我投钱，他就违反合约了。可是，意向协议都签了，对方就是不打钱。后来我给他发了好几次信息，他都没回。

后来，有一天我又给他打电话，他突然就接了。我们聊着聊着，他跟我说了一句话。他说："尚龙这样，你也别跟我聊业务了，也不用告诉我你这事儿有多靠谱。我已经被我所在的机构优化了。"在互联网大厂待过的人都知道，优化就是被开除了。你看，地主家也没余粮了。过去一年，我见了很多投资人，整体的感觉就是他们对未来也没有信心了。而且在可预见的未来里，没钱的企业基本上

没有什么机会融到资了，只能自给自足。

上周，我还见了一个投资人，我本来想找他投资，他反而问我："你觉得你能不能帮我一个忙？"我说："我帮你啥？"他说："你能帮我出本书吗？"我都诧异了，说："你这么有钱，还要写书啊？"他说："我现在的目标就是谨防手欠。我不想投钱，也不想乱动自己的口袋，所以就想写点东西度过寒冬。"你知道这样的投资人，这样的投资机构真的不在少数。大多数的人，包括大多数的 PE（私募股权投资）、VC（风险投资），就算很有钱，他们在投资的过程中也非常谨慎，可能也不会投资了。还有一些机构因为他的 LP（有限合伙人）施压，不躺平可能也破产了，或者不破产也不会再投了。

讲这么多好像跟你没什么关系，其实关系可大了。投资行业的萎靡意味着人们对未来看不清楚，再直白一点说，就是对未来已经没有任何信心了。投资人没有信心，那企业家呢？答案同样是没有。很多企业家已经陷入绝望，尤其是前几年拿到投资的那拨人。前段时间，我见到一个做钢琴教育的朋友，我们下午喝了杯咖啡，他在 4 月份的时候现金流就已经断了。不知道哪儿来的勇气，这哥们儿竟然压了一套房子，就是为了给公司 70 多人发工资。但是，很可惜，他依旧没有把自己的业务模式跑正，他的钱很快又烧完了。前些时间做公司最后清算的时候，他的公司从原来的 70 多人裁员到只剩 4 个人，几乎是完全躺平了，他自己还欠了一屁股债。好几个员工还在起诉他，让他去赔偿"N+1"。

那天我们一起喝下午茶，我们先是聊业务，聊了一会儿，我问他："你现在过得这么惨啊，那你结婚了吗？"我以为他说没结，结果就那一瞬间，我们一滴酒也没喝，他的眼泪"唰"就流下来了。他说："我对不起我的老婆跟孩子。"我才知道他的老婆在外面教书，

现在正在帮他还债。他老婆是个化学老师，每个月也就1万元出头，而孩子刚刚三个月，还需要奶粉钱。他的眼睛一下湿润了，我赶紧站起来拍一拍他的肩膀。

因为大多数企业跟之前的融资规划背道而驰，现在只能自给自足，现有的业务如果不能靠未来去讲故事，那就只能靠现在。而现在现金流突然出现问题了，发不起员工的工资，只能被迫裁员。这样的企业太多了，数不胜数。也正因为如此，我当时在网上写了一篇关于国庆后失业潮的文章，竟然达到了"10万+"的阅读量。说实话，我为那个数据感到悲哀，感到难过。

换句话说，员工和普通人有信心吗？答案依旧是没有。失业意味着消费降级，还不起车贷、房贷，买不起孩子的奶粉钱，自然也就没了信心。员工的失业率高，意味着依靠消费拉动经济开始变得困难。消费市场如果遇到萎缩，就意味着失业率更加飙升，一个商店可能用不起一到两个人。你想想看，人们该怎么去找工作呢？所以市场上的岗位数量开始下降，大学生的失业潮就开始蜂拥而至了。

据相关数据统计，2022年大学生的失业率竟然高达19.9%，这意味着什么呢？市面上的岗位数量开始下降大家自然就不太好找工作了。总的来说，越来越多的人，无论是上层、中层还是下层，都开始没了自信，这确实不是一个好消息。

前段时间我走在路上，突然发现很多外卖骑手是女性。路边上的流浪猫、流浪狗开始变多。还有很多东西是我们不知道的。所以，我没有什么好的建议，作为普通人，我们至少可以做到以下几条，请你做好笔记，一定要用到生活里。

第一，厚积薄发。我经常跟我的小伙伴讲，什么叫厚积薄发？就是人生处在低潮的时候，要多积累。你只有厚厚的积累，才能在很薄的时候发出去，有机会的时候冲到一线去拼。所以，如果暂时没有机会，就去读书，去学习，去积累。总之，保证自己在这段寒冬里有所提高，接触到新鲜的知识。

第二，记录每一天。记录这段日子每天做了什么，什么心情，什么思想，一一写下来。记录是对抗衰落最好的良药。

第三，和人保持交流。居家期间也要和人保持交流。哪怕是闲聊，也要和那些有能量的人多碰撞。就算见不到面，也不要断联。人有个特点，一旦断了交流就容易消失在人海中，保持跟能量高的人去交流。

第四，开源节流。降低消费，寻找副业。只要能靠自己双手赚钱的事，别管别人怎么说，你先活下来。

第五，保持健康。多活动，勤锻炼，争取迎接下一步的战斗。

共勉！

✉ 第 57 封信：压力太大怎么办？

杉杉：*龙哥，我压力太大怎么办？*

李尚龙回信：

杉杉，你好。

在这个时代，好像每个人每天都会有两次压力，一次在白天，一次在夜晚，白天持续 12 个小时，夜晚也持续 12 个小时。

压力分成五种：财务压力，没钱了；健康压力，身体不好了；人际关系压力，和人的关系出现了问题；生活压力，生活状态很糟糕；我们所爱的人给我们的压力，好像谁都没办法避免。

跟大家分享一个很重要的清单。这个清单，可以转发给身边的好朋友，告诉他们一定要学会规避压力，和压力成为朋友。

第一，自我监控。这个方法很重要。什么叫自我监控？就是每天早上、中午、晚上分别在你的笔记本上记录三次测量数据，根据你的感觉填写一个从 0 到 10 的数字。10 代表着压力非常大，你已经快崩溃了，而 0 代表你很舒服，感觉自己已经快睡着了。接下来的一周记录你的状态，看看哪些事情会让你的压力值飙升，哪些事情会让你的压力值下降。见什么样的人会让你的压力值上升，见什么样的人会让你的压力值下降。长期的自我监控能够让你感觉到压力瞬间降低，如果你能坚持一周，你会发现自己的状态越来越好。

第二，大脑分离。人的大脑会分泌很多激素，比方说压力来的时候会分泌大量的皮质醇，让你的压力倍增，你会感觉自己受不了。但记住，皮质醇的作用最多也就 20 分钟。所以请保持冷静，当一件大事发生的时候，20 分钟之内你肯定能恢复到正常水平。想办法让大脑跟身体分离，时刻提醒自己目前感知的并不是真实的。其实，我们的大脑每天都会产生 8 万个想法，绝大多数都是消极的。所以请你一定要提醒自己，我们大脑出现想法只是我们感知上的，并不是真实的。你以为天塌下来的许多压力，压根就不存在。

第三，正念练习。这个练习在很多中产以及创业者群体非常火，因为当人有了一定的财富积累的时候，有可能遇到心态的崩溃。我也练习过很多次，每一次练习都能变得很好，压力减轻很多。比如，你可以在洗澡、吃饭、散步，或者休息的时候拿出 10 分钟去练习它，状态就会特别好。简单来说，就是以下五步：第一步，选择一个意识对象。比方说音乐、呼吸、食物等比较容易集中精力的事情。第二步，把全部的注意力集中在这个意识对象上。第三步，如果走神也没关系，不要抱怨，不要指责，不要批评自己，也不要评判自己没有集中注意力。第四，继续关注手头上的事情。第五步，不断重复第三步和第四步，直到你的压力开始减轻，你的状态开始越来越好。

第四，腹式呼吸。这种呼吸方式特别的关键，一个处于放松状态的成年人每分钟呼吸 12~20 次。但是压力下的人的呼吸频率显著加快，大多数人都是用胸部呼吸。尝试让自己把呼吸到的空气吸到腹腔里，然后加长呼吸的时间。请你记住，一旦你遇到事情，就将所有的事情顺着这些呼吸吸进小腹，然后一口气呼出去，压力一下就会小很多。

第五，停止过分担忧。仔细分析一下你的担忧，基本上都是对未来不确定的迷茫导致了你的焦虑。我有一个方法给你推荐一下，就是准备一根橡皮筋套在手上，作为一个视觉和身体的提醒，然后密切关注自己的压力。一旦你开始过分担忧，就弹自己一下，提醒自己快停下来，一定要停下来。

第六，感恩练习。我的一个朋友叫刘轩，刘墉的儿子，也是大作家。刘轩每天带着孩子做感恩练习。一开始我没太懂，后来看见他的孩子一直开开心心，茁壮成长。我突然明白了，感恩不仅能让别人开心，更能让自己幸福。所以，一个练习的方法跟你分享一下：第一个，每天花几分钟日常感恩。比方说感恩这顿饭，感恩这个床，感恩这个小房间，感恩你见到的人，感恩今天的天气。第二，写一封信。可以给对你生活产生重大影响的人写信，对你生命重要的人写信。第三，说声谢谢。要认真表达感谢，不要敷衍。或者可以闭上眼睛勾勒出那个人的样子，然后默默地对他说一声"谢谢"。第四，写感恩日记。每天哪怕花 5 分钟时间写一篇感恩日记，你的长期幸福度都能增加 10%。

第七，提醒自己"叫生活不只有工作"。现在，你就可以停下来对自己说："生活不只有工作。"你会发现压力瞬间减轻了很多。你可以问自己两个问题：第一个问题，你长时间这么拼命工作，是因为你热爱这份工作，还是因为你一不工作就害怕、焦虑呢？第二个问题，你的灵魂到底是想成为别人，还是想成为更好的自己？试试从今天开始这样问问自己。

第八，电子排毒。我前段时间我带着团队去露营，亲近了一下大自然。一开始我焦虑万分，把手机关了嘛。过了一个小时，我的状态就好了很多。后来，我感觉我那一天的状态非常美好。有这样一个数据，说我们当中重度依赖电子产品的人每天看手机的次数高达 150 次，每天触摸、打字的次数能超过 2500 次。结果就是每天匆匆忙忙却失去了专注这样一件事情。当一个人失去专注力，生活就处于被动，压力开始增大。所以，每周你要有自己专属的时间去隔绝电子设备，哪怕只有几个小时也好。我们这里有个建议，不要把手机当闹铃。一旦你把手机当闹铃，早上起来碰到的第一个东西就是它。

第九，饮食、睡觉和锻炼。这三个我就不多说了，推荐三本书给大家，分别叫《轻断食》《脱发自救指南》《斯坦福高效睡眠法》。

第十，积极沟通。如果你的人际关系一塌糊涂，压力就会很大。所以千万记住，让自己积极起来。比方说你要把消极陈述变成积极陈述，非暴力沟通。假设你想跟你的伴侣讲："你最近都没时间陪我。"你可以改成："我最近都见不到你，我十分想念和你在一起的时光。"

重塑语言就是重塑思维，重塑思维本身也是重塑压力。

 第 58 封信：找工作的秘密

小铭： 龙哥好。一直以来我都在跟随你，想跟你分享一下我的现状。我毕业后一直在上海工作，已经三年了，就在上个月，我被优化了。我比较自信，原以为凭我在互联网大厂积累的运营经验，工作应该很好找。但是，我投出去的简历都石沉大海，稍微大一点的公司都没有水花，只剩下特别小的，看起来没什么前景的公司我也不想去。我现在很迷茫，不知道该怎么办，也没跟爸妈说我的事。想请龙哥支个招。

李尚龙回信：

Hello，小铭，我先给你讲一个找工作的秘密。找工作最好的方式不是海投简历，而是先从一个小圈子开始寻找弱关系，看能不能找到合适的。接着再去寻找一个圈子的朋友，看能不能帮忙推荐，到最后才是海投简历。因为工作的发布逻辑是这样子的，假如我的公司有一份工作，这份工作的工资不错，待遇也不错，我第一时间一定不是发到招聘网站上，而是看能不能进行内部推荐。如果内部的人没办法推动，第二步就是看看我的朋友圈有没有靠谱的人能够推荐。等到这两个途径都没了，我才会想到第三个办法，就是发到网上让别人海投。

所以，你光靠投简历找不到工作很正常，因为这并不符合找工作的逻辑。我们找工作一定是先从内部圈子消化，然后再放到其他圈子去。更何况，现在每年毕业这么多学生，大家的经济压力都这么大，有工作的不会轻易辞职，没工作的拼命想找工作，所以工作怎么可能好找呢？我们都没有办法打败时代的趋势，我们只能战胜自己。

现在，大厂在裁员，小厂不招人，大城市不好留，小城市不好待。所以，你不妨考虑一下降级生活，就是租的房子小一点，条件差一点，不是非必要的东西尽量不买。还有需要考虑的是，你真的要留在上海吗？如果没有必须留在上海工作的理由，要不要考虑去其他城市试试？特殊时间要有特殊手段，否则谁也活不下去。从这个角度来看，为什么小公司就不适合呢？你的目的难道不是先活下来吗？只要你愿意，哪怕作为一个超级个体，你也能活下来。

我有个姐们儿，原来在互联网大厂上班，一个月薪资有35000元，相当高了。后来不知怎的，她突然被裁员了。然后她自己在网上找单位代缴社保，又找了几拨人，希望创业拿到融资，就这样在北京空档了两个月。最后你猜怎么着？她一分钱也没融到，因为现在的互联网行业跟当年已经不太一样了，大家都没什么多余的钱。后来我们一起吃饭，我跟她说了一句话，就是"期待降级"。

我觉得这四个字，可以送给每一个在这个时代的小伙伴。在大环境不好的状态下，每一个人都应该学会这四个字。现在，这位姐们儿去了一家小公司去做总裁助理，一个月15000元，降了一大半。但新工作有不用坐班的权限，也有一年30天的年假。我问她怎么跟老板谈的，她说没怎么谈，反正就先这样待着呗。我当然知道她这

么一个能力很强的人去了那家小公司，可不得被人供着啊。或许她也觉得委屈，但她也认认真真去上班了。人啊，一定要顺势而为，当大事不顺的时候，最好是躲在一个地方别动，或者让自己就这么待在舒适区里算了。可当时代开始热闹的时候，赶紧折腾起来，这是普通人要做的。

当然，对于那些天才来说，我的建议是随心而走。这些人是时代的宠儿，他们不用担心时代是好是坏，他们无论在多么糟糕的环境里，都能找到属于自己的春天。但这样的人确实不多。如果你是这种人，你也不用管我说的时代、趋势之类的话，你自己就是自己的时代跟趋势。比方说罗永浩，他无论在哪儿都是趋势。在融资极其不顺的状态下，他竟然从美团融到 4 个亿的人民币。他好像有使不完的力气，我是真的羡慕他。

除了找工作，我还有一个建议，就是假设你有一天空余的时间，就去读书，去请教高人。假设你有一年或两年的闲暇时间，你就去读个 MBA 或是考个研究生都不会错。投资任何人都有可能亏本，只有投资自己是稳赚不赔的。

越到后面你越会发现，生活的本质就是越强的人选择会越多，越弱的人在时代的变迁下选择会越少。简而言之，站在高处的人总能看到光。就好比你是个老板，你大不了关了公司，重新去找工作。你是个专才型的人，大不了换个地方继续施展拳脚。但如果你什么也不是，什么技能也没有，当大风过去，大浪袭来，你真的就要面对煎熬了。

我曾经给大家推荐过一本书叫《反脆弱》，书里告诉我们要成为反脆弱的人。也就是说，在这个时代千万不要一条腿走路，而要学会多条腿走路。如果你只有一条腿走路，一旦被砍掉，生活就会出现问题。

我的建议是，你至少要有三条路可以让自己活下来，因为三脚架往往是最稳的。发展副业，磨砺爱好，保证主业的顺利发展，是这个时代超级个体最厉害的法宝。原来这个世界需要一种叫作"倒 T 型人才"，也就是要一专多能，一个专场，多项能力。可是现在这个时代发生了变化，如果你的专长扎进了人工智能这个领域，你可能会遭遇重创。比方说你学的是播音主持专业，你可能很快就失业了，因为这个时代更需要的是 π 型人才。所以，你最好是多才多能，收入多样化。

当大环境不好的时候，或者本职工作不好的时候，副业能够帮你抵挡风险。我身边好多朋友都是这样，他们的副业发展得比主业还要好。后来副业成了主业，再去寻找新的副业，成为生活的高手。所以这也是我告诉你的，抵抗风险最好的方式就是拥抱风险，并提高自己反脆弱的能力。

加油啊，朋友。

✉ 第 59 封信：我创业最大的启发

路易莎：龙哥，作为一个创业者，这一年你有哪些成长，能不能和
大家分享一下？

李尚龙回信：

路易莎，你好。我创业也快两年了，最大的感受是创业真不是
一般人能干的，尤其是做一号位的时候。我刚好有几条心得，分享
出来，希望对你有用。

第一，用错人，全都错。什么叫用错人呢？就是这个人放在这
个岗位，公司没赚钱。我们就用了这么一个人，还用了一年多。这
一年多里，他不仅什么都没做，还把公司上下的人际关系搅合得很
紧张。一会儿打听公司上下谁的工资高，谁的工资低，一会儿利用
信息差给自己谋私利。这个人前前后后找了我好几次，说要调工资，
我也是心里软，一次性给他调到 15000 元一个月。后来，准备开他
的时候，他还在嚷嚷着要公司赔他"N+1"，我当然还是赔了，懒得
再跟他纠缠。我之所以难受，是因为我感觉自己用错了人。这并不
是第一次用错人，所以就更为难受。上一次是公司招了一个新媒体
的主编，业务能力也是不行，但因为跟我关系还好，聊天聊得很爽，
所以我也不好说什么，但他的部门业绩每况愈下，让我也是忧心不已。

后来我明白一个道理：职场上没有真正的朋友。一个人用对只有一种情况，就是这个人放到这个岗位给公司赚到钱了。如果这个人不能给公司赚钱，无论他跟你关系多好，喝多少酒都是错的，尽早把他开掉。这是血淋淋的教训。

第二，"势能"很重要。我这段时间为什么频繁出来直播呢？答案很简单，因为已经临近双十一了。双十一就是"势"，电商行业造的"势"已经造了好几年了，人们因为电商行业的兴起，会潜移默化地在这段时间去买东西，而且已经养成了消费习惯。所以这段日子有了所谓的"势能"。假设现在是六一儿童节，我直播的时候无论有多努力，可能也卖不出去几单。这就是"势能"的力量。

当你是个人时，你可以是一个很厉害的人，一个超级个体，甚至可以逆风飞翔。但是，做公司时，你必须带领团队顺风前行。当大势不好的时候，该躺平就躺平；当大环境变好时，赶紧投入环境，做最好的自己。

第三，关注优势，找别人给你弥补劣势。什么样的公司是最容易死呢？答案并不是小公司，而是大公司。现在很多公司都是胖死的，尤其是那些拿了钱的公司。早年很多教培公司都是因为拿了大公司的钱和流量，资本让他们变现，他们只能做一堆自己都不懂的课和内容，扩张自己的边界。人招得太多，业务开展得太大，最后自己把自己胖死了。而真正聪明的公司，就两三个业务，几十个人，一年挣个千万元绰绰有余。这样的公司通常只关注自己的优势，至于劣势，找人弥补就好。真的，没有必要面面俱到，什么业务都扩张。

第四，充分利用互联网。招聘过这么多人，我发现一个问题，就是在北京、上海、深圳这样的地方，人力成本很高。于是，我跟朋友请教，他们说可以试试在外地的小伙伴，可以让他们在线办公，

不贵，还不用上五险一金。我试了试，效率和效果是真的好，而且能力也不差。最重要的是可以联合在线办公。真的，员工不用坐班，老板不用盯着，只要业务数据还在往上走，钱还在赚，其他什么形式都无所谓。 多说一句，现在这个时代，很多公司并不需要建立高大全的上市公司的模式，小而精悍反而能赚大钱。几个人一年盯几个业务，能做到一两个，就能让这几个人做得很好，也能过得很好。

第五，在利益面前不要过高估计人性。前段时间，我的一个哥们儿的公司裁掉一整个部门。通知裁员那天，公司怕有些人闹着不走，直接找了四个律师跟六个安保。那个部门每一个人一上班，第一时间先让律师发函，然后让安保架走，电脑收走。听说最后还是闹得鸡飞狗跳，一群人乱哄哄的。有一个姑娘，平时特别斯文，临走前竟然在门口大叫："我昨天加班42元的餐补，难道你们不打算报销了吗？"你请他一顿饭，他会感谢你。你请他一年的饭，他会问你："唉，你周末为什么不请我啊？"这就是人性。不要高估人性，也不要贬低人性，跟着利益走，你能看懂人性。

第六，专注业务，其他都不重要。虽然经历了这么多不顺，但我始终坚信有一种人可以成功，就是牢牢盯着目标的人。越是经济下行，越要紧盯目标。不要盯着对手，赚钱才是王道。

✉ 第 60 封信：跟领导提加薪应该怎么提？

小莉：龙哥，有个问题困扰了我好久。因为从小不善于跟老师交流，我的学习越来越差；因为不会和父母交流，我跟父母的关系也不好。现在进入了职场三年，总是不能很融洽地融入团队，最终被团队抛弃。跟上级领导的关系也处不好，两次提出加薪都没有通过。我现在在职场里进退两难，处在辞职的边缘。我应该怎么去沟通呢？

李尚龙回信：

　　小莉，你好。这看似是一个怎么跟领导提加薪的问题，但其实是沟通的问题。如果你不会沟通，我建议你先去看我的《1 小时就懂的沟通课》。那本书里，我把所有关于"术"方面的沟通都分享了。至于"道"方面的东西，你可能需要再花时间去领悟。

　　我希望你明白，跟领导提加薪绝对不是靠口才。如果他肯跟你涨薪，就说明你值那么多；如果他降你的薪，就说明你不值那么多。当杰克·韦尔奇的助理被问及"你有什么价值"的时候，他只说了一句话，他说"这 15 年的时间，我大概帮杰克·韦尔奇节省了 2 万个小时，这相当于每周给他多省一天的时间"。一个每周能给顶级 CEO 多省一天的助理，你愿意为他支付多少钱呢？这是一个非常有

想象力的价值投资。接下来这个锦囊你拿好了，十条干货分享给你。

第一，公司赚钱的时候提加薪。每年的第三季度或是第四季度，公司赚没赚到钱已经很清楚了。如果公司赚钱了，可以找领导谈。但不管你是跟领导谈心，还是很务虚的聊天的时候，你都要给领导透露一个信息"我很穷"。一般领导会给你打打气，说："哎呀，年轻的时候都是这样，我原来也很穷。"然后在某一个节骨眼上，他该给你涨就给你涨了，不给你涨也没办法。

第二，搞清两种逻辑。员工的逻辑是希望公司为过去付费，公司的逻辑是愿意为未来激励和付费。站在公司的立场，加薪是希望你可以产生更多的收益。所以，当你了解清楚公司的付费逻辑，你就应该明白谈薪水的时候不要说："你不给我多少工资，我就去其他公司。"你要说："我有一个方案能给公司赚到更多的钱，请公司用钱来激励我吧。"这样的话术通向未来，只要你有能力做好，加薪指日可待。

第三，合适的时机。如果你想好了就是想加薪，我的建议是提前半个季度或一个季度。不要在调薪日去问，因为这个时候已经来不及了。最好是在第三季度刚开始的时候，或是年中总结的时候，或者一个项目刚刚收尾，并且尾收得很好的时候。千万不要在项目发展的重要关头谈涨薪，容易让领导觉得你在威胁他。

第四，加薪不一定是加钱。有时候你加的工资越多，交的税也就越多。所以相比较而言，聪明的办法是选择和公司共同进步。比方说请求公司给一些培训，参加公司组织的旅游度假，或者附上本人和家人的健康保险。有时候这可能比拿了现金再去购买这类服务划算得多。尤其是年轻的小伙伴，不要总是要钱，可以考虑要点儿其他东西，只要适合自己成长的一切奖励都可以。

第五，最好能在周三、周四跟老板张口。首先，周一不是个好时间。因为周一早上大家特别忙，可能会忙一天，各种例会呀，PPT呀。其次，周五也不是好时间。因为周五晚上老板可能要去应酬，没时间听你的要求。所以你要找一个好的时间去问他，最好能在他状态很好的时候，想要说话的时候。建议是下午4:00左右。很多老板下午4:30才刚缓过来，不要问我怎么知道的。我认识的老板大多都是4:30才晃晃悠悠到公司看一下公司的员工。所以这个时候是好时间。

第六，一次只谈论一件事。这条很重要。你不要问老板一些闲话，直接问他加薪的事。因为如果你什么都说，最后来一句："老板，能涨点工资吗？"第一，不正视。第二，老板容易不以为然。

第七，正式一点。这要求你穿着正式、谈吐正式，如果能有一个书面的申请更好。千万别头一天吃了火锅，一身佐料味儿就过去了。别讲着讲着突然发现牙齿上有根韭菜。记住，正式一点，再正式一点。

第八，不要谈及别人的薪水。在职场里，知道别人的薪水是大忌，在领导面前说别人的薪水是大忌中的大忌。你要是跟领导说了这句话，就是你该走的日子了。我之前有个员工，每次跟我聊天的时候都说谁谁赚了多少钱，还跟我说我对他不好。这句话本身就很奇怪，我是你的老板，不是你的老公，除了按时支付你的工资之外，我还需要怎么对你好呢？所以你要搞明白，在职场谈加薪只有一种可能性，就是你值那么多钱。

第九，排练，再排练。重大的动作和决定往往涉及大量的排练。如果你想跟别人沟通并且取得成就，最重要的就是排练，这是最笨也是最有效的方法。多去演练几遍，甚至可以让朋友、姐们儿、哥们儿冒充领导，让他挑战你的要求。永远记住，不打无准备的仗。细节想得越周到越容易成功，所以跟老板谈加薪之前把所有的细节

想明白，想清楚，想清晰一点就好了。

第十，了解公司。如果是小公司，跟领导直接谈。如果是大公司，了解这家公司谈加薪跟谁谈。比方说这家公司的涨薪和政策是什么，它的状态是上升期还是下降期，了解得越清楚越容易要到你理想的薪水。

所以，小莉，有时候你不会沟通，并不是你不会，而是你没有学啊。去看看那本书吧，了解一些沟通的核心法则，这才是最重要的。

✉ 第61封信：你该不该去创业？

小白：龙哥，你觉得我该不该去创业？

李尚龙回信：

小白，你好。

创业这么久了，也认识了很多人。最有意思的是很多人看了我的那本《你所谓的稳定，不过是在浪费生命》决定辞掉稳定的工作，也开始创业了。当他们创业失败之后，跟我说："李尚龙，就是因为看了你的书，我才失去了一份稳定的工作。"我还是那句话，我不背这个锅，或许有些人根本没看明白我在说什么。

我向来主张无论你做什么，一要考虑自己的实际情况，二要考虑到时代的洪流奔向何方。如果你作为一个个体，没有存款，没有资源，你干吗要去创业？在你眼里，创业真的这么简单吗？不要轻易辞职，不要总觉得只有创业才能闯出一片天。创业不是不好，而是并不适合每一个人。

关于创业，我有六个锦囊要分享给你。

第一，尽量不要放弃一切去创业。

根据相关数据统计发现，那种一边干着自己的工作一边去创业的小伙伴反而更容易成功。因为这种人的压力不大，看的方向更精

准一些。樊登老师把这个称为低风险创业。我个人觉得骑驴找马的创业是最容易成功的。因为当你做另一件事的时候，你有自己的主业支撑，有相应的工资可拿，你的创造力是有安全感的。所以，如果你现在有一份工作，可以先干着，让自己先活下来，然后用间隙的时间去创业。如果你已经开始创业了，试着找一个其他活儿干着，总之别饿死。

对我来说，就是一边创业，一边写小说，目的是让自己先活下来，多几条腿走路。如果你也是这样，要记得反脆弱是创业者能够保持安全感最好的创新手段。

第二，尽量不要租房，不要雇员，不要投资。我的投资人曾经跟我说："如果我现在能有三年前那个状态，别说给你 1000 万，给你 2000 万都行。但是现在不行，现在的形势和大环境太让人没安全感了。"所以，如果要创业，记得最低成本。形势很好的时候，你当然可以雇员，可以租房，只要你有足够的现金流。如果现金流断了，一切都得从零开始。所以，能不花费的，尽量不要花费。你拿着公章去咖啡厅谈事儿不丢人。你没有助理，亲力亲为就做点儿事，没什么可害臊的。总之，活下来才是最重要的。

第三，不要总是想着开公司、创业。你就是在做生意。前几年创业，你可能还能融资 A 轮、B 轮，这两年别想了，你就当自己在做买卖就好。看着自己手上的项目有几个是赚钱的，有几个是不赚钱的，能赚点儿就赚点儿，不赚钱的该砍掉就砍掉。别去想几个月、几年之后公司能融多少资、赚多少钱，不存在的。你现在赚不了钱，以后赚钱的概率也不大。不要总是想着未来有什么规划呀，融多少钱呀，企业怎么样上市啊，等等。那些都太遥远了，先顾好眼前吧。

第四，千万不要停止聚会。我的建议是不要把自己封闭起来，不然你会离钱越来越远。因为信息流动的地方就是注意力流动的地方，注意力流动的地方就是金钱流动的地方。"众人拾柴火焰高"的前提有两个字，就是众人。众人不在一起，你一个人怎么拾柴呢？所以，不要闷头造车，这样容易让自己陷入孤立无援的境地。

　　每周至少拿出几个晚上的时间跟人聚会，邀几个下午茶，巩固一下自己的弱关系。信息一旦闭塞，你的机会就少了。所有赚钱的信息都是聚会中人和人的大脑不停地碰撞，擦出来的火花。你要知道，当你跟别人聊天，所有的需求都是你赚钱的机会，所有的抱怨都是你的商机。你要换一个角度看这个世界。双十一别人都在买东西，你有没有考虑过这也是你卖东西的好时机？所以不要停止聚会，只有这样你才能看到不一样的世界。

　　第五，接触一线的业务。最近，无论是史玉柱、B站创始人陈睿，还是陌陌创始人唐岩，都走到一线接触业务。我自己也开始接触一线，开始直播了，2022年双十一播了六个小时。现在不要再想去打什么战略仗了，创收是第一位的。无论你是独立创始人还是联创，都请去接触一线业务。手把手带兵打仗，才能巩固军心。如果可以的话，我建议每个创始人都做好个人IP，原因显而易见，如果别人连你都不知道，谁又能知道你的业务跟产品模式呢？

　　第六，回归赚钱的本质。这句话很重要，你只考虑赚钱，其他的不要瞎考虑。要先度过生存期，再去谈梦想。个人是，企业亦然。

✉ 第62封信：读MBA有没有意义？

聪聪：请问龙哥，读MBA最大的收获是什么？获得一个MBA花费几十万，太贵了，不知道是否值得？

李尚龙回信：

聪聪，你好。

如果学习某种知识的学费是几十万或者几万元，依然不断地有人报，那一定是值得的。至于你自己要不要报，首先要看你究竟想要什么。如果你希望确认东西，我说一句得罪MBA群体的话，可能性不大。你想想你的大学生活，无论多好的学校，好像都是啥实用的知识也没学会，更何况MBA了。但是，换句话说，就算别人什么都没学会，依然有人学会了一些东西，毕竟个体不是分母，或者个体不是集体。所以要问值不值得，完全要看你怎么度过这些年。我自己也花了好几十万去读MBA，值得不值得不多说，说说我的收获吧。

第一，同学资源。这是我读MBA最大的收获。一个能和你一样交几十万去读书的人，大概率跟你是一个阶层的。同一个阶层的人往往可以更好地相互学习和交流。就像王八盯着绿豆，奔驰和宝马总能交上好朋友。为什么说大概率？如果你看过我写的《朝前》就知道很多人来读 MBA 的目的并不纯粹。有人来这儿是融资的，有人来这儿是找合伙人的，有人来这儿是找男朋友的。于是，你会发现很多人来这儿读书的钱是借的，贷款来的。所以我的理解是，你还是要让自己变得更强才能吸引更厉害的人，要不然你的身边也只能是一些小鱼小虾。

当然对我来说，我有一个天然的优势，就是我是个作家，就算遇到一些不靠谱的人我也能接受，这毕竟是我的创作源泉。但对你来说，你最好提前问一下招生班老师，你的同学大致是什么样的？商学院的特点往往是这样，中欧比较重视学术，在那儿读书的人往往都在做作业；北大比较在乎教师资源，徐绍峰他们都是北大的；清华五道口在乎的是实践；长江搞的是资源。所以对于你来说，你要想明白自己要什么。

第二，**商业思维**。当你身边的同学都在思考怎么搞钱的时候，你可能也会想："他们是怎么搞到钱的，我将来该怎么搞钱？"说实话，这种商业思维对我们这种普通家庭出身的人来说非常可贵。因为除非你家里有人从商，要不然你很难理解什么才是商业逻辑。我也是读完商学院之后才开始慢慢明白商业的本质，并逐渐意识到商业之美。但这儿也多说一句，一定要小心你所谓的同学。在 MBA 的圈子里，同学坑同学太正常了。常见的套路是有人带头弄个基金，大家来募资，然后你的钱就不知道跑哪儿去了。其实商业的本质是利润差，用低价买下来，用高价卖出去。商业无罪，有罪的是奸诈狡猾的人。要具备商业价值，同时要理解商人是怎么想的，要有商业思维，这一条非常重要。

第三，**提高学历**。如果你想要提高学历，记得去考试，MBA 跟硕士的学历可真的不一样。

第四，锻炼身体。我在商学院学会并且坚持得最好的事情就是锻炼。他们开玩笑说去商学院就是去体育学院，我觉得还真是这样。商学院的每年组织一场戈壁挑战赛，全国各地的商学院的学生都会去那里。我去的那一年长江还拿了冠军，所以你至少会有一次机会参加同学组织的跑步活动。请记住，一定要抓紧时间加入跑步活动，我就是在商学院参加了戈壁挑战赛、马拉松、斯巴达，爱上了锻炼。我有一个微软的同学，刚开始读书的时候，体重180斤，现在体重还不到120斤，每天可以跑30公里。他的朋友圈除了运动打卡就是运动打卡，有机会一定要让他跟大家分享一下他是怎么瘦下来的。我不知道他发的什么大愿，但他在40岁的年纪，人生真的好像得到了重生，这种重生是从内到外的。我的另一个朋友是教培行业的，失业之后一直没有找工作。后来读了商学院后天天跑步，也从150斤瘦到了120斤，还进了戈壁挑战队的A队。结果他在A队找到了自己的合伙人，跑完戈壁之后创业去了，我觉得很有意思。

第五，它能给你换一种思路。MBA有一件非常好玩的事就是你能接触到各行各业的小伙伴，这些行业你可能之前都没听过。比方说智能硬件，我根本没听过。但是只要我听到我不知道的领域的人去创业，或者他们的工作，我会做两件事：一是请他喝咖啡、喝酒，让他给我讲他这个行业的特点和有趣的事；二是去他公司做企业参访，了解他们公司的底层商业逻辑。这个对我自己的写作以及创业都有非常大的帮助。

因为长期在文化和内容行业是有自己的局限性的，而很多行业但凡闭门造车就容易被替代。比如胶卷行业，造着造着就被替代了。所以要去其他行业看一看。比方说前些时间我们同学组织大家去泸州老窖酒厂参观，我从头到尾地了解了酒厂的商业模型，给了我特别大的启发。还有同学是做直播的，我特意去杭州向他学习，了解他的商业模式，才有了我敢开直播写东西的先例。人最怕的就是不去打破自己的圈子，在自己熟悉的领域里生根一辈子。现在，互联网时代来了，一切皆有可能。

第六，主动找老师沟通。这是我的经验，MBA 的老师往往不能算老师，充其量算一些很好的朋友。所以不要太害怕和他们拉近距离，该加微信的加微信，该请吃饭的请吃饭。老师拥有的资源是你无法想象的，他们甚至可能成为你的合作伙伴。我们有一个老师，后来从长江辞职了，去给一个同学当基金的普通合伙人，因为资源广，所以他融资速度很快。他的有限合伙人几乎都是同学，现在基金规模有几百个亿了，还帮很多同学赚到了钱。

第七，相信自己，一切皆有可能。我们班一个女同学，深圳班的，每天都跟他们班的一个大哥混。后来这个女同学就去大哥的公司入职了，一个月好几万。

以上是我能给你的建议，希望对你有帮助。

✉ 第 63 封信：我的能力配不上老板给的工资怎么办？

肖木：　龙哥，你好。我从之前的公司跳到客户方，跳之前我是做私域操盘的，来这边也是做这一块。现在项目处于初期，还没到私域的量级，更多在做品牌策划、营销策划，这不是我所擅长的，但也在学。现在的困惑是，目前我做的感觉不大能匹配得上老板给我开的工资（比之前高了 50%），我要怎么去看待这个事情，求助。

李尚龙回信：

　　肖木，你好。

　　如果一个老板给你开的工资高于你的能力，不用多说，你要拼命进步了。要不然，当老板缓过劲儿来，第一时间就是拿下你。

　　其实，无论你是做私域操盘还是公域操盘，但凡是操盘，说明老板是很相信你的。怎么对得起老板的信任呢？答案只有一个，多为老板赚点钱。老板给你 1 万元，是希望你能给他赚到 10 万元，要不然，老板一想明白算个账你就要走了。不要觉得老板对你的好是理所当然的。

　　他们只不过是还没到看数字和数据的阶段。如果他们开始看数据，倒霉的就是你自己了。

我曾经有个助理，一个月给她开 1.5 万元，还有好多福利和奖金。就这样她跟了我一年多，结果我开始盘算成本的时候惊奇地发现，过去一年她没有给公司赚到一分钱。这就吓人了。于是，我就跟她聊，说她的工资是不是可以降低一点。结果她一会儿说自己不容易，一会儿说自己交不起房租。但没办法，职场就是职场，你没办法提供任何贡献和价值的时候，就是你要走的时候。于是，我给她赔付了"N+1"，让她走了，走之前她还在抱怨说我对她不好，开始我心里也挺内疚，后来一想，我没有啥对不起她的。半个月后，她因为找不到合适的工作，回了老家。

其实，这就是职场的残酷。你必须配得上你的工资，才能安全稳定，你必须让自己变强，才能对得起上司的信任。其实你不必觉得这样残忍，如果你的能力胜于你的工资的时候，你也会毫不犹豫地跳槽，不是吗？

在职场你能赚到多少钱，答案只有一个：你值这么多。既然老板觉得你值这么多，就一定不要辜负他。既然现在私域做不了，就想办法在品牌策划、营销策划上好好做文章。想想公司品牌如何扩大影响力，什么样的营销方案可以帮助公司更好地卖出产品？

在网上找找相应的课去听一下，在书店里找找类似的书看看，寻求牛人问一问品牌如何赋能，要去想办法知道自己不懂的事情。

总之，还是那句话，你赚不到认知以外的钱。

在职场就是这样，干一杯吧。

 第 64 封信：工作应该选择大城市还是 小城市？

匿名： 龙哥好，请问我是回家考公务员还是留在大城市继续发展？

李尚龙回信：

这位朋友，你好。

有句古话是这么说的，叫"父母在，不远游"。这句话的意思是说，父母在的时候不要跑太远。但很多人对这句话有误解，因为这句话后面还有一句话，叫"游必有方"，就是说你要去远方，告诉他们去哪儿就好，根本就没有说你哪儿都不要去，就在家好好待着。

我经常会有这样的感想，尤其当父母生病的时候，我会觉得：干吗呀？为什么我要出去啊？我不应该在自己的城市里面待着吗？说实话，我父亲刚检查出癌症的时候，我特别难过，甚至难过得不知道该怎么去选择。但没办法，有时候我们必须跟随父母的脚步，甚至包含父母的未来。你的设计必须是包含亲人未来的一种设计，这是我们的责任，也是我们的义务。所以，当时我就做了一件事，把父母接到身边来，停掉手上所有的工作，然后找医生陪父母看病。好在最后他的病被控制住了。

我讲这件事是要告诉你，每个人都会遇到这样的选择。不管你是去大城市还是去小城市，都要把父母的未来放在你的选择里。虽然会很累，但谁不是背了一大堆的责任走到了今天呢？

回到你的问题，刚刚进入职场，到底应该选择大城市还是小城市？

我来跟你分析一下。大城市肯定意味着更多机会，但也意味着更多困难，所以你的担心是有必要的。比方说你会遇到高房价、高竞争力、快节奏生活和高生活成本，但同时你也能享受最好的社会资源、更高的工资和更高大上的人脉圈子。而中国的未来，城市化是必然趋势，大城市是资源聚集处，所以你在大城市会有很多机会接触到最好的资源。但是，在小城市，你可能需要找到很多人才能接触到核心资源。

根据我国一家招聘平台的统计，2021 年北京跟上海的月平均工资是 13000 多元。但你往东北去，长春跟沈阳的平均工资只有 7000 元。你不管是做医生、教师、工程师还是服务员，大城市的工资就是比小城市要高。现在的趋势也是一样的。有趣的是，根据这些年的一些统计数据显示，很多小城市的消费能力一点儿也不比大城市低。在美国也是这样，一个在旧金山工作的电脑专家，他的年薪是 13 万美元，比在波士顿、纽约或者华盛顿要高出 20% 到 40%。我们举一个例子，在旧金山工作的理发师比在底特律的同行多挣 40%。

所以，我的建议是人年轻的时候应该出去转一转，无论父母是不是病了。一旦你在大城市上了轨道，说不定你的生活会更容易。因为人越往上爬，确实生活越容易。但如果你只想过一个普通人的生活，不想接受那么多的挑战，也不想奋斗。没关系，那就去小城市，结婚，生孩子，找一份靠谱的工作都没问题。因为大多数人都是这样生活的。问题是，为什么你不能成为那个少数人呢？为什么不试

试看呢？

　　另外一个有趣的数据是，曾经口口声声喊着要逃离北上广的人，很多又回来了。因为当你适应大城市的节奏、生活和规则的时候，你很难在小城市继续生活下去。所以，人生至少要有一次机会去一趟大城市，哪怕最后失败了，回来了，至少不后悔。你至少带来了远见和智慧，看到了不一样的生活，哪怕最后又回到了小城市，你也是以一个更新的状态回到了自己的家乡。

　　小城市跟大城市还有一个非常重要的东西不一样，叫"事业上的时差"。什么叫事业上的时差？在北上广深创业特别火的项目要下沉到二、三线城市，可能需要一到两年，再往下沉可能需要更长时间。这或许是你的机会，你这个时候回家已经不再是带着过去的自己回家，而是带着一个崭新的自己回家。所以还是建议你先去大城市。因为去了大城市，你见世面多了，长见识了，然后去中小城市能找到机会，这是一条特别好的路。何况万一你留在大城市了呢？

　　对于那些从小就生长在大城市的同学来说，你不妨尝试一下去小城市、农村生活一段时间。身在一线城市，你可能并不了解真实的中国。如果你未来的舞台是全中国甚至全世界，你一定要明白小城市的生活是什么，小镇的生活是什么。只有这样，你才能明白最基层的中国、最真实的中国。很多人惊讶地说："李尚龙，你写文章好共情啊，看完之后觉得完全就是我自己啊。"因为我去农村支过教，做过公益，当过兵，去过最边远的山区，去过最基层的部队，见过最苦的人。所以，很多人说我的文章共情能力特别强，是因为我真的经历过这些，才能写出大家喜欢的东西。

　　我在北京待一段时间，就会去别的城市待上几天。比方说2022年的国庆，我去西安待两天，见到了很多我本来不会见到或者是见不到的人。这段经历帮助我创作，帮助我了解基层的需求，也帮助我更好地去从事其他行业。

2022 年直播行业非常火，在二、三线城市可能马上会迎来一批机会。比方说我的一个好朋友，行动派的创始人，他刚离开待了很久的深圳，一个人来到了贵州。然后，当地政府给他批了一块地，他天天直播卖农产品。他直播了半年，卖了好几百万元。我听完都吓坏了，说："怎么会卖这么多？"他说："你在哪儿卖不是卖，还不如退了深圳的房子，去偏远的山区给大家卖东西。"

在可预见的未来里，你能看到三、四线城市，甚至是更偏僻的地方，有很多人不用付高额的房租，不用雇用更多的人，就可以把直播搞起来，未来这可能是一个方向。但我不太确定这个风口还能持续多久，扯远了，只希望对你有启发。

✉ 第65封信：怎么才能不熬夜？

雨然同学：龙哥好。我今年26岁了，熬夜十几年，总觉得不熬夜，晚上的时间就浪费了。现在经常半夜一两点睡，即使第二天七点就要起床，精神恍惚，晚上依然熬夜玩手机。有时太困，后悔没有早睡。但周末补完一觉又开始熬夜，休息日会熬得更晚，然后睡到中午。我知道熬夜对身体不好，就强迫自己早睡，但没坚持下来，反而逼迫自己越熬越晚。实在不知道该如何才能不成为一个夜猫子了。

李尚龙回信：

雨然同学，你好。我的建议来自一本我们读书会经常推荐的书，叫《斯坦福高效睡眠法》。我给你列个清单，希望对你有用。

第一，不要管睡多久，要关注第一个睡眠周期。睡眠质量是由睡眠初期的90分钟决定的，而不是取决于快动眼睡眠、非快动眼睡眠的周期。只要最初90分钟的睡眠质量得到了保证，剩余时间的睡眠质量也会相应地变得更好。相反，如果在最初的睡眠阶段就不顺利的话，无论睡多久，自律神经都会失调。而支持白天活动的激素分泌也会变得极其混乱。可以说，即使你忙到没有时间，哪怕你熬夜或者你要加班、站夜岗，只要你能在最初的90分钟里有一个良好的深度的睡眠，就能实现最佳的睡眠。

第二，最好能有 7 个小时。2002 年在美国癌症协会的协助下，圣地亚哥大学的一个教授进行了一项 100 万人的规模调查。结果显示，美国人的平均睡眠时间是 7.5 个小时，六年之后又对这 100 万人进行了跟踪。结果显示，睡眠时间接近平均 7 个小时的人，其死亡率是最低的。以他们的睡眠时间为基础，比这个时间短或者长的人，其死亡率都要高出 1.3 倍。

第三，用鼻子呼吸。明明睡了觉，但又很困，我不知道你是不是这样的人？如果你是这样的人，最好在起床时有意识地用鼻子呼气、吸气，白天也要有意识地用鼻子呼气、吸气，也就是用腹式呼吸。在此基础上，每天睡前通过深呼吸让交感神经趋于平静，同时让副交感神经占据主导位置。当你习惯了腹式呼吸，睡眠过程就不再习惯用嘴巴呼吸，还可能解决你打呼噜的问题。

第四，入睡前 90 分钟沐浴。最好在睡觉前洗个热水澡。假设你在夜里 12 点整睡觉的话，你可以仿照下面这个流程来做。比方说你在 22：00 点沐浴，在澡堂子里或者澡盆里泡上 15 分钟，体表的温度和体内的温度都会升高。然后 22：30 沐浴完毕，这个时候体表温度可能上升 0.8~1.2℃，而体内的温度上升了 0.5℃。这个时候开始通过出汗的方式释放热量。到了夜里 12 点的时候，通过热量的释放让体内温度恢复到之前的水平，甚至开始进一步的降低。此时就应当上床睡觉了。而在 0：10 进入睡眠状态。为什么会这样？因为当你体表的温度和体内的温度差距缩小到 2℃左右，你是非常容易入睡的。

第五，足浴也有着惊人的散热能力。我们前面提过，如果没有时间的话，你可以放弃泡澡，选择淋浴。当然比淋浴更快的方法就

是足浴，洗个脚就能让你很好地入睡。

第六，强化体温效果的室温调节。什么叫体温效果的室温调节？现在很多房子是恒温的，这个非常有助于睡眠，你甚至可以用荞麦壳的枕头，能够镇静安神，效果也很好。这里顺便对枕头的高度进行一个说明，考虑到呼吸道通畅的问题，最好选矮一点的枕头，不要睡很高的枕头，容易对颈椎产生损害。

第七，单调法则。大家发现没有，在高速公路开车的时候特别容易犯困，而原因之一就是你眼前的风景一成不变。比起那种很想让人知道这个杀人犯是谁的推理小说，你最好看一些无聊的书，比方说你看不懂的《百年孤独》《瓦尔登湖》等等。建议睡前不要刷短视频，因为有些短视频着实令人着迷。

第八，数羊的方法。很多人觉得数羊是一种古老的催眠方法。但无论是中文还是日语，数羊都是错的。因为一只羊、两只羊，这个羊来自英文中的"sheep"。"sheep"这个词跟"sleep"是一样的，所以很多人读"sheep"的时候就感觉像听"sleep"。"sleep"就暗示你，该睡觉。但这个时候你会发现，你用中文数羊好像不太能够睡得着。有些人越数越乱，数到最后根本不知道自己数到多少只了。如果你真的要数羊，英语又不是太好，我的建议是你干脆用"一滴水、两滴水……"的方式数起来，因为"水"跟"睡"是谐音，可以帮助你更好地入睡。

第九，很多人以为不吃晚饭更容易睡着。恰恰相反，很多人减肥，不吃晚饭是错的。一定要吃晚饭，因为很多人不吃晚饭，到深夜饿得睡不着的时候又爬起来吃夜宵，那比吃晚饭还可怕。为了让晚上睡得很舒服，晚饭的时候你可以吃一些降低体内温度的食品，像冰镇西红柿、冰镇西瓜就很好。比方说，当你吃了一些寒性的冰镇西红柿、冰镇西瓜的话，你体内的温度一下降低，产生了温差，身体自然就会把你调成一种睡眠状态。

第十，适量饮酒。这条大家可以尝试着用，不一定适合每个人。饮酒也有助于黄金睡眠。为了实现优质的睡眠，建议饮酒量一定要少。因为酒和安眠药其实是一样的成分，只需要少量的饮用就可以让自己入睡，而且也能确保睡眠的质量。

这里说的少量是指酒精的度数。虽然量的多少由体重来决定，但折合成日本清酒的话，一般也就是 100ml 到 150ml。睡前 100 分钟喝 100ml 的酒有助于睡眠，而且也不会妨碍到第二天的状态。我个人建议，有条件的可以在睡前 2~3 个小时喝上一杯红酒，效果特别好。

以上十条希望对你有帮助，也可以帮助你少熬夜，早入睡。

✉ 第 66 封信：职场里，一无是处怎么办？

问号：龙哥，你好。我是护理专业研三的学生，目前没有什么好的科研成果。感情也不顺利，男朋友劈腿了，七年的感情就这么说毁就毁了。马上面临找工作，去学校吧，没有竞争力，觉得自己太差了；去医院吧，不喜欢那样的环境，而且当初考研就是为了能够摆脱医院的环境。这三年，一遍一遍地质疑自己，很迷茫，也很无助，不知道何去何从。现在快要毕业了，您能给我一些建议吗？

李尚龙回信：

问号，你好。我曾经跟你一样，也觉得自己一无是处，甚至觉得自己废了，也经常在北京的深夜抹眼泪。我之所以抹眼泪，除了对未来迷茫，还有对自己的痛恨。为什么那个有钱的人不是我啊？为什么那个有成就的人不是我啊？为什么女朋友这么对我啊？为什么这个世界上所有不顺的经历都发生在我身上？哎，不能再想了，再想我都要抑郁了。

人有个特点，越想什么事，越来什么事，这也是很多人说的吸引力法则。如果你看过《当下的启蒙》那本书，你就知道人还有一个特点：喜欢总结并且收集坏信息的习惯。比方说今天摔了一跤，你就会把今天看到的某条新闻，过去某件相似的事放到一起来证明：
"你看，我确实很倒霉吧。"其实现实生活并不像你想得那么糟糕，
它还有一些非常好的特点，看看我给你列的清单吧。

第一，拆开自己的情绪。发生在身上的这么多不好的事，是一起
来的，还是一件接着一件来的。比如你的问题里，男朋友劈腿和对
未来迷茫应该是两件事。男朋友劈腿可能是因为两个人在一起七年
了，感情淡了。当感情淡的时候，我们应该有感情淡的处理方式。
对未来迷茫，是因为你在学校待太久，信息闭塞，加上大环境不好，
你不太好找工作。当你把不好的事情拆开以后，是不是不好的情绪
也可以拆开了？就事论事地看问题，这样就不会有宿命论的感觉了。

第二，每天做记录、复盘。你回想一下自己是怎么走到今天的，
然后从现在开始记录自己每天做了什么，哪些动作是完全没必要的，
哪些行为是浪费时间的，哪些事情是可以第二天继续的，哪些事情
是可以精进的。越是迷茫的日子，越不要让自己像无头苍蝇一样乱窜，
要计划每一天。你怎么计划一天，就怎么计划自己的一生。

第三，你要有目的性的学习。我不认为有目的性的学习很可耻，
反而觉得有目的的学习可以提高效率。比方说你从 2020 年就开始跟
我的读书会，但还是觉得自己什么也不会，你有没有想过你跟读书
会的目的是什么？如果没有，说明你跟读书会只是为了消遣时光。
从现在开始，你试着确定一个目的，比方说也开一个账号，无论是
视频、音频，还是文字的形式，你都可以把这些听到的书输出出去。
自己做一个账号，做一个知识博主，把自己学到的东西结合自己的
想法讲给其他的朋友听。长期坚持下去，这些东西也能变现。变现
之后，你的动力是不是就多了很多？

第四，停止思考一切负面的想法。一旦你感觉自己的情绪糟糕，

感觉自己一无是处，请赶紧停止这种思考，让自己积极起来。你可以试试多听两遍我们这个专栏，因为它真的带有能量。或是去跑个步，让自己的多巴胺分泌起来。有时候你特别不顺的时候，并不是你做得不好，而是你想得不积极。斯坦福大学曾经做过一个很有趣的实验，他们在快饿死的猴子脑袋里植入一个能让它分泌多巴胺的电击装置。猴子竟然高兴了起来，你要知道它可是快要饿死了。从这个角度来说，人类跟猴子没有太大的区别。你有时候真得学会做一个阿Q，因为无论你高兴还是难过都是一天。而一个高兴的人做事效率就是高，运气也会随之而来。

第五，别觉得自己对不起谁，你的奋斗只和自己有关。你知道乌龟为什么走得慢吗？因为它背上驮着一个巨大的壳。你知道有的人为什么走得慢吗？因为他背后驮着一个巨大的责任。有些人驮的是父母，有些人驮的是自己负的债，有些人驮的是巨大的责任感。《约翰·克利斯朵夫》这本书里讲，每个人都驮着自己的耶稣。据我长期观察，那些背负太多的人往往在这个世界上跑不起来，因为压力太大，所以走得慢，而且容易让自己崩溃。所以对你来说，不要觉得自己对不起谁，你无论是成功还是失败，都是自己和自己的约定。如果赚到了钱，带父母吃点儿好的，出去旅个游；如果没赚到钱，多回去看看他们，也能让他们高兴点儿。父母也是成年人，也有自己的生活方式，也能自己照顾自己，这一点谁也不欠谁的。

第六，不要为了任何人去做自己终身的决定。这一条送给每个女孩子，记得不要为了任何人（尤其是男人）做决定，尤其不要为了一个男人去换一个城市生活。除非你在那座城市能有自己的工作和社交圈，要不然你就是在考验那个男人的道德底线。如果你什么都没有，只是一腔热血到了他的城市，就意味着他怎么对你都可以。记住，你做的一切决定只能和自己有关，你才是生活的主宰者啊！

✉ 第 67 封信：女生面对职场歧视怎么办？

超越： 龙哥好。女生面对职场歧视该怎么办？很多公司不招 26 岁左右的女生，即使那些女生很优秀，也很难找到工作。因为这个年龄段的女生可能要结婚生子，公司担心会面临损失。这种情况怎么办呢？难道她们只有考编制、结婚或不婚这几条路吗？

李尚龙回信：

超越，你好。从历史的长河来看，女性一直都在遇到不同的歧视。直到 20 世纪中叶，伟大的思想家波伏娃写下不朽的名篇《第二性》，女性才逐渐意识到不公平，才意识到原来还有第一性，所以才有第二性。与此同时，在遥远的东方也诞生了这样一首歌，叫《谁说女子不如男》。从性别歧视方面来说，女性确实应该愤怒，因为从工作能力来看，很多女性表现得并不比男性差，从某些方面来说，女性甚至比男性更强。

在互联网行业，许多运营岗位，女孩子做得就是比男孩子好。不要问我为什么，我们恨不得这个岗位只招女孩子。说到职场公平，我们确实需要法律层面的平等。1996 年，美国同酬委员会将每年 4 月的某一天作为"同工同酬日"。之所以要定这个日子，是因为女

性在职场里确实遇到了太大的麻烦。

在此之前，男性工作一年能赚到的薪水，女性需要不断工作到第二年的某一天，薪水才能跟男性持平。为了让这样的歧视不再继续，美国把这一天定为"同工同酬日"。根据 2014 年的一项薪资调查，中国台湾的女性至少须多工作 55 天才能赚到和男同事一样的薪水。中东国家的情况就更糟糕了，比方说以色列，很多大学里的女性比例是远远超过男性的，但在很多公众领域，比方说像宗教、科学这样的领域，女性的平均工资就是低于男性。我们现在没有这样的数据，但我们现在看到的很多领域，尤其是赚钱的领域，女性确实比较少。比方说程序员、企业家、投资人、金融从业者等高薪行业，女性比男性少太多了。

好了，千万不要愤怒，我们冷静地看一看这到底是什么原因。难道每一个这样的老板在招聘的时候都会写"我是厌女症，所有女的来，我都给一半的工资"吗？如果是这样子的话，假设这个女的能力特别强，那她一定会去他们的竞争对手那边工作，这样一来，损失的钱不就更多吗？我们要去理解背后的逻辑。这个专栏更新到今天，我们已经更新了一大半了。你应该知道，我们不要总是以道德评判，要去思考行为背后的逻辑，所有看不惯的事情背后一定有自己的逻辑。还是那句话，这个时代的生存法则就是六个字：看不惯、想得通。

我们讲过一个法则，当一个问题没办法想明白，最好从经济学的角度去看一看。假设你是个企业家，你会不会问这样的问题："你接下来要不要结婚？要不要生孩子啊？"我想你也会问。因为就算再优秀的女孩子也要考虑这个问题，生孩子的过程会让女孩子感觉到巨大的不适，而且还有好几个月是没办法工作的。如果从企业的角度来看，这些是成本。

按照国家《劳动法》规定，企业必须给女性放产假。公司一边要付工资，一边还要承担国家要求的五险一金。这些都是由公司承担的，所以人力资源就开始核算成本了。所以很多公司不招26岁左右的适婚女性，是有原因的。

但是，也有例外，就是你的个人能力特别强。我就见过一个这样的女孩子，26岁，没有任何人问她这个问题，因为她是中科院的博士。26岁博士毕业，你就说谁不抢着要吧。你爱结婚不结婚，你爱生孩子就生孩子，我要你来公司发光发热，我要保护你到天荒地老。谁叫你是人才呢？21世纪最缺的是什么？人才啊！

其实，你也别太难过，一个男的过了40岁也不会很好，也要被问东问西。你要明白一个道理，群体和环境无论遇到什么固化，个体永远是自由的。也请你记住一件事：无论环境怎么变化，永远不要做分母，要做分子。所以我总是跟一些特别愿意强调女性群体的小伙伴说，你们不要总是说这个女人怎么样怎么样，你首先是个人，其次才是个女人。你先是个个体，才能融入群体。

我身边有好多女性，比方说我姐，她两个孩子，也在北京一家大公司拿着丰厚的年薪。她们也在平衡家庭和工作的关系，她们也在忍受职场的不公平，但她们就能做得很好。她们虽然理解职场的不公平，但她们尽自己努力做到最好。请记住，每个人都可以做得不同，可以表现得不同，也可以和领导谈得不同。

你试想一下，假设你所会的技能是独一无二的，你有的资源是独一无二的，你把自己活成了独一无二。你有一技之长，就不可替代。在职场的谈判桌上，你谈判的筹码就会越来越大。人最终还是要自己厉害，才能在这个时代拥有更多的选择权。多说一句，女性应该

更主动地去谈判薪酬，更主动地去争取加薪。既然知道职场容易出现性别的薪资歧视，女性再不主动一点，激进一点，就很容易吃亏。

找工作其实是一个谈判的过程，公司确实有章程，但你也要有自己的筹码，你的筹码就是你的强项和你的不可替代性。

最后问你自己：你掌握了不可替代的技能了吗？

✉ 第 68 封信：怎么利用空余时间？

Worship：龙哥，您好。我是一个步入社会六年的打工人，在空闲的时间会去阅读您的书。从中知道了很多关于如何改变自己的方法，但是下班后的时间我始终不能坚持学习一项技能，因为我还是达不到理想中的自律。每天也会反思自己到 30 岁的时候，是不是还是现在的处境。您说过，下班后的生活决定了一个人未来生活的高度。我尝试着逼迫自己做点什么，可还是没有思路。

李尚龙回信：

Worship，你好。我们这一代人可能没有办法像我们的父辈那样告别手机或者告别电子社交软件了。聪明的人有一个特点，他们知道自己无法离开社交软件，就控制自己使用社交软件的时间。

对我来说，每天要处理大量的工作，手机里信息非常多，但是我不会让手机控制我。我会在固定时间处理海量信息，其余的时间我不会去碰它。比方说我在看书，我在写作的时候，我绝对不会花很多的时间去看手机。直到今天，有很多人给我打电话基本上没打通过，因为我会在合适的时间统一回复他们。这样一来，我的效率会很高，他们也会养成尊重我的作息的好习惯。你所有的朋友、家

人其实都需要培养，你要告诉他们：我的电话可能打不通，你需要在我舒服的一个时间跟我沟通。

　　所谓自律，就是这件事并不需要太多的意志力，因为一旦你牵扯了太多的意志力，就很容易坚持不下去。比方说你今天听了一场热血沸腾的演讲，你决定学六个小时的英文。可如果第二天这个劲儿下去了，你就不想学了，你的意志力并不能陪你走得更远。你还不如用一套方法去避免诱惑，养成习惯。比方说你回到家确实很累，这个时候你特别想看个综艺节目，特别想吃一顿大餐。你可以尝试在你刚进门的时候贴一张纸条，上面写着你今天要完成什么任务，把今天的任务放在最明显的地方。再比方说你一进门，鞋柜旁可以放一个小兜，提醒自己把手机放进，然后告诉自己，工作完成之后才能拿出来看一看。比方说你在最显眼在床头柜上放上一周的学习计划，完成之后奖励自己看看自己喜欢的球赛、电视剧。你会发现，正向反馈特别好。

　　人这一生看似在跟无数的诱惑对抗，比方说玩具、游戏、社交软件，其实最后都是跟自己对抗。如果一个人从来不看综艺，不玩耍，也没有任何娱乐活动，那他一定活得很孤独，也很无聊。所以，面对那些分散你精力的诱惑，你要做的不是抵制它们，而是强大到可以控制住自己才行。比方说我经常刷短视频，经常是一刷一个小时没了，半天也突然没了，那种感觉真的是非常糟糕。为什么会觉得糟糕呢？因为时间就这样不知不觉地流走了，它去哪儿了呢？于是，我很快找到一些方法来对抗自己的懒惰。比方说我在刷短视频之前给自己定个闹铃，一旦闹铃响了，马上放下手机。然后，我会提醒自己是时候该做点儿事了。

　　每个人都有每个人的活法，我不觉得自己的这种自律比其他人高尚多少，但这是我喜欢的。我和你一样，20多岁的时候希望30岁的时候能过上不一样的生活。不用每天都像20多岁的某一个节骨眼一样没有进步，无限循环。感觉就是在穷忙着，好像并没有去思考自己该往什么地方走，该往什么方向奔，该往什么高度爬。所以，我选择了在下班之后自律。

我坚持打磨了一技之长，我用间隙的时间去学好英语，后来成为一名英语老师。我讲课讲得还不错，至少维持了温饱。我用下班的时间去练习写作，然后现在每年至少可以出一本书，有一点不错的稿费。我用空闲的时间去上了MBA，去做自己的企业，飞驰也养了将近100号人，他们也可以靠自己去生活。

人这一生的轨迹，其实都有因果关系。你坚持了一件事，就会有好的回报。你放弃了升华，生活就会给你平庸。当然，我并不是觉得平庸不好，而是我相信平庸并不是你们所选择的。

放弃了就别抱怨，坚持了就勇往直前。生活就是如此，希望你在30岁那年成为自己想成为的样子，就像我非常期待我40岁的时候也可以活成自己想成为的模样。

✉ 第69封信：职场里好的思维模式是什么？

flora：龙哥好。我明白行为和思维会互相影响，有想法就会去做；
同样地，怎样做也会影响思维模式，比如说话的方式、走路
的姿势、脸部表情等等。那么，该怎么训练自己的思维和行
为呢？

李尚龙回信：

flora，你好。

踏入职场多年，我明白了一件很重要的事，就是你什么都可以不
信，但绝对不能不信因果。你认真准备考试，你的考试成绩就会有所
提高。你认真去追寻一个梦想，那个理想就会离你越来越近。你深爱
过一个人，你就会更加明白爱的意义。请注意，这并不是那种简单
的"善有善报，恶有恶报"的因果论。而是你的思维真的决定你的
行为，你的行为真的决定你的习惯，你的习惯真的会改变你的命运。
这一切存在于你的思维里。源于思维，终于思维。所以，你不必在意
什么走路的姿势、脸部表情，它们不会影响你的思维和行为。

你的思维的每一个细节，其实都会体现在你的生活里，无论是
好的还是坏的。我经常跟我的学生讲："命好不如习惯好。"优秀
是能养成习惯的，同时，不优秀也会变成习惯。

简单来说，你正向面对生活，生活就会正向面对你。你整天负面情绪爆棚，充满抱怨地面对生活，生活也一定会回复你抱怨。我们不能一味歌颂生活有多美好，但至少我们可以选择乐观地对待生活。比方说你今天遇到了一个特别难过去的事情，可能你都快窒息了、崩溃了，觉得自己的人生就要完蛋了，也请你一定要积极点。因为任何事情都有好的一面，任何惨痛也都有它的意义。老天能让你经历的事情都是你该经历的，如果你真的扛不住，老天是绝对不会让你有机会碰到这样的事情。只是现阶段你不清楚，等到有一天，故事结束了你就会知道，嘻，以前那些事算什么呀。在时间的长河里，除了生死都是小事。

人啊，特别容易悲观，而且很容易把很多不好的事情做一系列的总结。有一段时间我的生活糟糕透了，觉得所有的坏事都发生在我身上，每天充满负能量。我越这么想，每天越沮丧，越多的麻烦事儿接踵而至。我觉得怎么沮丧成这样，然后就变得更沮丧。那段时间我经常对着天抱怨：我为什么工作、爱情、生活都这么不如意呢？那时，我刚从新东方辞职，自己出来创业，几个合伙人累到找不着北。情绪低落不说，女朋友还把我甩了。没过几天我自己还大病一场，考驾照科目二竟然还挂科了。科目二实在太让我痛苦了。又过了几天，我开始胡乱总结，我说连身体都欺负我，科目二都欺负我，我还有什么希望啊？可是，慢慢地我明白了，你只有努力让自己变得更好，才能拥有更多的机会。

现在回想起来，那段日子根本不像我想的那么黑暗，反而还有很多好事。比如第一家出版社出版了我的书《你只是看起来很努力》，我还遇到了一个非常不错的姑娘。但当时被那种负面的情绪压住了，所以好事就都淡忘了。人就是这样，特别喜欢把灾难的事情放大，然后把很多坏事放在一起做个总结，胡乱归因。比方说，"今年是

我的本命年，我运气不好"。然后为了证明自己的命不好，找到各种各样奇奇怪怪的理由。比方说最近水逆，比方说我是什么星座，这段时间就是不怎么样。可是这些理由并不客观。

很多人说自己不成功，是因为时运不佳，其实不是。休谟曾经说过："习惯是人生的最佳之道。"我曾经推荐过一本书，叫《富有的习惯》，书里说习惯就是运气的母亲，一个好的习惯总能给人带来好运气。不要去羡慕那些说自己运气很好的人，其实很有可能是他们有一些好习惯，只是他们自己还没有察觉到而已。

2022 年，我的一个朋友的公司倒闭了。当年他们公司在业内可是数得着的公司，很多优秀的影视剧都是他们拍的。可是，连续三部戏的投资没有回本，公司就面临清算了。破产前夕，员工的工资已经四个月没发了，催债的每天堵在门口等他。最后，他实在没办法，遣散员工的时候被迫成了老赖。我是亲眼看着他的胡子一天比一天长，鼻毛也好长时间没有剪过，整个人颓废极了。有时候我又在想，谁让你选择了创业？这确实是一件烧钱的事，但事情并不像我们想得那么简单。他接下来的官司一件接一件，他先是被员工起诉，然后被法院传唤，还有几个员工变卖了公司的电脑，抵扣了自己的薪水，电话响个不停。我在写这篇文章的时候，他应该还没有走出谷底，但这并不是我想说的。我想说的是，未来的某一天他一定还会东山再起。你知道为什么吗？因为那天我陪他到深夜，他说了一句话："不会比现在更糟了，对吗，尚龙？"我说："是的。"他又说了一句话："其实我很知足，我比大多数人过得都要好，至少我现在能呼吸到新鲜空气，对吗？"那一刻，我有一种说不出的感觉。我真切希望他能走出来，相信他也一定能走出来。

我在写这篇文章的时候给他发了个信息，他正在往外走，因为有这种心态的人不会不成事儿。希望你也是这样的人。

✉ 第 70 封信：人在低谷期，应该怎么办？

晶晶： 龙哥，我正在低谷期，您有什么建议吗？

李尚龙回信：

你好，晶晶。我有这么几个启发送给每一个正在低谷期的你。

第一，请你相信一切都会停下来。

前些时间我发烧了，这是我发烧之前没有想过的。我以为自己的健康是惯例的，是正常的，是理所当然的。所以当天晚上我还安排了好几个局，谁想到一下子就叫停了。我记得当时我看了一部电影，里面的主人公刚有一点梦想，突然就死了。就像《被嫌弃的松子的一生》，松子的生活刚刚有了起色，人就被迫走了。后来我慢慢明白，生活比梦想更残酷。有时候你想做点什么的时候，身体突然废了，好像老天根本不想你开这个口。你永远不知道明天跟意外哪个先来。所以一定要记住，没有什么是一成不变的，要拥抱变化，要承认这个世界的不可控。你现在在低谷，以后一定会迎来高峰。

发烧当天晚上我还觉得自己能够继续聚会，因为当天晚上有一个很好的朋友从上海特意飞过来跟我见面，我们约了好久。我想能不能坚持一会儿，跟他聊一聊。但是，最终还是没有扛住。我突然意识到一切都会停下来，其中包括生命。这么一想，我更加珍惜现

在的生活。

第二，你不是万能的，要接受变化。

这次生病我想过原因，一是累倒了，二是我过度地保护自己。你可能觉得很奇怪，什么叫过度地保护自己？我两年多没病是因为每天都在跑步，而这次生病却是跑步跑出来的。那天我看了一下行程，突然发现当天根本没有时间跑步。可是，多年养成的习惯，每天不跑步就觉得身体不舒服，于是我决定从家跑到公司。我算了一下时间，然后跑了起来。跑的时候还觉得很开心，一去公司浑身都是汗，马上被按着开了一个小时的会，空调一吹，发烧了。

我是个很自信的人。我认为自己完全有能力控制自己的一切。病了之后才发现，我一个字也写不出来，一本书也读不下去，最重要的是我连走路都觉得费劲，睡也睡不着，扛到大半夜又困又累还是睡不着。我才知道我不是万能的，还是要尊重身体的规律。因为身体是灵魂的载体，没有身体，一切都是白搭。重要的是，我也不是万能的。有时候，你要允许那些不确定的事情发生在你的身上，接受那些变化，同时控制可以控制的，并不断去调整。

第三，你要学会适当地远离手机。

我的建议是，越是低谷期越不要去刷朋友圈。因为通过刷别人的朋友圈，会给你带来更多的焦虑。在此之前，我已经很久没有睡到早上11点了，生病之后，手机压根儿就不看，关了，然后一次性睡到早上11点。我已经很久没关过手机了，因为自从有了手机，时时刻刻都有业务。我恨不得多买几个手机，多搞几个微信去工作。后来发现，长时间盯着手机真的会让自己越来越累。我睡到11点之后起来做了顿饭，喝了杯水。然后接下来，我继续睡了。

连着三天的休息给了我很多反思的机会，让我明白，很多忙碌是无效的，没有意义的。三天没拿手机，公司也没垮，世界还在转。我们总需要一些时间让自己彻底远离手机，走出城市的高楼大厦和灯红酒绿，回到内心深处的安宁和大自然接触，这才是休息的真正意义。有时候因为人太忙了，反而没办法站在更高的角度去思考。你要去中断一下忙得要死的节奏，多思考，多想世界会是怎样的。

第四，我认为这条最重要，就是在低谷期反思要彻底。

我生病的时候发了条朋友圈，我说我病了，我的意思是让大家别给我发信息了。然而有些兄弟跟我说："尚龙，你要多锻炼啊。"我当时就服了，我说："我天天锻炼，还用你们这些人说啊。"每个人看到一个人病了的时候，第一反应就是劝对方多锻炼，可是我确实在锻炼。当然，我想到另外一件事，就是这种反思都是相对的，从来不彻底。我跟一个朋友讲，我说我跑步之后感冒，然后朋友就笑了一下，说那你别跑步了。然后我又服了。你看我们有多少人都喜欢用笼统的方式去复盘一个复杂的错误。做个题你问他为什么错了，他说他粗心。他生活得一塌糊涂，他说是自己命不好。你问他为什么工作失败，他说老板针对他。你看，你从来没有把一件事情彻底复盘。反思不彻底，下次还要继续倒霉。我的反思就是不仅要跑步，还要继续坚持跑，但下次跑完步要带身衣服，就这么一个小小的细节，就是彻底的反思。

第五，低谷期请相信未来会越来越好。

这次生病，我康复得很快，也没咋吃药，最主要的原因，一是我在生病的时候坚持吃饭、喝水，二是在低谷期坚持运动、读书。你别小看这一条，因为发烧的时候真的啥也不想吃，觉得算了，毁灭吧。为了病好得快点，我无论多痛苦都要从床上走下来，提醒自己"你要吃一口饭，你要喝一口水"。在低谷期保持对生活的热忱，

就是从吃好一顿饭开始。后来我也明白了，我的底层逻辑从来没有变过，就是坚信未来会越来越好。你就算傻傻地相信，也要明白未来真的会越来越好。所有正在低谷期的人，一旦放弃了对这件事情的执念，接下来将会遇到很大的麻烦。

　　说实话，这样的想法在高光时刻没什么，因为在高光时刻，你觉得全世界都是你的，你做什么都是对的，你有无限的能量。但在低谷期，一个人的能力格外难得。对我来说，我在发烧 39 摄氏度的时候都告诉自己，无论如何我先吃好睡好，病一定会好的，总能过去。我觉得这也是一种难得。对你来说，无论生活遇到什么，坚持读书，坚持创作、写作，坚持记录，坚持运动，总会过去的。

　　未来会更好，永远都是这样。

✉ 第 71 封信：无论多难，都要记得微笑

ZZ： 龙哥好。你遇到过难事吗？你怎么解决的？

李尚龙回信：

ZZ，你好。

我当然遇到过难事，但无论遇到什么，都要记住四个字——"厚积薄发"。越是让自己痛苦的事情，越是能让自己成长的阶梯。跨过它，你就能看到更广阔的世界。要相信，老天让你经历的所有事情都是你可以扛住的，要不然老天不会让你遇到。

这些年我总是会安排一些连麦，每次连麦的第一位从来没变过。前些日子连线的第一位还是我的老朋友、我的合作伙伴——石雷鹏老师。我们约在晚上 8 点，结果这个家伙突然告诉我，他还有一节课没有上，9 点才能下播。我当时就疯了，因为我已经开播了。我只好自己一个人尬聊了一个小时，等到 9:12 的时候，石雷鹏才姗姗来迟，进入我的直播间。

说实话，我已经很久没看到他了，所以我们一连上麦，我就看到他所剩不多的秀发了，他也真的是好累呀。我们分道扬镳后，他去了橙啦，我创立了飞驰，加上很久没见，我们就聊起来了。两个人一聊起来，好像忘了是在直播，还有好多人在围观，真是啥都说，

253

谁也没想到这个时候 Allen 也在直播间。就这样，我们三个人发起了连麦，接着我发现赵捷老师也没走，还在橙啦加班，我把她也拉了进来。然后是 Vivian 听到自己老公没睡，也走进了镜头里。就这样，"考虫"几个大将因为一本叫《朝前》的书又聚集在了一起。那天我们直播到晚上快 11 点，如果不是因为最近状态不太好，我能聊到半夜 12 点。到了晚上 10:30 左右，我已经不想说话了，因为大家说的每一句话我都有一些泪目，那都是回不去的青春了。

有些事情、有些人其实就是回不去了。说实话，每次刷到石雷鹏老师的英语直播，我都有点儿嫉妒，因为我开始怀念在讲台上的时光。那些在讲台上挥斥方遒的日子，曾经是我的整个青春。好在还能回得去，我已经开始着手准备这一年的年度英文课了。我在这里官宣一下，2023 年无论多么艰难，我都会陪大家读完至少三本原著，陪大家背下来 8000 ~ 10000 个单词。

那天的连麦我深有感触的原因是，大家经历了这么多还能在一起谈笑，聊到过去的事情，总能想起那时懵懂的青春，真不容易。这一年我见了很多人，无论是什么阶层的人，无论他们赚了多少钱，有多大的权力跟影响力，我还是怀念那些脚踏实地的人。他们到头来可能没有赚到很多钱，没有改变或者破坏世界的能力，但他们是踏踏实实地过着每一天的人。这些人才是平凡的英雄。我已经三十好几了，但我感觉自己依旧是个孩子。我讨厌一切浮夸的人，讨厌那些一开口就是几个亿项目的人，讨厌那些说自己多么多么有钱、多么多么财富自由的人。他们一开口我就想骂人，因为我知道很多人的第一桶金都不能拿到台面上，很多人获得的一切无非是时代赋予的，靠的是投机，并没有什么真本事。

我团队的小伙伴每次都劝我，不要总是喝完酒跟人吵架，不要喝两杯就在桌上撑人。但是，我做不到，我忘不了自己是从什么地方一步步走到今天的，也讨厌那些从小含着金汤匙然后不知天高地厚的人，因为他们的生活也没有多么多姿多彩。

我可能花了十年才来到罗马，但你出生就在罗马。但我这一路的风景就是我的青春，谁也买不走。我可能没你有钱，但我肯定比你富有。最近见了很多有钱有势的大哥大姐们，他们因为喜欢读我的书，跟我处成了朋友。总的来说，人越往上越发现，其实三顿饭，一张床，一个小家就是生活的全部。再好的酒，再高的楼，再大的别墅和再丰盛的宴席，到头来都是虚无。因为到最后，你只能记住那些温暖的瞬间，比方说我们在写字的样子。

幸福就是三句话：有事期待，有人爱你，并忙碌着自己喜欢的事情。还是那句话，人活到最后，都是自己跟自己生活。哪怕你身边每天都是人，你也不可能让每个人都理解你，就算你高朋满座，儿女满堂，到头来你还是孤独一人。所以，在这个时代里，你更要学会独处，要学会面对很多人，要学会当众孤独。

我曾采访过一个老人，已经86岁了，说的话都是方言，我基本听不懂，但他有句话我这辈子都记得。他说："你到头来就是一个人，只剩你的记忆在陪你。"好残忍的一句话。回到第一个章节，思考一下我分享给你的那些话。你今年过得可能真的很不好，但打不垮你的，只会让你变得更强。老天让你经历的事情，也许到了85岁，你回头看，竟然是能陪伴你的故事。因为只有记忆能陪你到最后，这记忆或许不算精彩，也可能让你痛不欲生过，让你无法自拔过，但重要的是，过去了就是另一片天。那时你只会对自己笑一笑，然后感谢那些经历和人。这些可都是你的青春。

写到这里，生命中一些失去的人在我脑海中不停地浮现。但生

命本就如此，你和有些人的缘分原本就是擦肩而过。到头来，依旧是当众孤独。但又能如何呢？至少，你能享受那些和人攀谈的瞬间，过程虽然短暂，但至少拥有过，这不就够了吗？

最后，讲一个朋友的故事。我的这位朋友前段时间去了趟潭柘寺，在我的印象里，他一直家庭幸福，事业顺利，也不知道他为什么突然想去，还非要拉着我。在路上我才知道，他竟然离婚了，公司也破产了。我陪他去的路上基本没说什么话，只想起一句话：人在顺利的时候谁也不信这些鬼鬼神神，都是在生活遇到麻烦的时候才突然想起这些事，然后胡乱拜一通。这么想着想着就到了潭柘寺，放眼望去，人山人海。我的妈呀，这世界上不顺的人原来这么多。站在人海里，我也开始迷茫。我们看似孤独的人生，原来并不孤独。原来每个人都过得不顺，每个人都曾到过崩溃的边缘，只是每个人的不顺不尽相同。日子给每个人的都是微笑后的一个巴掌，然后告诉你："恭喜你啊，你长大了。"

所以，无论如何你都要保持微笑，并努力生活。无论遇到什么，走到最后，你都会发现，能来这世界一遭，你我都是幸运的。加油啊！

请 远 离 消 耗 你 的 人

第四部分 ——

—— 懂得让自己不陷入迷茫、困惑、焦虑，
就是个幸福的人

✉ 第 72 封信：身边的人特别悲观怎么办？

卡伽同学：龙哥好。身边的一位亲人是悲观主义者，怎么让他乐观地生活呢？

李尚龙回信：

卡伽，你好。想让一个悲观主义者突然乐观起来，这是一件非常难的事，因为你已经定义他是一个悲观主义者了，只能忍着他了。如果他只是偶尔悲观，你还是可以影响他的。我见过的很多悲观主义者，但他们依旧可以乐观地活着。

我就是一个悲观主义者。什么叫悲观主义者？就是他认定活着没什么意义。当我开始意识到一切都会结束的时候，万物的规律就是热力学第一定律——"熵增"的时候，我觉得活着真没什么意思。但我明白，人就是在追求意义的过程中产生了意义。

就好比我不停地更新我的专栏，有什么伟大的意义吗？好像并没有。但是，有时候，我就天真地以为万一我的某一句话、某一篇文章、某一个日课能够改变一个人呢？每次这么想的时候，我就觉得一定要做好这件事，好像做这件事也有意义了。于是，我开始乐观了，但我依旧是一个悲观主义者。

怎么帮助一个悲观主义者，让他乐观呢？我的建议是，千万别帮人瞎乐观。他想乐观，自己是能乐观的。他想悲观，一定有他自己的原因。他不愿意告诉你，你也别乱改变别人。这世界上大多的悲剧和不高兴的事都是从有人胡乱改变别人开始的。人要有界限感，所谓界限感就是尊重别人的生活，哪怕别人的生活态度是悲观的。

作为过来人，我可以告诉你，人的态度可能很难改变，但心情和思维是可以被改变的。就好比你最近过得很不顺，对未来充满悲观，但你可以换个思路：这是不是老天在给我机会，让我变得更好更强？你这么想，思路就会发生变化。

同理，你也可以让自己开心起来。比如说，心情不好的时候，你可以跑跑步，运动可以分泌多巴胺。你还可以吃点甜食，分泌一下苯乙胺。这些都能让自己很快地幸福起来。

悲观是刻在人类基因里的东西，要不然尼采也不会写出不朽的名篇——《悲剧的诞生》。但是，乐观这种态度也是难得的，不是每一个人都可以笑嘻嘻地看待这个世界。在所有人都有悲观情绪的前提下，机会和资源更倾向于乐观者。因为谁也不愿意把自己的钱和资源放在一个悲观主义者身上，那样太没安全感了。你看这么多投资人，谁愿意去投一个悲观者呢？他们都会投一个看起来很厉害，有很强很强的动力，对未来充满信心，能做出点什么成绩的人。

所以，你要怎么影响他呢？我的建议是从思维上影响他。你要告诉他，虽然你依旧可以悲观，但你可以换个方式去思考问题。所有打不死你的，只会让你变得更强。所有让你痛不欲生的事情，早晚都会过去。老天爷让你经历的事，总能有答案，没有到不了的明天。

周期是永恒的规律，低谷期之后，你总能看到高峰。还有一条更重要，叫"言传不如身教"。如果他不听，你就做给他看。你天天开开心心，每天都很乐观，总能潜移默化地影响到他。你对未来

充满希望，他至少能看懂你的乐观。

　　最后多说一句，无论是乐观还是悲观，都是会感染的。要么你感染他，要么他感染你，就看谁的能量强，谁的能量弱了。

第73封信：如果你身边也有得抑郁症的人

小龙：龙哥，我身边越来越多的人得了抑郁症，有什么办法帮助他们吗？

李尚龙回信：

小龙，你好。

关于抑郁症，我之前跟清华大学心理学教授吴菲老师进行过一次对谈，他说了一个特别吓人的数据，就是在我国大约每20个人当中就有一个抑郁症患者。而公众对这种病的知晓率一点儿也不高。很多人甚至觉得，这病不就是矫情吗？有60%以上的抑郁症患者甚至不知道自己有病，他们觉得自己只是精神状态不好，想求死是很正常的事。只有10%的患者接受过系统的治疗，也就是吃过药。我自己也曾经得过双向情感障碍，到现在至少不用吃药了。

还有一个数据，如果你得了抑郁症，不吃药，死亡率是很高的。所以请你一定要重视，如果身边有人得了抑郁症，并且在医院被确诊了，你要特别小心，千万要保护好他。怎么判断一个人是不是得了抑郁症呢？如果以下八种情况你中了四种，并且持续两周以上，你就很有可能得抑郁症了。

第一，对日常生活的兴趣开始下降。你开始没有爱好了，对什

261

么事情都无所谓，提不起劲儿。

第二，精力明显衰退。没有明显原因的持续疲乏，完全不知道自己要做什么，也什么都不想干。

第三，自我评价过低。自责，内疚，觉得自己什么也不是，什么也做不好。

第四，思维困难。就是说，你的思考能力明显下降了。

第五，反复出现死亡念头，甚至想过该怎么自杀。如果一个人不停地搜索该怎么死亡或者对死亡的话题特别感兴趣，他很可能就是重度抑郁了。

第六，失眠，早醒或者睡眠过多。

第七，食欲不振，感觉什么都不想吃。

第八，性欲降低。

如果这几种你都有，或者中了其中四种，一定要重视起来，赶紧去看医生。

以上这段话摘自我最近读的一本书，叫《医生与您细聊抑郁症》。作者也是我的好朋友、我的老师，清华大学医学院精神科副主任医师吴菲。我曾经跟她连麦聊过抑郁症，这是一个隐藏很深对人伤害性很大的病症，想要帮助抑郁症患者走出阴霾不是一件容易的事。

原来，我们好像没听说过谁身边有人得了抑郁症自杀了，但是现在好像谁身边都有一两个患抑郁症的朋友。换句话说，你不用太担心，这个病已经被人类了解了。有抑郁情绪或是有抑郁症的人有些是遗传原因，有些是遇到了难事，遭受到接连不断的打击。除了推荐大家去看吴菲老师的《医生与您细聊抑郁症》，我今天给你列一个书单，都是我读过的非常不错的关于抑郁症的书籍。

第一本书叫《丘吉尔的黑狗》。作者是安东尼·斯托尔。如果你对英国历史，对丘吉尔，对抑郁症感兴趣，你不妨看一看。你会发现抑郁症可能是个天才病，尤其像双向情感障碍。好像牛顿也得过，梵·高也得过。

第二本书叫《中年的意义》。作者是英国的一个作家，叫大卫·班布里基。这本书写得非常好。中年时期也是得抑郁症的高峰期，希望你在任何年纪，都能打过这段不堪的岁月。

第三本书叫《发炎的大脑：一种治疗抑郁症的全新方法》。作者是英国的爱德华·布尔莫尔。书中说，抑郁症就是大脑的感冒和发炎。虽然如此，但不能不把它当回事儿。你可以选择正念、冥想来学习压力管理方法，从而走出抑郁情绪。同时，这本书还告诉我们，吃药真的很重要，当你被确诊之后，一定要学会吃药。

第四本书叫作《我们为何无聊》。作者是加拿大的詹姆斯·丹克特。这本书把无聊和抑郁症分解开来，有空的同学可以看看。

无论如何，以下三条请你一定要记住。

第一，保持良好的生活方式，去锻炼，去读书，戒烟少酒，营养均衡。

第二，保持适当和谐的人际交往，多和乐观积极的人交朋友。就算你的肉体被封闭了，也要经常跟优秀的人打电话去交流。

第三，培养幸福的能力。无论顺境还是逆境，都要珍惜快乐，心怀感激。

✉ 第 74 封信：怎么避免超前消费？

乔露： 你好，龙哥。我有一个朋友最近因为超前消费借贷，现在还
不上款了，非常焦虑，决定多做几份工作来还上这个窟窿。
超前消费确实能给人带来物质上的满足，现在很多年轻人都
有这种消费习惯，如果后期支出远高于收入，没有办法及时
还款，也挺令人苦恼的。我们该怎样养成一种合理的消费习
惯呢？

李尚龙回信：

乔露，你好。这些年我见过很多负债累累的年轻人，他们都叫
"负翁"，负债的负。在我看来，超前消费是一件非常糟糕的事情。
有一个故事，流传甚广。有一位美国老太太一生都以贷款提前消费，
临死前刚好把贷款还清。而一位中国老太太，天天省吃俭用，存钱
准备以后享用，结果等她存到足够的钱的时候，她得病去世了。

有人说美国老太太活得太潇洒了，中国老太太活得太辛苦了，
一个生前实现了"财务自由"，一个一辈子都在为以后做打算。其实，
两个人都没有实现真正的"财务自由"。美国老太太虽然看起来满
足了自己的物质欲望，但她每提前消费一次，背后总闪现着贷款的
影子。而中国老太太虽然没有贷款消费，但因为过于担心以后的生

活而不敢消费，一辈子都活得很辛苦。

中国老太太活得谨小慎微虽不值得提倡，但美国老太太的提前消费就合理吗？

其实仔细想想，不管是提前消费还是有钱了再消费，最终这笔钱都需要你自己买单。有人说，哎呀，我也不想提前消费啊，可我一看见自己喜欢的东西就想买。还有人说，我也不知道自己的钱都花到哪里了，我就是存不下，好像钱永远不够花。

其实，解决超前消费最好的方式只有一个，就是存钱。至于存多少，我的建议是你的总收入的10%。这个数目并不算多。俗话说，手中有粮，心中不慌。有空闲才能做出相对清晰和清醒的选择。一个长期处于匮乏状态的人是容易废掉的，而且是从内到外的废掉。

塞德希尔·穆来纳森所著的《稀缺》里讲了一个故事，人在经济稀缺状态下，大脑也容易跟着陷入稀缺的状态。比方说那些一直欠钱的人，实验组给了他们一笔钱，让他们先把钱还上，这样就没有压力了。可是谁也没想到，没过几天这些人又欠了钱。原因很简单，因为他们已经习惯超前消费了。比方说为了面子，今天脑子一热，请大家吃一顿饭。比方说觉得自己前段时间很劳累，该享受一下犒劳自己了，非要去旅个游。没钱怎么办呢？脑子一热，不是可以借吗？那就去借吧。于是，利滚利的贷款生活开始了。这就是稀缺久了的人遇到的最大麻烦，原来只是外面没钱，现在变成脑子里也没"钱"了。所以一定要想办法，遏制这种稀缺状态，不管是经济方面，还是脑袋里面。

我给你分享一个管理财务的清单，请好好体悟。

第一，要有余闲。无论是时间还是金钱，都不要把自己变得稀缺，要给时间于自己思考人生，要给金钱于自己去做选择。

第二，设计制度。如果你实在扛不住，就是要花钱，你就不要挑战人性，可以用制度去限制人性。比方说发了工资，自动扣除10%，存定期。现在银行有这个业务，可以限额定存，很方便。比方说每天晚上8点到9点，不要安排工作，把手机扔到一旁，去思考，去看书，去听我们的《干一杯，龙哥》。

第三，一定要算账。命好不如习惯好，养成算账复盘的习惯，不要因为自己现在还没多少钱就不去算账，算账很重要。做生意和做人的本质一样——"想透、做绝、会算账"。养成好习惯，看看自己能赚多少钱，要花多少钱，有没有一些钱的支出是没必要的。算账的本质还有一个，就是归纳总结自己的人生。

第四，制定一个小目标。比方说，今年你要存多少钱？这个月你要有多少正向的收入？要还多少钱？要挡住多少超前消费？购物节的时候怎么避免掉入消费陷阱？看一看，一年之后有没有完成自己的小目标。

第五，复盘朋友。很多时候你花钱都是因为你有一群贬值且负债的朋友。你去盘算一下最近的几次交往中，你们的相处，你是赚钱还是亏钱。请注意，我并不是让你很功利，和朋友在一起要斤斤计较，只是让你一些没必要的聚会就不要参加了。每次聚会都嚷嚷着让你请客的朋友，还是少来往比较好。那些一开始跟你称兄道弟，说尽管放开了玩，一切他来安排，临到结束让你AA的人，一定不要去第二次。很多人变穷都是从交了不好的朋友开始的，他拉着你投资，千万要谨慎，大多数情况坑你的都是你身边的熟人。因为我们对陌生人保有警惕心，而对熟悉的人放松很多。其实大错特错，越是你信任的人越有机会骗到你。

第六，减少电子支付的习惯。你越喜欢电子支付，你的钱包会越扁。商家为了让你花更多的钱，从输入密码到指纹解锁，再到刷脸支付，无一不是为了从你口袋里掏更多的钱出来。如果你回到线下，每次消费都要打开钱包，一张张去支付，你会发现很多冲动消费都没了，你能省下很多钱。

第七，戒掉不良嗜好。抽烟、喝酒都需要钱，就连玩游戏很多也需要钱。在我看来，所有让你上瘾并让你持续消费的嗜好，都要想尽一切办法杜绝。很多女孩子可能没有抽烟、喝酒的习惯，但对那些名牌包、衣服、化妆品没什么抵抗力。其实认真想想，你真的需要那么多吗？

第八，关闭所有能让你超前消费的管道。什么花呗、借呗，通通关掉。你有多少钱就花多少钱，不要总是想着那些不属于你消费能力内的东西，也别让自己过着每天早上起来都要想着还债的生活。不要相信网上那些可以借钱给你的 APP，那些 APP 一借上就利滚利了，想还清是难上加难。

第九，清醒的认知。在消费之前先问问自己：这件东西是我必须拥有的吗？认真想一想，很多东西只是欲望，真正必需的东西其实不多。

第十，卸载没有必要的购物软件。如果你还是控制不住自己想要花钱的手，这一招送给你。

✉ 第75封信：感情平淡了怎么办?

傲娇小巨人： 龙哥好。我有个朋友和他对象相处三年了，她明显感
觉到他们之间只剩下习惯，没有最初那种小鹿乱撞的
心动了，但是两个人谁也没提过分手。你说这种状态下，
他们还能考虑结婚的事吗?

李尚龙回信：

傲娇小巨人，你好。

我觉得你说的这种情况，两个人可以考虑结婚。前段时间我遇
到一个医生，这个医生正在跟他的老婆闹离婚。说实话，我完全没
想到他会经历这种事，因为我对他非常佩服，医术高超，学历顶尖，
家庭幸福，还有两个孩子。他的生活是我十分羡慕的那种类型。可
就是这么一个在我看来十分优秀的人，两口子怎么就走到要离婚的
地步了呢? 后来我们见面，喝了好几次酒，他不主动说这个话题，
我也不好意思问，只是陪着喝。有一次，我喝得有点多，就直接问他：
"到底啥原因啊?"他只说了三个字，我终生难忘。他说："平淡
了。"这是多少中年夫妻的感情写照。这种情况，真的是无解的吗?
让我慢慢讲给你听。

你的朋友和她男朋友恋爱三年，感情就淡了，有点快，但可以

理解。爱情本就是璀璨的一时激情，很难长久不弥散。这世上再轰轰烈烈的爱情，也不可能保持一辈子的干柴烈火，如胶似漆，最终都要回归生活的平淡。所以，很多在一起多年的恋人或是夫妻会有"七年之痒"，开始对这段爱情产生否定或怀疑，寻找新的"刺激"。可能你会想说，这世上就没有一生一世的爱情吗？不好意思，或许有，但不多。就好像我们看童话故事，王子和灰姑娘在一起之后就结束了。没有作者写过他们婚后的生活，没有人对他们漫长的一生做过详细的描述。因为真实的人性很残忍。古今中外多少伟大的小说，竟然都根基于三角恋、婚外恋和第三者。为什么两个人的爱情总会有第三者出现呢？因为"三"代表着一种复杂的人际关系，它甚至代表着刺激、有趣、隐瞒和心跳。你看，这是不是爱情一开始的样子？

你以为我要去批判婚姻制度吗？不是。我是要告诉你，你其实并不孤单，两个人在一起时间长了，感情淡了并不是感情没了。就像你说的，感情淡了可能只是转化成亲情而已。你可以问问你的父母，他们多半不会说爱对方的，说得多的就是："唉，就这样吧，还能怎么办呢？"这其实也是一种爱，一种习惯一般的依赖。就像很多人说，两口子在一起久了，就像左手摸右手，没什么感觉，但如果把你其中一只手砍掉，你会没感觉吗？所以我认为，你的朋友和她男朋友还是有爱的，只是不再干柴烈火罢了。

换句话说，谁的爱情可以一直干柴烈火烧了三年呢？一般三个月可能就烧完了。那种平淡且稳定的感情不一定是坏事，可能是好事。就好比我这位医生朋友，他最终也没离婚，而是和他老婆达成了共识：每周四晚上是"Dating day"，也就是约会日。这天晚上，两个人不能以任何工作的借口拒绝约会的时间，也不让孩子扰乱他们的情调。于是，他们约定每周四晚上两个人一起出去吃饭，并互送礼物。

渐渐地，他们的感情升温了，好像回到了两个人刚开始恋爱的时候。听说最近，他们准备生三胎了。

我曾经在《我们总是孤独成长》这本书中说过，爱情是会消失的，我们终将孤独成长。如果爱情消失了，怎么办呢？要么放手，要么去爱。请注意，"爱"是一个动词，你要去做一点什么。至于这位朋友要不要和她男朋友结婚，我觉得重要的不是去想、去等，而是要去做一点什么。你可以让你的朋友主动去问一问她男朋友的结婚意愿。当然，还是那句话，结婚的确是这个时代需要巨大勇气的事情。根据我长期观察，很多时候结婚就是两个人脑子一热就去领证了，离婚也是，两口子拌个嘴就感觉跟这个人过不下去了。但是，现在离婚有个冷静期，两个人正式离婚最少需要一个月。所以，如果不是爱得上头，谁愿意把自己绑死在一棵树上呢。爱情只要两个人相爱就可以，婚姻却是两个家庭的事。如果你真的想结婚，一定要想明白，它不是小孩子过家家，而是一种责任，一种共生的关系。

还没有步入婚姻，两个人的感情就像老夫老妻一样平淡了，怎么办呢？那就想办法升温，就像我那个医生朋友一样，制造生活里的小确幸跟小惊喜，重新回归两个人刚谈恋爱的时候的相处方式。

最后，也跟你说一个数据。据说两个人在一起三年或者三年以上的时候，就不太容易分开了，但同时也容易停滞不前，不想结婚了。这时候两个人通常已经过了磨合期，关系融洽，相处不累，为什么还要结婚呢？尤其是一起同居的恋人，没有婚姻关系，却享有婚姻的实际利益，哪里还想着用婚姻打破这种幸福的和谐？但两个人就这样拖着不结婚，对女生实在不友好。虽然"男女平等"的口号喊得很响亮，但婚恋市场上的大龄女性面对的挑战还是比年轻女性多。现实是残酷的，感情跟世界上所有东西一样，要么进，要么退，要么升华到受到法律保护，要么冒着随时有第三者加入的风险一直只恋爱不结婚。但这就是人类感情发展的真实写照。这好像是人类希望你珍惜当下，展望未来，过好每一天。

✉ 第 76 封信：应该怎么去做正念练习？

Milu：龙哥好。您在公众号上提到了正念生活，我对正念非常感兴趣，觉得多练习正念会对压力大的人有一定的帮助。龙哥可以多聊一聊正念吗？

李尚龙回信：

你好，Milu。随着中产阶层的兴起，人们越来越焦虑，越来越找不到自己的定位。对比着别人，让自己焦虑。这个时候，你一定要学会正念和冥想。

"正念"这个词最先来自印度，后来在美国风行，英文叫"mindfulness"这个词在硅谷、互联网圈、创业圈非常火。所谓正念练习，就是如何使用和安放注意力的一种方法。

所以，这篇文章会很长，你一定要仔细看，并且要学会使用。

正念的四个基础，就是对身、受、心、法的正念。

身就是对身体的觉察，体察呼吸给身体带来的感觉，或身体姿势。

受就是对感受的正念，对各种感受加以觉察，感觉自己是开心还是不开心，还是没感觉。

心就是对念头和情绪加以觉察。

法是对规律事物的真相的正念，也是对各种现象的本质的觉察。

其他本质就是从身体入手，培育对身体的敏感度和亲密感，从而更好地了解我们的身体。

凯利·麦格尼格尔在《自控力2》里讲的练习的本质是呼吸练习和身体扫描。别小看呼吸，虽然我们每时每刻都在呼吸，但从来不会留意到呼吸。我们的呼吸会受情绪、念头和身体的影响，比如你跑步的时候或是心情烦躁的时候，呼吸就会加快。

身体扫描更是如此，我们的灵魂和意识都基于身体的健康，但我们除了去医院用CT，从来没有扫描过身体的每一个部位，听听它的感受。在爱丽丝·米勒的《身体不说谎》一书中，详细描述了身体是最诚实的机器，它能准确地告诉我们，我们的心态在什么地方出了问题。比如前些时间我做正念练习时，觉得自己的背特别疼，我突然意识到，原来是我最近背负的压力太大。于是，我赶紧裁员，虽然裁员的过程非常痛苦，但第二天，我背疼的症状真的好多了。

所以，我建议每一个小伙伴都尝试一下正念和冥想。其实"正念"这个词是从"冥想"而来的，只是"冥想"总容易让人联想到宗教，后来人们就用"正念"取代了这个词。关于如何练习正念，在开始之前，我想让你回归到一种状态：打破期待，关照练习本身。

换句话说，正念练习更是一种体验式的学习，需要你全身心投入这个过程。这里强烈推荐卡巴金的《多舛的生命》，书中介绍了七种态度性的因素，能决定你的正念基础：非评判、耐心、初心、信任、无争、接纳和放下。这些都是佛教体系里最基础的，也是生活里最基础的需求。

接下来，我给大家分享六种练习方法：

1. 正念呼吸

你可以找到一个安静、温度适宜的空间，关键是找到一段不被

打扰的时间。可能只有短短五分钟，没关系，足够了。找一个舒适的姿势，坐下或者站起来。总之，要让自己放松。你的眼睛可以闭上，也可以柔和地看向地面。然后，一边放松，一边看看呼吸在你身体哪个部位是最明显的。可能是胸部，可能是腹部，可能是其他部位。

当你确定是某一个部位的时候，请去觉察呼吸给这个身体部位带来的感觉。呼吸的时候，你就知道自己在呼吸，然后慢慢感受，此时没过多久，你的心就会慢慢安稳下来。如果你开始开小差，没关系，你觉察后，只要重新关注呼吸就好。别怕开小差。如果再次开小差，就再次拉回来，不要责备自己，呼吸在当下。去感受你的生命，就在一呼一吸中展开。

2. 扫描身体

同样，你找到一个安静不被打扰的空间和时间，站着或者躺着，开始呼吸。这个过程如果你感到想睡觉，可以试着睁开眼睛。

呼吸的时候，把注意力放在自己的腹部，你能感觉腹部开始膨胀，然后开始回缩，一波接一波。接下来，把注意力带到头顶的地方，感觉你的意识是一道光束，从头开始慢慢向下移动，从头顶到额头、眉毛、眼睛、太阳穴、耳朵、鼻子、嘴、下巴。不要做任何事，只是单纯感觉自己的身体。

然后，开始到脖子、喉咙，感觉一下喉咙是什么感觉，你是否愉快？是否舒服？继续放松，感受到你的肩膀，你的胸部、腹部、背部、每一块皮肤、骨骼、肌肉。

接下来，感受你的双臂，从上臂、腋窝、肘部、前臂、手腕、手掌和手背，然后到十个手指。再接下来，继续扫描到你的骨盆、臀部、尾骨，然后感受你的腿和脚，从外侧的髋骨，到内侧的腹股沟，到大腿的肌肉，膝盖、小腿肚到脚踝、脚指头和脚底板。身体扫描过程中，除了感受身体的感觉外，别无目标。

3. 关注你的念头

我们每天都会有六万多个念头。正是这些念头，伤害了我们的内心，因为这些念头太虚无缥缈了。关键是，这些念头负面偏多，百分之九十以上都和昨天一样，没有意义。这就是你持续焦虑的原因。你依旧要找到一个没人打扰的空间和时间，此时，你不要试图停止思考，而是要培育和念头之间的明智关系。

这个时候，关心你的念头，去命名它。比如这个念头叫"担心"，那个念头叫"幻想"；这个念头叫"焦虑"，那个念头叫"害怕"。念头一旦被命名，往往就不那么坚硬了，很快也就消失了。当你有一些负面想法的时候，觉察这一点特别关键，因为一觉察就意味着正视它了，了解想法的虚妄，回到当下的鲜活之中，感受念头的升起和消融。

4. 关注你的情绪

和你的念头一样，你的情绪也是复杂的，并不断变化着。你依旧要找到一个没人打扰的空间和时间，关注你的情绪，不要评判它们，把它们当成访客。当它们让你觉得不舒服，命名它们为"恐惧""不安""愤怒""羞耻"，等等。情绪也是一样，一旦被命名，就松动了，可能就消失了。

5. 如果你忙碌到不行：三分钟呼吸练习

如果你没办法拿出整块的时间进行练习，我们可以尝试三分钟呼吸练习。它需要的只是你在一整天的忙碌生活和工作中，抽出三五分钟就好。

第一步，自觉感知当下。无论你是站着还是坐着，请先让自己觉知当下，进入呼吸空间，然后轻声问自己：你体验到的是什么？

你脑子里有什么念头？你有什么情绪？你身体如何？你可以很快用注意力从头扫描到脚。给自己五秒钟时间安静下来。

第二步，集中所有觉知。把注意力放在腹部，放在呼吸给腹部带来的感受上。感觉腹部在呼吸的时候的起伏，让呼吸帮助你活在当下。给自己半分钟时间安静下来。

第三步，将你对呼吸的觉知拓展开来。除了感受呼吸在腹部带来的感觉外，也感受你的整个身体。如果你开始觉察到身体有任何不舒服或者紧绷感，试着在每次呼吸的时候，温柔地将气息带到那里，从那些部位呼吸。每次呼吸，对自己说："让我感觉它吧。"接着，尽可能地把这份宽广、接纳带到你今天的每一个时刻。

6. 感恩练习

关于感恩练习的重要性，我讲的多半是感谢别人，能让自己幸福，但也要加一句：除了感谢别人，也要感谢自己。

感谢双手双臂，能帮我完成各种工作；

感谢眼睛，能让我看见世界；

感谢嘴巴、咽喉，能让我说出"我爱你"；

感谢躯干，感谢心脏、肺、肝，感谢腿、脚……

感谢这身皮囊，才能让我走到今天。

这个方法一定要用。

第 77 封信：孩子从小偷钱怎么办？

冯鹏同学：龙哥好。我有个朋友在农村做农机生意，平时除了吃饭之外也没什么时间陪孩子。最近，他发现孩子在家里放钱的柜子里偷偷拿钱，而且数额还不算小，一次就拿几百到上千块。孩子现在 8 岁了，朋友发现之后狠狠地揍过他，也心平气和地跟他讲过道理，但好像没什么用。请问龙哥，这种事应该怎么正确引导呢？

李尚龙回信：

冯鹏，你好。关于这个问题，我和朋友们也曾经热烈讨论过这个事儿，就是如果孩子偷钱了，我们到底怎么做会好一些？突然，有个朋友问了一个非常扎心的问题，他说："你们小时候有没有偷偷拿过家里的钱呢？"大家一下子炸了，大部分人都坦诚地说拿过，有拿五毛一块的，有拿几十上百的，拿了多少钱跟通货膨胀有关。说实话，我也拿过，我还拿过爸妈的百元大钞。换句话说，差不多每个人都经历过这样的事，哪怕自己不是当事人，至少也见过身边的小伙伴拿过父母的钱。

我有一个朋友，他的孩子 6 岁的时候就知道从家里拿钱，他知道后没有上来就把孩子打一顿，而是思考深层次的原因，到底出了

什么问题，导致孩子要通过拿钱来满足自己或是引起父母的注意？请一定要记住，孩子在犯错的时候，去思考深层次的原因，而不是追逐惩罚。我跟你分享几条很重要的干货，全是这个朋友告诉我的。

第一，我们要知道孩子偷钱、藏钱的目的。通常来说，6岁的孩子用不着花钱，钱对他来说没有任何意义，所以他一定是遇到了什么事儿。后来，这个朋友发现，原来是幼儿园做了一个主题活动，孩子们可以用钱换东西回家，目的是让孩子了解钱的用途。所以孩子并不是喜欢钱，而是他们意识到钱能换东西。而且孩子用钱换东西之后，还会得到老师和家长的表扬。所以他想用钱换更多的东西，让家长开心，并且得到夸奖。

可是为什么要用偷和藏呢？因为这是孩子目前能得到钱的唯一方法。这个年龄段的孩子不知道偷钱会让父母伤心，他没办法把自己的行为和别人的情感联系起来。所以在孩子和家长产生矛盾，家长怪罪孩子撒谎之前，家长要先搞清楚孩子撒谎的动机。等孩子解释之后再告诉他，撒谎对父母情感的直接影响是很糟糕的。要给孩子台阶下。别纠结孩子承不承认撒谎，重要的是让他知道家长的感受是什么。对于家长来说，你要想想看，你小时候是不是也撒过谎？

第二，别说撒谎的惩罚，要告诉他说实话的好处。这一条非常关键，说大一点，人类就是学会了撒谎，才战胜了尼安德特人成为地球的主人。我们把自己称为"智人"。说谎不可怕，可怕的是故意不诚实。有时候，善意的谎言确实比实话更容易被人接受。所以，当你发现孩子开始撒谎的时候，不要体罚，不要惩罚，你要学会问他原因，同时告诉他为什么说实话的人可以走得更远。因为人们都喜欢跟诚实的人交朋友，难道你不想让别人跟你交朋友吗？

第三，不要轻易给孩子贴上"偷"的标签。我记得我第一次拿了5块钱被我妈发现的时候，我妈刚说："哎，你这孩子怎么偷东西啊？"我爸立刻站出来说："这不是偷，这是我们自家的钱，自家的钱只能叫拿，不能叫偷。"这句话给了我非常大的安慰。虽然后来我知道那个行为是不好的，但父亲的话给我树立了很重要的主人公意识。

孩子为什么会这样？仔细分析，有时候你会发现父母的教育方式往往是罪魁祸首。尤其是当你过多地拒绝孩子的渴望，孩子的要求不能得到合理的满足的时候，孩子就会滋生出一系列莫名其妙的动作。比方说，其他孩子都有家长给自己买的变形金刚、芭比娃娃，你没有给孩子买，孩子自然觉得没面子。而从家里拿钱那个阶段是孩子唯一能够想到解决财务问题的方法。你这么想，很多问题也就迎刃而解了。

当然，随着我们对这个问题的深入了解，我们会发现，得到满足的孩子也可能会偷钱或者偷东西。有一个上小学四年级的女孩，她的妈妈对她的要求是适当满足的，甚至还给她一些零用钱。但是，她还是会私自拿很多钱，买很多零食分给小朋友，让小朋友们听她的，她自己有一种做"大姐大"的感觉。后来我发现原来是这样，父母平时对她非常严厉，几乎没有表扬，全是批评。这个孩子内心很压抑，所以她想通过其他方式得到内心深处的满足。一个内心得到充分滋养的孩子，这样做的动机几乎是不存在的。但是，如果一个孩子在家里没有安全感，没有成就感，他一定会在外面寻找安全感，寻找成就感。这个女孩就是父母不给她自豪的感觉，她就通过请大家吃东西来树立自信，来平衡自己在家里的憋屈。

还有一个上小学一年级的男孩，妈妈给他买了不少文具，但他有好几次从学校拿些小文具回来。每次一拿就是十几支笔。这些笔

都不是他的。父母就问他说："你干吗拿这些笔回来，你这不是偷吗？"他说："这些小朋友也拿我的东西，所以我就拿他们的了。"也就是说，孩子有时候对你的和我的认知是模糊的，这需要我们去引导。

第四条，物权意识需要明确。有些孩子年纪很小，他没有明确的物权意识，没有你的、我的、他的这种概念，他只是想当然地把自己喜欢的东西据为己有。3 岁的孩子才慢慢形成这种你和我的概念。我们家饭团也是在 3 岁的时候突然意识到，你的东西，我的东西是分开的。人类也是在这两个世纪有了版权跟界限的意识，换句话说，你的、我的概念也是刚刚形成。父母可以在孩子小的时候就给他树立这种概念，比方说这是妈妈的东西，你不能乱动。在动孩子玩具的时候，也要询问孩子的意见，让他有做主人公的意识，从而让孩子明白什么东西是他的，他有自己支配的权利。什么东西不是他的，他不能乱动。还要让他清楚地明白，如果是别人的东西，没有别人的允许，他直接动了，就是他的错，很可能就是偷。

最后跟你分享一个故事，这个故事很感动我，希望对你能有启发。

有一次，儿子偷钱被爸爸发现了，爸爸问他说："你要钱干吗？"

儿子说："我想给喜欢的女孩子买一个礼物。"

爸爸问："你买啥呀？"

儿子问："我想买一个发卡。"

"那多少钱呢？"

"200 多元。"

然后，爸爸真的把儿子带到商店，对儿子说："你自己选吧，让我看看你的眼光。"儿子挑好后，爸爸没有提出任何异议，直接买下了发卡。儿子很开心，可是爸爸开口了。爸爸说："我问你，如果女孩子问你，买发卡的钱是从哪儿来的，你怎么回答？"儿子慌了。

"如果你说是你偷的，你猜她会怎么想？"儿子沉默了。

"如果你说是你借的，她会怎么想？"儿子脸红了。

爸爸接着说："如果你说是你挣的，她会怎么想？"儿子突然间明白了爸爸的意思。

最后，爸爸说："我并不是反对你买礼物，但是在钱这件事上，我们能选择的方法有好多种。"我想这是最好的教育。

培根曾经说："最近的捷径通常是最坏的路。"单纯的惩罚，只会让孩子认为他不能偷钱，因为偷了钱就会挨打。而有效的引导会让孩子认为什么是好的，什么是不好的。虽然两者的结果是一样的，但中间的因果关系是天差地别。想让孩子有主动规避错误行为的意识，父母就要多多注重对孩子犯错之后的引导方式。

希望以上的回答对你有帮助。

✉ 第78封信：你会"以暴制暴"吗？

wonder：龙哥好。我有一个朋友，他以前在读本科时被一名同班同
学多次招惹和欺负，但他不想在学校惹麻烦，一直忍受这
名同学的刁难。毕业之后，他准备让这名同学失去工作，
以此作为报复。他知道自己不应该沉湎于过去，但这名同
学过去的所作所为确实恶心到了他，他认为自己此仇不报
非君子。请问龙哥，我该如何劝这位朋友？

李尚龙回信：

　　wonder，你好。我来给你讲一个故事。23岁那年，我走在街头，
突然看到一个身材硕大、肥胖不堪的人。他从我身边走过，我看到
他两鬓的短发，突然像是被雷击中了一样。我愣住了，但很快缓了
过来。然后我跟到他后面，从地上捡起一块板砖，直到走到他身边。
我举起手刚准备砸下去，就在那一瞬间，我发现我认错人了，他并
不是我要拍的那个人。他回头的时候，我赶紧扔掉了那个砖头。从
那以后，那个人像个幽魂一样一直在我脑海中，从来没有散去过。

　　我想打的人是我上学时的班主任，因为他在在全校同学面前动
手打过我。我现在还记得，当时他大声训斥我："你这辈子肯定没
有出息。"

后来，我退学了，心里一直记恨他。那天如果不是我认错了人，而是真的看到了那个动手打我的班主任，我也许会毫不犹豫地动手。打完之后呢？我也不知道。我当时什么都没想，就想着我一定要报仇。有意思的是，五年之后，我真的在路边遇到了他。他拿着一摞资料，好像在忙什么事。我转头一看，看了好几次，确定真的是他。我就问他："好巧啊，您最近忙什么呢？"他说："你是谁呀？"我说："我是李尚龙啊。"他看了半天也没想起来，他肯定已经不记得我了。他肯定忘了当年打我的事了。但是我什么也没说，我就说："那您好好忙啊。"说完开车就走了。

我想这是我这辈子最后一次见到他。他回到家或许能想起我是谁，或许想不起我是谁，但这都不重要了，因为这辈子我和他也不会有交集了。我很庆幸我们再也不会相见，也不想相见。我们本就不是一个世界的人，没必要再做过多纠缠。人哪，你要往高处走，就要忍耐这个世界上很多人无法忍耐的伤痛、抱怨和指责。

我曾经在网上看到一个事件。有一个30多岁的男人叫常某，他在路上，偶遇了自己20年前的一个老师，立刻下车，一边找人拍视频一边狂扇老师20多个耳光。他扇的时候还说："哎！你记不记得我啊？你记不记得我？你当年咋削我的还记不记得？"……这个拍视频发到了网上，立刻在网络上受到疯狂转载和评论。大部分人小时候或多或少，或轻或重都被老师体罚过，但当时的我们无力反抗，也不敢反抗……成年后的我，虽然不可能像那个常某一样朝曾经羞辱我的班主任甩巴掌，但他留给我的伤痛，我一辈子都忘不了。

后来，常某以寻衅滋事罪被判有期徒刑一年零六个月。一年零六个月，32岁到33岁，这一年半的青春谁来补偿呢？这件事以后，他还能回到以前的生活吗？

　　常某刑满出狱。有家媒体采访他："你觉得以暴制暴是对的还是错的？"他认真地回答："是错的。"如果他不是以暴制暴，过去一年半的时光他能陪在妻子跟家人的身边。所以他说了一句话："如果有人和他有类似的经历，一定要学会释怀。"

　　我想你应该明白怎么劝你朋友了。劝人原谅他人本身就是不靠谱的，因为你不是受伤害的人，你不知道他经历过什么，过去的经历对他造成多么严重的伤害，而且不是每个人都能释怀。我一直给大家推荐《悉达多》这本书，书中告诉我们，你所经历的乃是你的血肉，你所知道的只是你的衣钵。你可以去劝他，你可以告诉他这样真的不对，你甚至可以把我这篇文章转给他看。但是，他一定得自己经历了才知道，只有拼命往上爬，那些垃圾才会离他越来越远。

　　虽然我经常说很多经历只有经历了才有意义，但有些坑真的没必要踩。与其把时间浪费在曾伤害过你的人身上，还不如紧盯自己的目标，做自己想做的事，让自己变得更好才是王道。更何况，那些明明知道是错的事情，为什么还要去做呢？没有必要。如果能让自己变得更好，让那些人这辈子只能远远地看着你，你高高在上，他在下面够都够不着，这难道不是一种漂亮的"报复"吗？

　　要时刻谨记，成年人要为自己的一切行为买单。以暴制暴只能带来更多的暴力，更多的伤害，更多的仇恨。仅此而已。

✉ 第 79 封信: 怎么跑步才不会伤膝盖？

小沈：龙哥，我算是个自律的跑者，能跑 10 公里以上，但我发现自己不能坚持每天跑 10 公里。抛开外部原因，跑一两次 10 公里还行，但长时间的跑，膝盖会疼，腿肚子会疼，还会磨裆，简直疼得无法忍受。退而求其次，每天 5 公里还好，能天天坚持。龙哥，我知道你是一个超自律的跑者，能给同样爱好跑步的人一些建议吗？

李尚龙回信：

小沈，你好。我确实是一个特别爱跑步的人，这个习惯也是这两三年才发展出来的。每当我心情不好的时候，我总会去跑步，就像我更新完这个专栏，我第一时间想的也是去跑步。真的，跑步是万能的解药，不信你可以试试。有时候心情糟糕透了，好像整个世界都坍塌了。这时候戴上耳机开始奔跑，就觉得世界上所有的不快都没了。尤其是跑到最后的时候，一切都显得格外轻松。

我是从 2020 年开始跑步的，那一年我 30 岁，我刚感到身体的机能一天不如一天，于是开始奔跑。一开始也是膝盖特别疼，第一个 5 公里坚持下来之后，我恨不得捂着膝盖在车上骂人。我还记得那是一个冬天，我跟肖央在朝阳公园刚跑完坐上了车。我说："我

不会从此就废了吧。"他看着我的膝盖说："我给你介绍一个教练吧。"没过几天，我和他继续跑了起来。就这样一路坚持到现在，已经快三年了，我感觉自己的状态一天比一天好。那个教练真的很贵，但也很值得。

现在，我已经养成跑步的习惯，哪一天不跑，就觉得身体不舒服，总觉得少点儿什么。在朝阳公园跑两年多了，看着湖面结冰，看着树上的叶子掉落，看着树杈上的鸟儿飞走，看着树叶上又慢慢长出了枝朵，湖面的水开始流动。鱼儿游向水面，公园变回绿色，天气开始变暖。我身上的赘肉也开始越来越少，精神状态也越来越好。我喜欢这种生活状态，我把它称为奔跑。

如果你也热爱读书，希望变得更好，一定要记得，跑步是抵抗身体衰弱最好的方式之一。跑在路上的人，时间是温暖的，状态是青春的，岁月并不漫长。跑了这么久，我也给大家送上几条干货。

第一，跑步确实容易损伤半月板。如果你跑步的时候膝盖突然疼得厉害，做一个判断，比如受伤部位还可以轻微运动，仔细摸一摸它周围的部位。如果能找到明确的压痛点，往往是肌腱跟韧带损伤。如果找不到明显的疼痛点，而是模糊一片，可能是软骨损伤。记住一句话，只要开始疼了，就别跑了。要不然很容易伤害你的身体。

第二，跑步重要的不是速度，而是距离跟时长。很多时候都是因为你刷配速，为了晒一张图，发一个朋友圈才把身体搞坏了。哪怕你快走，只要到一定的时间跟距离，也能有减重和提高心肺功能的作用。跑步重要的是坚持，而不是三分钟的热度。体重大的人进行跑步减肥，如果速度很快，对身体的伤害真的很大。不是速度快就能燃脂，主要是控制心率。有一个公式，用 220 减去你的年纪，就是你的最高心率。跑步的心率维持在你的最高心率的 60%~70% 是特别舒服的。比方说我 30 岁，我的最高心率是 190，而跑步时心率维持在 114~133 是最好的。

第三，先锻炼腿部肌肉和心肺功能。一开始跑步的时候，不要想着一口吃一个胖子，先让腿部有一些肌肉，尤其是膝盖附近有肌肉，针对肱四头肌进行训练。比方说有个办法叫直腿抬高训练，网上有很多这种类似的练习，大家找来看一看。先不要想着跑多快，而要想着如何提高心肺功能，让自己跑得舒服最重要。怎么让自己跑得舒服呢？我的标准是，你在跑步的时候还能跟别人讲话，就是舒服的。

第四，一个重要公式。BMI（身体质量指数）= 体重（kg）÷［身高（m）× 身高（m）］，你可以测一下你的数值，如果你的 BMI 在 18.5~23.9 之间，它是正常的，适合跑步。如果它大于 28，可以跑，但是避免大量的跑步。如果 BMI 大于 32，就不建议跑步。先通过饮食把体重调下来，如果你实在想跑，可以从慢走和快走开始。

第五，穿一双好鞋。这一条太重要了，好的跑步鞋要 1000 多元，确实有点贵。但是好鞋有减压作用，有缓冲作用，能保护你的腿和膝盖免受伤害。相信我，你配得上一双好鞋。

第六，跑前跟跑后都要拉伸，每次至少 3~5 分钟。避免一上来就跑，尤其是头一天喝了酒之后，千万不要一开始就跑。网上有很多 APP 自带跑步操，开跑之前一定记得拉伸一下，要不然下次受伤的可能就是你。

第七，正确的跑步姿势。请注意跑的时候上身不要晃，尤其不要左右前后晃，容易把腰给晃坏。保持稳定、前倾，肩膀带着手臂前后摆动，用臀部和大腿发力。落地时，身体重心轻微前倾，不要后仰，着地时间尽量短，这也是减少落地"刹车"与冲击的关键。另外，膝关节在着地时保持轻微弯曲也非常必要。

第八，跑步时，一次不要超过一个小时。每周三到五次的慢跑是最好的，对身体有很大的好处。

第九，体重大的小伙伴除了慢走、快走，还可以选择游泳。游泳真的是太减脂了。

最后，如果你真的要减肥，跑步的作用可能连10%都不到，而饮食减肥的作用占90%以上。可以一边调食谱一边跑步，饮食和运动联合起来，双管齐下，这样减肥效果才能更快更好。

行动起来吧。加油！

✉ 第 80 封信：你越怕什么，就会越来什么

匆蜗： 龙哥，你好。朋友总是生活得很小心，在短短二十年里他似乎每天都在忧心忡忡中度过。他怕错过某些机会，他怕伤害到身边的任何人。事实是，他果然错过了人生中最重要的拐点，也总是伤害身边对他最好的人。他像一个没长大的宝宝，不成熟，不理性，还爱做梦。他该怎么办啊？

李尚龙回信：

匆蜗，你好。其实你的朋友一点儿也不孤单，一点儿也不特别，因为很多人和你朋友一样，不成熟，不理性，爱做梦。这样的人实在太多太多了。这种人因为不太清楚生活的残忍性，没有经历太多的风浪，所以显得像个孩子。他们得过且过，害怕自己说的某句话或是做的某件事无意间影响到别人，所以总是活得谨小慎微。请你相信，他真的不是故意的。他的本质就是不想经历社会的复杂性，不想经历生活的磨难。他待在自己的圈子里非常舒服，完全不想出来。对这种人来说，他一辈子可能也做不成什么大事，但也不会太痛苦。

这样的人有个特点，就是害怕和恐惧。他们因为害怕，所以总是错过。他们惧怕改变，于是错过最好的时机。在害怕这个领域里，有一个法则叫：你越害怕什么，就会越来什么。这其实就是心理学

所说的"自证预言"。这种自证预言我们前面说过，就是自己证明自己是对的，用实际行动来告诉别人自己有多不幸。

恐惧是一种刻在我们骨子里的东西。原始社会的人看到野兽会分泌出大量的内啡肽和多巴胺，这种状态一直保留到今天。人们在开心的时候，会停下来享受当下的生活。一旦心怀恐惧，马上采取行动，避免危险。结果，因为恐惧做出的决定往往是错的。之所以出现糟糕的结果，是人一旦恐惧，判断力就会出问题。你没有独立且安静的思考，你也没想过这件事你到底是需要还是不需要。因为恐惧，你有了激发自己生命的力量的可能，但这未必是你想要的。

比如别人都在考研，你不考研好像就落伍了，于是你也开始考研。可是考来考去，你发现自己根本不适合考研，你更适合去工作，更适合出国留学，甚至更适合去创业。但是，你为考研所蹉跎的岁月，算是白费了。再比如你看别人都在创业，一刷短视频全是年薪百万，全是富豪，全是创业成功的人。于是你也可以学着别人创业，然后有人告诉你，跟我学吧，只要交几百块或是几千块就可以拿到他的成功秘籍。结果你还没成功呢，先被别人当作"韭菜"收割了。

其实，面对恐惧最好的方式就是直面它。你告诉自己你为什么担心，你害怕什么发生。你要把这些信息释放出来，如把它写下来，看到白纸上的黑字的时候，你自身的情绪得到了释放，你能更好地找出焦虑背后的原因，最重要的是，你终于可以做点儿什么了。

就我个人来说，每次我遇到不知道该如何抉择的时候，我就找一个安静的地方，拿一张 A4 纸在上面画思维导图、写利弊。直到我弄清楚自己真的喜欢什么为止，然后我再做决定。这样，我既不容易焦虑，也不容易跟风。我更知道自己想要什么，所以才能走得更远。

然后，我们说说梦想。我一直是一个愿意为爱和梦想付出一切的人。但仔细想来，这个"一切"是不确定的，未知的。比方说，你愿意付出的一切，包括父母对你的期待吗？包括放弃你现在舒适的生活吗？包括你对未来的期待吗？人在年轻时总喜欢说一切，总想付出一切去赢得世界。可是，那个时候仅仅是因为你的一切太少了。当你的一切真的变成了一点点，或者变成了很多的时候，你就开始计算划得来，还是划不来了。

有个电影桥段，给观众展现了很有趣的心理状态。

"你有 500 万，你捐吗？"

"我捐啊。"

"你有 300 万，你捐吗？"

"我捐啊。"

"你有 1 万块，你捐吗？"

"我不捐。"

"为什么？"

"因为我只有 1 万块。"

人都是在开始拥有了一些基础财富的时候才会意识到所有的任性开始有了成本。那时候，你不会动不动就什么都不在乎了，也不会动不动就在那里拍胸脯大喊"我可以付出一切"。人都是在绝对放松的时候才会感受到有好事发生，因为你能更好地思考未来。

我经常跟学生讲，保持青春并不代表不改变，不进步，而是时刻记住自己的初心。《小王子》的确让人感觉到年轻，可如果你身边真有这样一个小王子，你多半会烦死他。因为他不停地让你每天画羊，你画了之后，他告诉你这个不对，那个也不对。然后，你问他为什么不对？他还不说，他让你猜。这种感情你不烦吗？那时你可能就要崩溃了。别说小王子是你的父母、孩子了，假设他是你的

丈夫或妻子，你肯定会非常崩溃地喊："你说，你倒是说啊！你给我说明白呀！干吗老让我猜你那个羊到底是什么羊？你想的是什么样的东西能不能说清楚？不要再让我猜了。"而小王子只会淡淡地回你一句："你根本就不懂我，怎么跟我在一起啊？"你看，他果然遵循着青春的梦想，但他也不会进步了。

　　我所理解的长大最好的状态其实就是这么一句话：你遵循成年人的社会规则，但同时记得回家的路。这才是真正的永葆青春。

✉ 第81封信：人性不应该用好与坏进行区分

小文：龙哥，看了你写的《刺》，总会好奇人性到底是善良的还是恶毒的？

李尚龙回信：

小文，你好。

我一个大哥有次进商场时扫健康宝，拿的是截图，门口一个保安特别严格，没好气地说："扫码。"那个大哥特无奈地摇摇头，扫完之后就往里走。结果那个保安一手拦住他，把他拉回来说："你让我看啊，让我看仔细。"我一看两个人拉拉扯扯，我担心打起来，就赶紧走过去，拉住保安说："别动手。"那个保安特别地豪横，他说："我没看到你手机，你进去干吗。"我定睛一看，原来大哥的手机有一个防偷窥膜，确实看不清楚。但这个保安的态度太差了，我刚准备发作，说："小人得志，你嘚瑟啥呀。"我这个大哥突然发话了，他说："你想不想来我们公司做保安？"那个保安一头雾水，完全不知道发生了什么事。然后这个大哥就笑了一下，他说："我们公司保安一个月8000元，交五险一金，还有假期，你感不感兴趣？"当时我都傻了。因为这个保安的嘴角从咬紧牙关到微笑只用了一秒，真的只用了一秒钟。我真的吓坏了。

　　这个保安现在就在我这个大哥的公司入职。每次看到大哥进办公楼，他都是弯着腰、佝着背冲过去开门。有一次，我去看这个大哥，看到这个保安。然后大哥就问我："你还记得那哥们儿吗？"我说："戴着口罩也看不清楚是谁。"然后大哥说："就是上次咱俩去商场他拦着我，然后拉我一把，非要看我健康宝的那个人。"我当时还跟大哥逗趣，我说："您真是言出必行，说把人招了就把人招了。"

　　有时候你觉得别人对你不好，那是你没有给别人提供你的高价值。比方说你刚进一个群，为什么只有群主高呼着欢迎你的加入，其他人不响应呢？很简单，你没有发红包。我现在就这样，一进群二话不说，先发一个红包。别管大还是不大，先发一个，这个时候群就开始热闹了。"龙哥好！""谢谢龙哥！""龙哥发大财！"你会发现，很多事情你用经济的角度看，一清二楚，明明白白。

　　过年的时候，我跟几个亲戚朋友在一起吃饭。我们每年都要聚聚，在此之前我这几个亲戚从来不喝酒，从来都是吃一个小时，桌上的菜没了就散了。但是，那天大家吃到了晚上10点，依旧意犹未尽，因为我从北京带回来两瓶茅台。所以非常诡异的事情发生了，在这个局里每个人都喝了两杯，而且喝到了大半夜。后来，我慢慢理解了，这就是人性。

　　这样的事情很多。我刚开始创业组团的时候，我们团队的人对我客客气气的。尤其是我融到资之后，开会时大家很多话也是能不讲就不讲，很尊重我。我不来，谁也不敢动筷子，吃个饭，大家扭扭捏捏的。我出门有人给我开门，打车也有人帮我开车门，走到哪儿都有小伙伴特别照顾我。后来，公司开始裁员，好几个员工离职了。原来大家叫我"龙哥"，现在直呼其名"尚龙"。当时让他们办离职的时候，我还请大家吃了个饭，然后该赔付的也都赔付了。现在这几个人逢年过节谁也不给我发节日快乐。只有一个小伙伴一直给我发，你知道为什么吗？因为他需要我给他写一个前公司回访的单子。他要入职下一份工作，那家公司需要找我们回访。所以，想到这儿你就知道很多事情并不是人性的败坏，而是你没有明白金钱和利益在里面起的作用。

没有金钱瓜葛还能产生感情的，才是好朋友。这个社会，说实话，这样的人太少了。你要能找到一两个，就算你幸运。我也曾经高估过人性，不管见到谁都觉得只要我真心对别人，别人也能真心对我。经历过很多事后才慢慢明白，这世界大多数人还是看你的价值。别人是否对你微笑，要看你能给别人分多少。

写完《朝前》之后，我释然了。在这个世界上，两个人只要树立共同的目标，把利益绑在一起，就一下子成为朋友。我们总是看到表面，却没办法看到背后的逻辑。天下熙熙，皆为利来；天下攘攘，皆为利往。

所以，减少一些道德评判，增加一些利益判断；减少一些情感伤害，多去思考一些底层逻辑，这才是聪明人在这个时代立足的焦点。

 第82封信：总是丢三落四怎么办？

超越： 龙哥好。我有个朋友做事很不靠谱，她丢了身份证去新办，后来找到旧的身份证两年后才想起来新办过。她还经常丢三落四，报名的考试费都交了却忘记去考试。在公园散步，她能掉进湖里，跟朋友约好出去玩，她有时候也能忘记。她喜欢的人跟她表白说："一年后的运动会如果我跑步拿一等奖，你就做我女朋友。"结果还没等到承诺兑现，她就忘得一干二净。龙哥，这种情况她该怎么办？

李尚龙回信：

　　哈喽，超越。你的这位朋友真是一个可爱的人，脑子里不装事儿，也没有太多朝前看的目标，得过且过，过一天算一天。这种人不管在哪儿可能都不容易被人讨厌。但是，有一个问题，时间久了，这样的人确实招人烦。

　　之所以这样说，因为一个做事不靠谱的人，第一不会被用在重要的岗位上，第二她的不靠谱可能会转移到你身上，最终伤害到你。就好比她很想见一个你这样的朋友，你好不容易把她约出来，她却放你鸽子，你想是不是伤害你了呢？生活中这样的人有很多。怎么样成为一个靠谱的人呢？答案只有三个字：列清单。

我给大家推荐过《重塑思维的30堂课》，里面有一个非常好的工具叫清单思维。我刚上大一的时候跟你这位朋友一样特别迷茫，不知道何去何从。但我很幸运，那个时候我看了一部电影，名字叫《遗愿清单》。看完那部电影之后，我坐在自习室点亮灯，在纸上写下了大学四年我需要完成的任务清单。比方说要过英语四六级，比方说谈一场恋爱，比方说看演唱会，比方说尝试着参加一场英语演讲比赛。

真的，清单思维特别特别重要。因为对于这个世界整体来说，只有两件事，一件是复杂事情，一件是简单事情。简单事情就讲究因果，有因必有果。但是，复杂事情，比方说像你朋友遇到的麻烦其实是复杂的事。有时候一件小事没做好，可能全部计划就砸了。所以要列清单，列清单能够让大脑瞬间地清醒起来。

在《清单革命》这本书里，阿图·葛文德讲了一个故事。在万圣节的晚上，美国一家医院接收了一个被刺伤的男人，这个男人在化装舞会上跟别人发生了争执。一开始男人很正常，感觉就是喝多了。医生用剪刀把他的衣服剪开，结果发现这个胖子胸前的伤口长达5厘米，像一个张开的鱼嘴一样。医生就赶紧把他推进了手术室，确保他的内脏没有受伤，然后将那个小伤口缝合住就行了。结果，谁也没有想到，这个男人刚被缝合，不说话了，心跳加速，眼睛上翻，护士推他的时候一点反应都没有，护士吓坏了。这个时候病人的血压都快没了，医生和护士开始为他输氧，给他补液。但男人的血压还是没有上升。这时医生打开他的腹部，打开腹部的一瞬间，大家惊呆了，大量的鲜血从腹腔内喷涌而出。医生吓了一跳，因为到处都是血。这可不是一般的刺伤，那把刀子扎进去足足30厘米深，一直扎到了主动脉。

好在医生把他抢救回来了。后来医生知道，在那天的化装舞会上，行凶者扮演成一名士兵，枪上还装了刺刀。直到今天，医生一提到这个事还是会摇头。因为他不理解的是，当病人被送到急诊室，医护人员从头检查到脚，几乎做了一切他们应该做的事，甚至测量了病人的血压、心率以及频率。可是，他们忘了一件最重要的事，就是询问伤员到底是由什么器械造成了创伤。

你看，这就是典型的清单的力量。在《清单革命》这本书里，包括我们讲的清单思维，有很多这样的案例。还有一些女孩子、男孩子掉进冰水，然后被救活了。为什么会被救活？不是医生的医术多么高明，而是他们能够在医院里有条不紊、成功实施这样的清单非常不容易。很多医生都总结了一个道理，每个病人平均需要178项护理，操作非常复杂，而人脑是很难记得住的。如果有清单，一切就能简单很多。

所以，我的建议是所有复杂的事情，像你刚刚讲的那个朋友的事情，比方说建造大楼、生孩子、养孩子、考试，甚至出门，你都需要清单。当你的脑子一头雾水，像你那个朋友一样，做什么事都失败，做什么事都出问题。请你一定记住，找一个安静的地方，列下属于自己的清单。

俗话说，好记性不如烂笔头，烂笔头就是清单。当事情复杂起来，为了减少失误，清单思维能够带你走得很远。

下面我跟你分享几条非常重要的干货：

第一，每天晚上把第二天要做的事、见的人列一个清单。

第二，学习的时候给自己的计划列一个清单。我们见过好多人，他们看起来在学习，实际上没有效果。很简单，你没有列清单，也没有一一核对自己的努力是否得到相应的结果，所有的事情就只是做做而已。

第三，工作的时候把每一件小事列个清单。早上起来写一个工作清单，晚上核对一下当天完成的事，然后写一个第二天要做的清单。

第四，出门的时候列一个清单。马马虎虎丢三落四的人，出门前最好列一个清单，按照清单一一核对自己出门要带的东西。

第五，做每一件重要的事情，把事情拆分到不能再拆，然后再列一个清单。

最后，每个人应该都有一个不大不小的清单，需要一生去完成。就像我上大学时列出的清单那样，让你的这位朋友也列一个清单吧，给自己定一个目标，然后一一完成。

✉ 第83封信：高敏感的人总容易受伤怎么办？

吟吟： 龙哥好。我是高敏感人群中的一员，每当与上司、家人倾诉，遇到一丁点儿事，眼泪就忍不住地流下来。我是泪点特别低的人，刷视频的时候一会儿哭，一会儿笑，身边的朋友觉得我是个特别奇怪的人。想问龙哥，内心敏感、总是容易受伤的人该怎么办？

李尚龙回信：

吟吟，你好。不管你是不是个奇怪的人，你的问题都不奇怪。这个世界，高敏感的人太多了。总的来说，高敏感的人有这么几个特点：

第一，压力大，产生绝望感。当事情接踵而至的时候，高敏感的人会瞬间压力巨大，不知所措，很难完成任务，甚至觉得这世界要毁灭了，我该怎么办？

第二，自控力差，容易受到外界干扰。他们时常感觉到周围嘈杂，尤其是在开放式办公室、咖啡厅这样的地方，他们很容易被周围的目光、声音甚至咳嗽声打扰。当有人大声喧哗的时候，他们会更不舒服，他们对噪声承受的压力感非常非常低。

第三，难以控制自己情绪。他们在饥饿、劳累的时候很容易生气、愤怒，甚至暴怒。这个时候周围的人就倒霉了。我相信你也是这样的人，你可能不是暴怒，但你在压力下可能会哭泣，可能会爆笑，所以越亲近的人越要忍受这样的坏脾气。有趣的是，他们睡一觉起来就像变了一个人，变得容光焕发。

第四，他们多半喜欢独处，但也会有例外。当社交人数巨多、压力巨大的时候，他们会感到极其不自在。

第五，他们对艺术有很强的感知能力。所有的艺术家其实都是高敏感群体，他们甚至能通过别人的几句话就知道别人的情绪状态。他们能从音乐中听到和别人不一样的表达，能从雕塑和绘画中看到和感受到不一样的情绪。这样的人其实都是艺术界的天才。

听到这儿，你是不是觉得好多人都跟上面这位小伙伴一模一样呢？是不是觉得你也是其中之一呢？

所以，请你记住上面第一条，这一条非常重要，就是高敏感真的不是一种负面情绪，有时候想哭就哭，想笑就笑，根本就无伤大雅。你需要做的是接受这种敏感，同时增强自己的钝感力。

"钝感力"这个词是近些年提出来的，也就是遇到事不要总觉得过不去，可以钝一点。有时候时间到了，事情自然就解决了。我见过好多优秀的艺术家，他们告诉我，高敏感其实是一种天赋，是上天送给他们的礼物。

我给大家推荐一本书，是伊尔斯·桑德的《高敏感是种天赋》。书里讲高敏感并不是一种病，而是一种人格，并且它在性别分布上没有区别。男士跟女士都有可能是高敏感的人格。据相关数据显示，每五个人当中就有一个是高敏感人格。

心理学家卡根和艾伦做过相关研究，跟桑德的研究一致，就是15%~20% 的人口是高敏感人格。所以，你并不孤独，不要总是患得

患失。心理学家艾伦还发现一个神奇的现象，高敏感度并不意味着内向。有近30%的高敏感度人群在社交活动中非常活跃，也就是说，一个走在聚光灯下的人也可能是个高敏感者。

这到底是怎么回事呢？接下来，我有两条很重要的干货跟你分享。

第一，高敏感的人因为敏感常常会设身处地地为他人着想，这本身并不是一件坏事。但如果前提是没有自我的本位，那么他们迟早会被这些想法和价值观不同的人折磨得疲惫不堪。

什么叫本位？就是你确定自己是什么样的人，这就是本位。对于我来说，我在书写的过程中，我越来越确定自己是个什么样的人，越来越知道自己要什么。随着我确定和知道，我的本位越来越清晰。无论对方怎么说我，无论对方怎么给我脸色看，无论对方怎么进入到我的潜意识，我都不会受他的影响。也正因如此，高敏感的人活出自我的第一步就是要将注意力转移到自己身上，要多问问自己：你是谁？你到底想要什么？这样你就不会总是为别人着想，慢慢走出失去自我的状态。很多讨好型人格的人都是从高敏感开始的，但你知道讨好型人格的人过得几乎都不幸福。

第二，活用敏感。一般来说，高敏感的人和别人交流时因为接触的信息太多，听到的噪声太大，很容易让自己疲倦不堪。但是，一旦他拥有自我本位，善于洞察别人的情绪反而成为他们的优点，变成识人、知人的利器。他们中的很多人发现自己原来很适合从事需要和人际的工作，从而变成在社交场上能言善道的人。

对别人的情绪敏感，也意味着更容易懂得别人的情绪。因此在工作上，这样的人能够提供对方所希望得到的服务，甚至还能成为创作的源泉。我自己就是，每次遇到让我无法接受的情绪的时候，我第一反应是把它写下来。当我真的写下来的时候：我发现，第一，我对它们不再敏感了；第二，这些都成了我创作的素材。

人越长大越要学会一件非常重要的事，就是接纳一个不完美的自己。很多看起来很讨厌的特质，其实有可能正是你的优点。

✉ 第84封信：生活一片混乱怎么办？

罗美慧： 龙哥，你好。我想问一下关于工作的问题，现在事业编的
工作怎么样？我是做信用卡催收的，现在行情也不好，我
的工作压力很大。妈妈和舅舅让我去考事业编，我不知道
要不要考，想听听龙哥的意见。还有一个问题是，如何与
人沟通？我长期失眠，已经九年了，不知道该怎样去改善。
想到回家要面对妈妈的催婚，我都不敢回家，就算是中秋
也想和男朋友一起过。感觉很多人的思想都比我成熟，我
该怎么去改善？我现在正在考驾照，练科目二，脑袋里乱
哄哄的。专升本也是，记不住东西，心里很焦虑。文采不好，
说得乱糟糟的，希望得到龙哥的指点。

李尚龙回信：

罗美慧，你好。其实，你的问题是很多人都会遇到的。因为不
知道该怎么问，所以不停地问。然后就问了好多问题，越问越乱，
最后各种问题就越来越多。问题越多，自己越乱。但是，麻绳一定
是有一根线头的。遇到非常复杂的问题，一定要主动去寻找线头。
你提出了很多问题，看起来很复杂，其实就是一堆问题拼接在了一起，
我把它总结成六点：

第一，要不要考编？第二，工作压力大该怎么办？第三，失眠了该怎么办？第四，妈妈催婚了该怎么办？第五，专升本不成功该怎么办？第六，科目二过不了该怎么办？

这六个问题看似拧成了一条复杂的麻绳，但其实是有线头的。

第一，要不要考编？我的建议是能考尽考。当你不确定要不要做这个事，也有大把时间的时候，为什么不去试一试呢？万一成功了呢？就算不成功，至少自己不会后悔。所以，要不要做任何事情，你先试试，做着做着，总会有属于自己的答案。

第二，工作压力大该怎么办？有两个方法：一是直面压力。就像我现在更新专栏，每天都很焦虑，但能怎么办呢？该更还是得更。只有直面压力，压力才会越来越小。二是试试其他赛道。如果你现在的工作压力压得你喘不过气来，不妨换条赛道试试。比方说考编或者其他的路。

第三，失眠了该怎么办？大部分的失眠都是因为压力太大，解决好压力过大的问题，失眠自然迎刃而解。

第四，催婚了该怎么办？很多人之所以着急忙慌地结婚或是生孩子，是因为他在考编，或者成长，或者找工作，或者在事业迭代的路上遇到了麻烦，所以他稍微停一下，先把生活经营好。我还是建议你先考编，考上了，你面临的择偶权也不一样了。

第五，专升本不成功该怎么办？考上编就不用担心了。

第六，科目二过不了该怎么办？科目二确实不好考，但勤加练习总能考过的。

所以，你的当务之急是利用业余时间不留余力地考编。如果你还有一点时间跟精力，就在考编的间隙把科目二过了，驾照拿了。你会发现很多令你苦恼的问题，一下子都不存在了。

我在回复大家的问题的时候，最大的感触就是很多人竟然问不出一个清晰的问题。后来，我慢慢明白，很多人的生活之所以一塌糊涂，就是因为他的问题不够清晰。他的脑子里装的事情太多太乱，然后把自己弄得很焦虑，最后问题没解决，自己还抑郁了。

有时候一天遇到好多事，我的脑子也会乱。这时候怎么办呢？我给自己设置了一个让脑子清晰的办法，就是拿出一张空白的纸，找一个安静不被打扰的地方，把自己脑子里想的所有事情，不加批判，一次性地全部写在纸上。写得很多很乱没关系，写得很慢也没关系，写的时候不要带任何情绪批判自己。

接下来，用1、2、3的方式把问题列出来，我们发现无论遇到多少麻烦，都可以把它们归纳到这些数字里面。于是，问题开始简化，我们的脑子开始逐渐清晰。

这时候，我们有两个办法，一是想办法解决1、2、3的问题，二是弄明白一个特别清晰的问题，然后请教牛人。

其实很多时候，我们的问题也并不是非要得到一个确定的答案。就好像我们读哲学，我们是想发现问题而并不是想得到答案。在思考问题的过程中，人是会无限成长的，有时候一个很好的问题比一个好答案更有意义。先把脑子弄清楚，接下来你会发现生活越来越清晰了。很多人的生活就是这样越来越好的。

最后，我要声明，我并不是鼓励每个人都去考编，而是希望你用这样的方式去思考，把你混乱的头脑拉回到一个清晰的状态。

只有清晰的头脑，才会有漂亮的生活。

加油吧！

第 85 封信：怎么调整自己的优越感？

园园：龙哥，在我看来，你是"万事通"，是"指路者"，是"明白人"。你的认知和境界已远远超越我们，达到一个高层次的水平。但是，你还能跟我们或者周边的人像正常朋友一样聊天和相处，我觉得非常难得。我想问，如何与低于自己认知水平的人相处？如何控制自己在这一过程中不会产生优越感，从而不打翻人际交往的天平？如何与跟自己不在一个频道上的人相处？

李尚龙回信：

园园，你好。我曾经在读书会上讲过一本书，叫《自信向左，自卑向右》，是美国心理学博士克雷格·马尔金写的一本心理自助书。书中告诉我们，优越、自恋是保护我们自我的东西。所以，每个人的优越感都是存在的。而且它还有个特点，就是一旦优越感过头，不仅伤害别人，还会伤害自己。所以 20 多岁特别张狂的人，往往在 30 多岁的时候会突然变得格外低调。不是因为我们长大了，而是我们张狂的时候都吃过亏。

我很庆幸自己在没怎么吃过亏的时候，就学会了做人不要那么充满优越感。记得那时候我恰好读到《苏东坡传》，苏东坡有句话

写得非常好，他说："吾上可陪玉皇大帝，下可以陪卑田院乞儿，眼前见天下无一个不好人。"这句话给了我非常大的启发，所以我现在交往的人三教九流，什么人都有。如果我身上有一点是大家可以学习的，就是至少我明白每个人身上都有可以学习的那一面。

其实，我也不像你想的那样一直很低调，遇到特别装的人，我也会起范儿。尤其是那些不停显摆自己认识这个、认识那个的人，我装起来比他还狠。有一次我参加一个酒局，一个领导的老婆刚创业，在饭局里说认识这个、认识那个，说得所有人都不敢接话。那天真把我搞生气了，我直接打电话把她认识的这个和认识的那个的电话全拨通了，然后她的谎言当场被戳穿了。真的，做人不要太张狂，牛皮吹得差不多就行了。那种不可一世，就我最厉害的嘴脸最让人讨厌。

原来我也挺高傲的，但随着年龄的增长，我逐渐意识到高傲、优越感真不是什么好事。因为优越感的本质是比较，是分别心，是看低别人，抬高自己。看低别人本来就不好，抬高自己更是如此，而且抬高自己会让你看不清真实的世界到底是什么样子，你到底几斤几两。

在佛教里面，像分别心、是非心、得失心和执着心，都是我们的妄念和妄想，其中分别心是痛苦之源。比如，你拿你的孩子、父母，跟别人的孩子、父母比较的时候；你觉得这个人很牛，那个人不行的时候，是不是都挺痛苦的。而且人有分别心还会让你错过一些东西。我曾经在丽江的一个酒吧和一个保洁阿姨聊了一晚上，她给我讲了很多精彩的故事。如果我那时候有分别心，觉得她只是一个保洁阿姨，我何必跟她说那么多，那我不是就错过那些美好的故事了吗？

另外，当你发现你的层次比别人高的时候，不要免费给人提供意见，因为牛人的时间都很宝贵。俗话说，时间就是金钱。这个世界有很多职业，咨询问题都是要收费的。比如律师，比如心理医生，没有人会免费给你建议。真正免费给你的，你多半也不会信。但如果收了你的费用，还收得很高，他们的建议你多半会采纳。因为很多人都相信，贵有贵的道理。所以千万记住，如果你比别人厉害，千万不要免费给人意见，因为他会觉得你不值钱，你也会觉得自己挺没意思。所以，能不说话就别说话，要不然别人不高兴，自己也不愉快。

这是我作为过来人的经验。我原来有段时间特别傻，好为人师，总觉得这个陌生人被我改变了，我好自豪。殊不知别人把你当傻子，他只是拿你逗闷子，根本不会认真听你说，也不相信你的话对他有用。这也告诉我们一个道理，永远不要跟不如自己的人辩论。因为他会把你拉到跟他相同的层次，然后用他的经验打败你。对于这种人，你要魔法打败魔法，去培养他，让他在自己的认知里沉沦下去。

越是无知的人越执拗，他觉得自己什么都懂，说什么都对。反而是那些读过很多书的人很谦卑，总觉得自己知道得不够多，不够广，不够深，还有很多需要学习的。实际上，越是谦卑的人越容易做成事，越是张牙舞爪的人越是花架子。

人有优越感是无可厚非的，但那是从内到自我的优越感。我们的外在一定要保持谦虚，这样才能看到更大的世界。在生活里，越是自卑的人越需要优越感，你把面子给他，你要里子。只要把事情做成，让他显示一下优越感又何妨？图口舌之快，只会有虚假的优越感。

我有一个搞好人际关系的心得跟你分享，就是自嘲"不行"，多夸别人"行"。也就是说，时刻保持谦卑，多去赞美他人。久而久之，

你的人缘会越来越好。真正成功的人都很低调，他们喜怒不形于色，很难被人看出他是怎么想的，因为他把所有的想法都藏在了心里，这样的人反而更容易被人尊重。这么多年，我一直坚持一个观点，就是每个人身上都有值得学习的地方，无论他是哪个阶层的人。所以，做人不要一叶障目，当井底之蛙，否则只会显得你自大。

　　我也是经历了很多事才明白，一个人一旦产生优越感，智商和情商会瞬间下降，做什么可能都是错的。你看那些习惯于站在道德制高点的人，他们的言谈举止无不透露着优越感，但他们永远不知道背后有多少不为人知的细节。因为他们站得太高，光环闪耀，你看不清他们的表情，他们也看不到你的生命。

　　最后多说一句，就算一个人身上没有任何值得你学习的地方也没关系。他依然可以成为你故事里的一分子。如果对方跟你不在一个频道上，最好的方式就是保持微笑，然后跟他说："你高兴就好。"

✉ 第 86 封信：要不要给彩礼和嫁妆？

ZOE：龙哥好。我发小要结婚了，但因为彩礼的事跟父母闹得很不开心。去年年底，我发小的父母和她男朋友的父母一起见面，约好彩礼是 36.8 万元。因为这笔钱不是一笔小数目，发小就跟她妈妈约定，结婚的时候返回 80%。过年的时候她男朋友提出想去发小家过年，她妈妈要求先给 8.8 万，直接打自己卡上，男朋友给了。今年她男朋友想早点把婚结了，发小妈妈让把剩的彩礼钱全部打卡上，发小就问她妈妈是会返还的吧。但是，妈妈说三年后再返，等她有孩子了直接给外孙，发小就很不开心。发小有个弟弟，马上也要结婚了，肯定也要花钱，发小觉得她妈妈把钱留下是想补贴弟弟，觉得她妈妈是在卖女儿，况且她男朋友给的这个彩礼钱其中一部分还是借来的，以后是要还的。她妈妈听她这么说，瞬间翻脸，骂她是白眼狼，把她养这么大，她赚的工资都应该是妈妈的，现在还没嫁出去呢，就胳膊肘往外拐，她妈妈说着说着还气哭了。请问龙哥，发小应该怎样去跟妈妈沟通这个问题，如何跟这种根深蒂固的思想抗衡？

李尚龙回信：

ZOE，你好。说实话，看了你的问题我大跌眼镜，用网上的话说："我虽然不懂，但我大为震撼。"没想到现在的彩礼还有这种操作方式。作为一个局外人，她妈妈的做法我也有点不理解，也感觉有点像卖女儿，而且卖的价格还挺高。尤其是彩礼三年后再返的说法，真让人难以理解啊。

假如我生在这样一个家庭，我也会很难过。我不想当"妈宝女"，也不想当"扶弟魔"，更不想让男朋友为了跟我结婚债台高筑。从男方的角度来说，如果我爱上这样一个女孩，我也会很痛苦。一方面，我真的想和她在一起；另一方面，我可能拿不出这么多彩礼。即便东拼西凑拿出了这笔钱，这婚一结，可能一切都回到了一贫如洗的境地。

从文化起源来说，在古代，彩礼的确是要给女方父母的，是用来买断对方女儿的钱，它的本质就是买卖婚姻。父母收下男方的钱，让女儿嫁给谁，女儿就要嫁给谁。这就是"父母之命，媒妁之言"的本意。

有一本书叫《债》，书里说古时候的彩礼其实是承认"人情债"的一种方式。男方给出重金当彩礼，表示他承认自己所要的东西如此珍贵，不可能以任何方式偿还他。可是，现在已经是2023年了，为什么还有这样迂腐的价值观？难道女儿就是赔钱货，要靠彩礼来挽回自己的损失吗？我没有特别研究过彩礼，但我身边所有结了婚的人确实都给了彩礼。我不反对两个人结婚女方要彩礼，甚至觉得一定得要，因为彩礼在某种程度上确实可以提高男方在婚姻中的犯错成本。这不是说两个人的婚姻出现问题，一定是男方的错，一定要男方来买单，只是说彩礼能让男方及其家人更珍视好不容易娶回来的人。通情达理的家长一般都是把彩礼存到女儿卡上，当作女儿小家庭的启动资金。

所以，彩礼该要还得要，但最好是归还到小两口组成的新家。有些父母不知道是脑子糊涂还是怎么回事，就觉得女儿是我生下来的，辛辛苦苦养大的，平白无故就送给男方了，凭什么还要女儿把钱带回去，这对我们太不公平了。

我想说，羊毛出在羊身上。如果男方给的彩礼真的是借来的，你女儿嫁过去也是要一起还的呀。就算女方不必承担债务，家里欠很多钱的话，她的生活质量也是要受影响的呀。作为父母，好不容易养大的女儿，你忍心让她受苦吗？

这位母亲对待彩礼的态度真的让人难以理解。我们每个人都是独立的个体，有自己的责任和义务，也有自己的尊严和底线。即便是父母，也不能控制孩子一生。什么"我生了你，你的一切都应该是我的""你要听我的话，把挣的钱交给我"之类的话，实在是让人大为震撼。

所以，你的发小该怎么跟她的妈妈沟通呢？我觉得她们之间已经不再是有商有量的沟通了，而是你强我弱的谈判。因为母女两个在彩礼的归属权上产生了巨大的认知差别，更何况这笔钱也不是个小数目。那么，谈判就应该用谈判的手段解决问题。请注意一句话："但凡谈判必有底牌。"我不知道你的发小在家里地位怎么样，但她最好弄清楚她的底牌是什么。这里我告诉大家一个方法，所有和家人谈判的孩子请记住，你的底牌有且只有一个：我成年了，大不了我换个城市生活，我换个圈子生活。

一个人只有自己为自己承担了责任，有了自己的社会圈子，才能更好地和父母以及过去的原生家庭协商，和糟糕的传统价值观谈

判，以及和那些你看不惯的规矩说不。也就是，我自己的事情我自己负责，不用你对我指指点点。

这也是为什么很多来到大城市的孩子，虽然常常觉得孤独，但他们至少自由，至少幸福。因为他们终于可以摆脱混乱的人际关系，自己的事自己做主。可能你会担心自己态度太强硬的话，会伤害父母的心。我告诉你，你的担心是真实的，固执己见的孩子确实会伤父母的心，但这种伤害是短暂的。从长远来看，孩子总要长大，离开家，离开爸爸妈妈，独自去觅食，独自去生活，独自去面对世界。孩子越早独立自主，羽翼越丰满，生活能力也就越强。

请记住一句话：世界终归是属于年轻人的。

所以，让你的发小勇敢地跟妈妈亮出底牌，为自己的未来争取一下吧。

✉ 第 87 封信：什么时候，你突然意识到自己长大了？

一二三四五：龙哥好。请问您是什么时候意识到自己长大了，能独当一面了？我现在是一名研二的医学生，毕业之后是参加工作还是继续读博，我很迷茫，不知该如何抉择。龙哥的书我都看过，里面的文字陪我度过很多艰难的时光。道理我都懂，可静下心来又觉得很无助，觉得自己孤孤单单的，成长得好辛苦啊。希望龙哥可以给我一些建议。

李尚龙回信：

一二三四五，你好。每个人都有突然意识到自己长大的那一刻，就我个人而言，我是在遇到事情，发现只能自己扛的时候。

人的一生总会经历一些标志性的事，当它发生的时候，你会热泪盈眶，让你感叹时光的流逝，让你突然意识到自己好像长大了，知道自己不再年轻了。我有一个朋友叫小虎，他是个动作演员。年轻的时候他从来不怕做任何动作，导演让他从什么地方跳，他就从什么地方跳，为此还不小心摔骨折过，半个月没能下床。他的大胆在整个影视圈也是出了名的。直到有一天，导演让他从一个烂尾楼

的二层往下跳，他站在窗户上迟迟不敢跳。导演喊了好几次开始，又喊了好几次卡，他都没有跳。导演很诧异，把他叫到一旁问咋回事。他跟导演说："我不敢跳了。"导演问："为什么呀？"他突然哭了。后来有一次我俩一起聊天，他说当时站在窗户上往下看，不知道为什么，突然就不敢跳了。那一刻，他知道自己的青春结束了。

我们控制不了时间，控制不了衰老，但我们可以控制自己的心态跟心情。记得我以前给学生上课的时候，有学生对我说："老师，你好像什么都知道。"我说："我才不是什么都知道呢。"他说："每次看你的样子都很淡定，好像从来都不会焦虑。"我跟他们开玩笑，我说："我上知天文，下知地理。"

那天晚上，我在日记本上写了一句话：年轻的时候什么都想知道，所以焦虑地读了很多书，看了很多人，也走过很多地方。随着时间的流逝，你突然发现自己开始不焦虑了。不焦虑并不是因为你什么都知道，而是你释然了，不着急了。曾经解不开的心结突然就解开了，放下了。

年轻时，我们是无所畏惧，觉得自己是生活的全部。我们放肆大胆，觉得拥有青春就拥有一切。后来，我们发现，一切悲欢离合只存在于我们主观的情绪里。当我们得到的信息开始增多时，我们逐渐学会了计算得失，学会了衡量利弊，学会了用数字代替情感。也就是那一刻，我们知道自己长大了。

老实说，虽然我现在是30多岁的年纪，青春早已逝去，但我还保留一点儿孩子气。有时候喝多了一个人走在街头，看见马路牙子，还是会不由自主地伸开双臂练习一下平衡感。但大多数时间，我找不回年少的纯真了。很多事情我会看值不值得再做打算。我知道自己再也不会回到那个无所畏惧，打篮球把自己抛向空中，无论进不进的状态了。现在的我，跳起来的时候会想一想：我这样做，会不会踩到别人的脚？会不会弄伤自己？下周一还有例会要开，我受伤了怎么办呢？

我理解的长大就是从学会计算得失开始的。我们都喜欢《小王子》，我也对这本书爱不释手，因为小王子永远是少年。那些星球上的大人，和他对比之后，总感觉他们好像没了生命力。但是，请大家一定要记住，小王子只适合生活在童话故事里，因为他完全是一个没有长大的孩子。比起《小王子》，我更推荐大家读一读冯·法兰兹的《永恒少年》。冯·法兰兹博士是公认的杰出的荣格继承者，更是童话心理解读权威性的代表人物。她在《永恒少年》中深度解读了《小王子》，给我们一种全新的视角，让我们审视个人成长的危机以及如何解决成长过程中的问题。她通过这本书告诉我们，小王子一直存在很严重的亲密关系的危机，比如他无法跟玫瑰花说"我爱你"，他甚至不知道自己究竟想要什么。他之所以否定作家画的羊，不过是这些羊画得太具体、太现实了，不符合他心中完美的羊的形象。在画画这个事情上，我们呈现出童真跟理想主义的倾向。

其实小王子就是作家圣·埃克苏佩里本人，也是永恒少年的人格化身，他们都遭遇到了永恒少年的危机。首先是个人成长的危机。一个人如果不成长，也就没了下文。所以，永恒少年并不是好事。怎么去解决这样的问题呢？荣格给了一个答案，非常经典。他说："去工作，去受苦，去把双脚踩在地面上。"这也是我给你的建议。不要害怕长大，而是实实在在地去做事情，也不只是虚无缥缈地想事情。如果哪吒没有闹海屠龙、反抗父权，就不会成为今天的哪吒。悉达多没有走出家门去经历磨难，他永远只是一个不知人间疾苦的富贵公子，他成不了觉悟者和佛教的创始人释迦牟尼。

青春时，灿烂的少年感炫彩夺目，长大之后如果还是这样，只会让人觉得幼稚。长大了就要用长大了的方式处理问题。当你来到成人世界，就要遵从成人的游戏规则。

我创业之后，有几个学生在知乎上骂我，说我开始卖课，忘了初心。我觉得他们的这个腔调特别奇怪，首先，卖课有问题吗？其次，难道一切都要免费才是勿忘初心？一开始看到他们这么说的时候，我特别气愤，觉得自己很委屈。后来我也明白了，他们只是拿"勿忘初心"的幌子，来掩盖自己不愿意接受付费购买知识的现实。勿忘初心，并不等于一成不变，而是你要努力去改变，同时相信那些最底层的美好，比如善良、单纯、美丽，等等。你会发现有一天，这些词汇的意义也会变化，这是勿忘初心。

长大意味着独立，意味着承担，也意味着改变。我经常跟大家讲，孤独是成长的必修课。我们每一个人都是孤零零地来，孤零零地走。所以坚强些，加油。

最后送你一句话：勿忘初心，不惧改变，才是这个时代每一个长大的年轻人应该做的事情。

✉ 第88封信：怎么实现知行合一？

小兮： 龙哥好。我对自己的人生也有一些规划，可是生活中的意外总是接踵而来，让我无法沉浸下来努力。现在只是知，完全无法行，这样的状态让我产生怀疑，觉得这样是不是还不如没有想法，浑浑噩噩地度过每一天好。请问如何实现知行合一？

李尚龙回信：

小兮，你好。其实，生活是你越主动去控制它，你获得的自由度就越大。而当你获得越大的自由度时，你越能自律地控制你的生活，这是一种正向循环。生活可以千疮百孔，但你一定要有头绪。只要你的脑子足够活络，你完全可以以自己最舒服的姿势和方式生活。尤其是互联网时代，大数据、机器、软件都是为我们服务的，我们要学会使用高科技，从内到外研究并掌握它，成为它的主人，而不是要让它来控制我们、束缚我们。

我给你讲一个与意外有关的故事。有一只很聪明的火鸡，也是火鸡中的科学家。自它出生以来已经安逸地生活了1000天，主人对它按时投喂，精心照料。经过这1000天的谨慎观察，这只火鸡得出了一个毫无疑问的结论：被精心照料、被按时投喂，是一只火鸡享

有的不可剥夺的生活权利。它觉得自己整天就是被照料、被投喂，生活得太无趣了。然而它不知道的是，明天是感恩节，它马上会成为餐桌上的美味。对它来说，这将是今天的一个意外事件。可怜的火鸡就这样被杀掉了，直到它死也没搞明白，为什么前 1000 天的经验都预测不出第 1001 天会发生什么。实际上，一直以来，人类认知世界的方式跟火鸡并没有什么区别，就好比突然发生的疫情，突如其来的金融危机。

所以，要纠正一个观念，生活绝对不是一帆风顺、一成不变的，更不是时时刻刻可以被预测的。生活里总有意外，有时候你甚至不知道明天和意外哪个先来。所以我们一定要给自己留有面对意外的时间和精力。遇到意外不要怕，要接受它。我在社会摸爬滚打这么多年之后，意识到一个永恒不变的真理：多变的世界是唯一不变的。要去接受那些变化，并用强大的能量去改变它。

真正能给你力量的，只有你自己。尽量不惹事，但事来了也不怕事。人要大于问题，才不会害怕，才能掌控自己的生活。你可以把自己的生活安排得很满，但一定要给自己留个喘息的时间。千万别把自己绷得太紧，否则意外一旦到来，你必然手忙脚乱，不知所措。

我有一个很好的习惯分享给你。比如我不会让自己忙碌到完全没时间思考，把自己的时间安排得满满的。我隔三岔五会去出个差，就是为了让自己换个城市休息两天。虽然这两天不直播了，不写作了，不赚钱了，但这两天的脑子往往是最清晰的，因此我的很多战略性的思考都是在这种情形下想出来的。

人要坚持按照自己的想法去活，要不然就容易按照自己的活法去想，到最后得不偿失。所以，我们要主动控制自己的生活，给自己留出余闲，工资要存 10%，精力要保留部分。以前，我只能控制自己生活的 10%，在我多年的努力下，现在我能控制至少 50% 了。虽然没有做到 100%，但至少我有了控制生活的底气。

不要让自己太忙，人一旦过于忙碌就会没有时间思考，继而分不清轻重缓急。人应该驾驭事情，而不是被事情奴役，否则忙来忙去一场空，完全是瞎忙。这时候，你开始怨天尤人，心想自己的运气怎么这么差，是不是命不好，是不是水逆。于是，你开始相信大师，相信星座，相信各种奇奇怪怪能戳中你内心的各种神秘力量。你开始没办法接受自己是生活的主宰，你开始疑神疑鬼，你开始完全摆烂，你开始躺平。长此以往，你就真的废了。

所以，无论如何一定要学会规划自己的生活，掌控自己的生活，哪怕只有一点点。久而久之，你会发现你能掌控的越来越多，你的生活越来越明朗，也越来越好。

有一本书叫《黑天鹅》，讲的是意外。审视一下你周围的环境，你会发现意外真的无处不在。回顾一下你出生以来周围发生的重大事件、技术革命和发明，把它们和人们此前对于它们的预期相比较，看看有多少是在预料之中，又有多少是之前完全没想到的。再看看你自己的生活，你的职业选择，你和配偶的邂逅，你被迫离开故土，你面临的背叛，你突然的致富和潦倒……有多少事是按照计划发生的，又有多少事完全就是意外？甚至就连我们自身都是一个意外，因为我们的出生本就是其中一个精子打败十几亿个对手促成的。它不是被指定的，而是随机的，大家都在奋力往前冲，有的冲着冲着死在了路上，只有它一下子冲到了最前面，成为第一名。

所以，不要担心意外的发生，意外本身就是正常的一部分。不管我们多么喜欢凡事可控的生活，都要接受这个世界上很多事情就是没办法控制的事实。我们要做的，就是该吃吃，该睡睡，做一些

力所能及的事情。另外，《黑天鹅》里还有一个重要逻辑，你不知道的事比你知道的事更有意义。因为许多"黑天鹅"事件，正是在不可预知的情况下发生和加剧的，所以当意外发生时，不一定是坏事，很可能更有意义。接受意外，接受黑天鹅，这就是我一直想跟你说的那句话——"尽人事，听天命"。做到自己能做得最好的事情，然后相信老天的安排。改变能改变的，接受不能改变的，拥有智慧，分辨两者的不同。

祝你能和意外好好相处。

✉ 第 89 封信：如果生活里只有数据，会幸福吗？

老王：龙哥好。我的直播数据不是很好，所以很焦虑，都快要崩溃了。请问做得不好是自己的原因，还是这个行业唯一的反馈只有数据？

李尚龙回信：

老王，你好。如果一个行业的反馈标准只有数据，我不能说这个行业一定有问题，但这个行业一定是冰冷冷的。一个没有热情的行业和公司，我的建议只有两个。

第一，给的钱足以让你消化自己的负面情绪，这样你就不会那么难过了。

第二，尽早离开，以免陷入更大的不幸。

我先声明，不是说数据不重要，而是我们不能成为"数据教会"的一分子。我喜欢把它定义为"数据教会"，因为现在这个时代数据显得太重要了。我自己也做直播，直播完也会复盘。不能否认，数据的确可以帮助我们更好地找到卖得不好或是做得不好的原因，但是光参考数据定标准很可能背后的逻辑出现了问题。比方说前些时间我们的小伙伴卖燕窝，他盯着 GMV（商品交易总额）看了半天，

323

发现卖燕窝的时候数据起来了，没想到竟然还有粉丝来龙哥的直播间买燕窝。这并不是说龙哥直播间的燕窝不好或是说粉丝人傻钱多，而是龙哥作为一个写作人，同时也是一个图书推介人，大部分粉丝可能更倾向于在龙哥这里买书。于是，他开始疯狂地讲解，开始疯狂地卖，然后被警告虚假功效。后来我们复盘的时候，他说："我看到燕窝一挂出来，数据一下子起来了，我就多讲了一会儿，我讲嗨了，谁知道是虚假功效，我也不知道我怎么讲的，讲到哪儿去了。"我也笑了，我说："那几个燕窝我看你讲得特别辛苦，我就全买下来了。"是的，这是我自己下的单。

我后来意识到，数据其实是对过去发生的事情的总结，它不能代替未来，也不能代表未来。而我们用过去总结的经验去对抗不可控的未来，本身就有问题。

我们原来讲考研英语阅读的时候，发现2002年到2010年，每一次选项里只要有may的全部是答案。于是，我们总结了一个方法，选项里有may的就是答案，这是数据的力量。但是，见了鬼的是2011年两个选项里全是may，但都不是答案。我的很多学生就在这儿中了招。

其实，现在直播行业就面临这个问题。我听过很多电商学院的课，他们都是总结过去的经验，展望未来的期待，却忽略了时代的发展会变，平台的规则会变，就连主播的话术也在变。可惜领导的KPI考核没有变，还是一味按照数据跟你定绩效，定任务。你看着自己的努力，再看看糟糕的数据，当然会很痛苦。

我是一个内容创作者，输出的内容基本都是关于现在、关于未来的。可是，每次我拿着我的小说和剧本，去和平台，尤其是互联网平台交锋的时候，他们总是拿些奇奇怪怪的数据告诉我，让我跟着数据走。现在的数据主要集中在什么地方呢？男的和女的要有一段甜宠剧情，这个故事才有人看；你要在前六分钟里面有人死掉；你要有几条线；这条线是写给小镇青年的，那条线是写给宝妈的；这条线过不了长江以南……每次开这样的剧本会，我都觉得心累。累的原因只有一个，我们写的东西是关于人的现在和未来，而那些数据不过是根据过去总结出来的一些规律。

我不是说过去一定没有借鉴意义，而是说如果只用数据去决策未来，那未来跟过去有什么区别呢？你要知道每个人都有在未来发展成不一样状态的可能。只要你想有变化，你希望有一点不一样，你就可以做得不同。而大数据只喜欢探测一个人过去的行为习惯，并且按照这个习惯去固化你的偏见，从而让你变成那个只有一面的人。

比方说你喜欢在短视频上看美女，你就会发现有很多很多的美女不停地被推送到你的短视频首页上去。因为数据的逻辑是用你过去的经验复制未来的你，如果你不主动寻求改变，它只会更加牢靠地固化你。所以，我经常鼓励大家学习，鼓励大家创新。学习的目的是让你进步，让未来的你超越过去的自己。这也是我们办专栏的原因，你会发现我们每期输出的内容都不一样，我们希望有更多元的表达和思考。如此一来，一个人的未来可以是无限的，你也可以成为任何你想成为的人。

我很开心直到今天我都没有被大数据左右。说真的，这么多年，我从军校退学，去新东方当英语老师，然后辞职创业，现在是飞驰成长 APP 的创始人。走到今天，我很确定一件事，这个经历不同身份、拥有不同想法的人都是我的血肉，正是这些血肉让我变得跟别人不一样。为此，我有几个很重要的原则跟你分享：

第一，不能让我进步的工作我不做。不能让我进步的工作没有未来，到头来消耗的是自己。

第二，低水平重复的事情我不做。低水平重复的工作，只是浪费我的时间。浪费我的时间，就是浪费我的生命。生命是宝贵的，不应该浪费在无聊的事情上。就算我现在不能逃出这种不得不做的痛苦，我也立志有一天可以改变这种状况。

第三，不能丰富我生命体验的事我不做。不能丰富我生命体验的，不会让我觉得幸福。生活已经很苦了，我不想给自己添堵。

以上说了好多被数据控制的案例，好像数据十恶不赦。其实不是这样，数据还是要看的，但数据不能成为决定因素，成为评判标准，成为行业标杆。我有一个数据分析师朋友，他跟我讲，做直播，不仅要知道数据，更要知道数据背后的因果关系。他经常琢磨数据背后的逻辑，越琢磨越上瘾，发现这个事儿很有意思。尤其是当他发现数据背后的原因，并找到让数据变好的方法时，他知道自己找到了核心。我想，每个行业都有自己的乐趣，遗憾的是我没有听过他的乐趣是什么。直到我开始研究我的直播间，研究我团队的话术，我才意识到有些数据真的还蛮重要的。比方说不管你是谁，讲什么，早上的流量就是比不过晚上。但是，我们能改变讲的内容，讲的方式，讲的方向。

换句话说，大数据应该是为人服务的，而不是用来限制人的未来的。同理，你要去掌控你的工作，而不是让工作掌控你。你要找到工作的主动权，成为工作的主人。

✉ 第90封信：长期酗酒、被精神指控怎么办？

Sunny： 我有个朋友患有严重的酒精依赖症，之前戒过很多次，但最近又复发了。抑郁、失眠、心慌、手抖、健忘、暴躁，为此他的工作、生活、情感全都受到了严重影响。有什么好的办法可以让他快点好起来吗？他之前经历过 1~3 月全封闭式的戒酒治疗，当时是中药、西药一起吃，各种心理辅导轮番上，这让他觉得自己像是精神病，特别有反抗精神。原本是想帮他戒酒的，现在好像适得其反了，完全不知道该如何是好。

李尚龙回信：

　　Sunny，你好。我最好的朋友小西，曾经得了双向情感障碍，现在也是定期发作，反反复复。就在我回答你的问题的时候，他刚从精神病院出来，我跟他的太太一起接了他。我还记得诊断刚出来的时候，我跟他都不相信。他笑了笑，说自己绝不吃药，我也说没事，主要是心情，心情好了，一切都好了，没必要吃药。

　　直到我读到一本书，名字叫《走出双向情感障碍》。不看不知道，一看吓一跳。我这才知道，原来吃药和接受治疗都是渴望自己被救的信号。你渴望被救，希望变得更好，而吃药和接受治疗就是能让

我们变得更好的方式。所以别抵抗自己，更别觉得自己是一个精神病。

很多人可能觉得爱喝点儿酒不是什么大不了的事，没必要小题大做。爱喝点儿酒的确不是什么大病，但酒精依赖绝对不是简简单单的爱喝点儿酒。酒精依赖是一件非常可怕的事，我见过这样的病人，他们通常是从早上就开始喝，每天至少一斤白酒或是其他相应的酒，不喝就会手抖，喝完酒就失控，脾气暴躁得不行，甚至有可能伤害自己和家人。而且酒精依赖还会带来严重的人格改变，这种人通常性格极端，自私自利，没有追求，不负责任，整天过得浑浑噩噩。所以千万不要小看这个病，一旦产生酒精依赖，一定要接受治疗。

这些年我对成瘾的东西一直有一个看法，就是你不一定要完全戒断它，但也千万不要放任自流。最好是你能控制它，而不是被它控制。其实，很多心理疾病都来源于三个因素：一是遗传；二是早期的家庭环境；三是个体对此的解释。

原本我以为是遗传或早期的家庭环境，给我们埋下了心理疾病的种子，我们对此无能为力。所以，每次有学生跟我说自己得了某种精神方面的疾病时，我都会叹息一声，然后鼓励他，一切都会好的。可每次说完这句话，我会感到一种深深的无奈。直到2019年前后，我自己也得了非常严重的双向情感障碍。那个时候，我每天都过得惊心动魄，一会儿亢奋，一会儿紧张，一会儿沮丧，而且长期睡不着觉。我觉得自己的身体里有两个我在撕裂，我无法挣脱，也醒不过来。医生给我开了很多药，我一颗也没吃。后来大家都知道了，我最终还是好了。过了好久，我读了阿德勒的书，才慢慢明白，其实个体对此的解释才是最重要的，因为它是唯一我们能改变的。比方说一个人年轻的时候确实遭到了虐待，这些事情是他无法改变的，但他对这件事的看法更重要。

我也终于明白那句"打不死我的，只会让我变得更强"的实际意义。想到这儿，我觉得自己坚强了很多，因为我确实无法改变过去，我只能改变我对这件事情的看法。其实，我们经历的每一件事情都有自己的意义，只不过是当下我们可能看不明白。很多事如果你拉到时间和生命的长河里去看，你所经历的大风大浪，不过是一两滴水罢了。于是，我开始尝试做一些改变，比如主动靠近那些优秀的人，学习他们的生活状态和思维逻辑。比方说开始增强生活的掌控感，开始学习跑步，开始早起。比方说开始控制一些很小的事情，哪怕读完一本书，少一次无效社交。慢慢地，我的精神状态走了出来。

直到今天，我都是一个主动性非常强的人。我很少让自己失控，哪怕走进一个完全陌生的环境，我也会至少准备几件可控的事情，让自己的脑子不发蒙。就算把自己放在酒局，有时候喝得特别嗨，都快失控了，我也时刻提醒自己："尚龙，控制总量。"

还有一件事情救赎了我，是目标感。前段时间，我跟一个心理咨询师聊天，他知道我之前有很严重的双向情感障碍，这次看我好像完全康复了，于是问我："欸，你最近怎么样？"我："我已经完全好了。"他跟我聊了一会儿，然后看着我说："其实你有没有想过，你可能没有完全好，你只是太忙了。"我对于他的前半句话，那种我"没好"的设定不敢苟同，但是，我确实意识到我挺忙的。而当一个人忙起来，感觉全世界都是自己的，你的时间安排得很紧，自然不容易有胡思乱想的想法。心中有目标，脑海有规划，生命有行动，这样的人有事做，有人爱，有所期，而那些糟糕的精神状态和胡思乱想自然被放到一边了。我突然意识到，好像真的是这么回事，因为每天忙碌，根本没时间胡思乱想。

随着人类文明、经济的发展，人类的生命长度开始越来越长，

但是，生命质量越来越糟糕。这背后的数据也令人担忧，全球 3.5 亿人得了抑郁症。你去看世界卫生组织的抽样调查，现在每 100 个 15 岁以上的中国人就有一个患上了酒精依赖症。你再看看身边的人，大多数曾经遇到过相似的精神问题。所以，你不要担心，你并不孤独，你只需要战胜它。我有几条建议分享给你：

第一，记录。记录那些胡思乱想，这些往往是文学跟艺术萌芽的地方。

第二，锻炼。无论多忙，每天要拿出半小时到一小时去锻炼，坚信锻炼的力量。

第三，远离。远离那些爱喝酒的朋友，尤其是一想到他就想喝两杯的那个朋友。

第四，规避。把酒从视线内拿开。

第五，寻找。找一个目标，坚定不移地完成它。

第六，战胜。你可能不一定要戒酒，但你需要控制它。只要你控制住它，才是战胜它。

第七，掌控。掌控生活，哪怕从早起开始，从读一本书开始。

希望你早日渡过难关。

第91封信：什么才是对待欲望最好的态度？

陆征南： 龙哥好。身边有个朋友因为受贿断送了自己在公司的事业前途。当下物质条件如此丰富，作为普通人，我们想要不被世俗功利和欲念蒙蔽双眼，坚定自己的内心，该如何去践行呢？

李尚龙回信：

你好，陆征南。今天我想用两本书的内容跟你聊聊欲望，这两本书分别是兰陵笑笑生写的《金瓶梅》和日本作家大前研一写的《低欲望社会》。

欲望很可怕，但你又不得不拥有它。很多时候，欲望只需要一瞬间就可以击垮一个人。比如前两年被披露的那些偷税漏税的明星、主播，他们真的是没有控制住自己的欲望吗？我想也不全是，我猜他们身边一定有人说过类似的话："你看那些钱已经进入你口袋了，我帮你留下来吧，我们有的是办法。"这些明星、主播转念一想：是啊，那些钱都已经转到我的户头了，再让我交出去太痛苦了。算了，你来帮我操作吧。这一操作就完蛋了，这就是欲望的隐形作用。有时候，欲望看似没有伤害到你，也没有影响到你，但它伤害到了身边的人，

影响到了周边的人，他们再反过来影响到你。

　　我在 30 岁之后重读了《金瓶梅》，当时为了讲这本书，我非常深刻地理解了作者凝视的是主流文化之外，欲望沸腾的人间，里面的饮食男女就是我们每一个老百姓。作者写了男人的欲望、女人的欲望、穷人的欲望以及富人的欲望。西门庆渴望金钱、权力和女人。潘金莲渴望金钱、权力和男人。她既愤怒又性感，让人又爱又恨。李瓶儿是个痴情人儿，她一心想要拉回像西门庆这样的浪子，却始终救赎不了自己。应伯爵头脑灵活，贪钱好色，贪念惊人。庞春梅从一开始的一无所有，到后面的贪欲惊人，最后毁掉自己。如今，你在大街上、电梯间、商场里，甚至在校园里，我们依旧能看到各色人等的欲望和贪念。不过是道具变了，西门庆的马变成了宝马，李瓶儿的皮袄变成了爱马仕的皮包。他们吃的五菜一汤变成了满汉全席，他们喝的金华酒变成了三十年的茅台。

　　《金瓶梅》的作者把欲望看成万恶之源，所以他笔下的人物几乎都是纵欲过度而死。你看欲望有多可怕。可是，当你读到后面，你会发现这个故事里有个意外，这个人就是武松。《金瓶梅》里的武松和《水浒传》里的武松虽然同名同姓，但角色形象完全不同。《金瓶梅》里武松是这本书里难得的一个正面人物，他是一个无欲望的英雄，但就是让人喜欢不起来。从小说的逻辑来讲，作者无情地安排了潘金莲被武松虐杀的结局。那段描写非常恐怖，而且武松身边当时还有一个小姑娘在哭泣，而武松顾她不得直奔梁山去了。从主旨上讲，作者写出这样刻意无欲望的人跟不受控制的欲望一样，都是毁灭的力量。贪欲走不通，禁欲依然走不通，这恰恰是《金瓶梅》读得让人绝望和崩溃的原因。

　　回到现实社会，我们看另外一本书《低欲望社会》，它的作者是"日本战略之父"大前研一。在这本书里，大前研一给出了一个警告，他指出，相比于经济停滞、老龄化，日本现在最严重的问题是"低欲望"。年轻人没钱也不想花，老年人有钱却不敢花，这种"低欲望"是日本经济萎靡不振的重要因素。如果不好好认识并且解决低欲望的问题，日本的经济问题、社会问题不仅现在解决不了，未来还会更严重。他的话不无道理。我们现在看日本，你会发现尤其是东京、京都这样的大城市，再也看不见当年日本在战后重建的那些浮夸、繁华的景象。无论衣食住行，现在的日本人都在讲究断舍离，都在讲究极简生活。这些极简生活成为日本社会的新主题。你会发现，大牌旗舰店很少有人光顾，而优衣库之类的平价品牌则是常年排队。吃饭，如果不是重要的日子，东京的人均就餐宽度不足1米，就是大家在不足1米的宽度内随便吃一口。作为高级动物的人，对吃、穿都这样无欲无求，买车、买房更是大家的题外之话了。据相关数据报道，日本的住房自有率逐年走低，即使租房也是尽量小一点，所以日本火了一个词，叫"收纳学"。收纳是什么意思？就是不浪费面积，提高空间使用率。小汽车的销量一年不如一年，年轻人对买车几乎毫无兴趣，甚至还出现了一种"五公里族"，就是说这些人的生活从来不走出方圆五公里的范围。比这个更可怕的是日本入职员工的升职意愿只有10%，已经没有什么士兵想要当将军了，年轻人觉得有个工作，差不多能干就行。有人说这挺好的，大家不用活得这么累。但这种极简生活带来一个极其可怕的结果，年轻人因为没有欲望已经不想生孩子了。日本的户籍统计，一个人独居的户数已经超过了全国总户数的1/3，连家庭都不想组建，更别提生小孩了。所以，日本的少子化导致年轻人不想生，不敢生。2010年日本的人口达到了1.3亿之后开始逐年下降。专家们预测，截至2048年，

日本人口总数可能不足1亿。对国家和民族的发展来说，人口就是生产力。总人口走入负增长，老龄化和少子化日益严重，就意味着劳动人口开始减少。没有劳动人口，或者劳动人口都无欲无求，怎么可能创造社会财富。届时，人口结构也非常吓人，因为65岁的老年人会超过40%，这样下去，不仅仅是经济增长出现问题，日本很可能会遇到崩溃的风险。

光是日本有这种情况吗？在我们周围，北京、上海、深圳、广州这样的大城市已经遇到了一样的麻烦。你想，如果一个人连基本的欲望都没了，他怎么进步呢？一个国家如此，一个民族也是如此。

有时我也很迷茫，有欲望也不对，没有欲望也不对。对于欲望，我们应该遵循什么样的原则？对于欲望应该是个什么态度呢？中国著名哲学家、翻译家梁漱溟用一段对人生态度的分析给了我们启示。

梁漱溟把人生态度分成了三种：

第一种叫逐求，就是追逐欲求。简单来说，人是由欲望组成的，"逐求"人生观就是承认这些欲望，满足这些欲望，追求这些欲望。梁漱溟认为，低级的"逐求"人生观就是满足物欲，在深层次的演化中，逐渐形成高深复杂的西方哲学。"逐求"的人生观当时的深层次的表现，就是美国哲学家杜威所代表的实用主义。

第二种叫厌离，讨厌和分离。智慧的另外一个特点就是能够反思。当人们开始冷静地观察自己的生活时，发现自己正被饮食男女的欲望所纠缠。放眼望去，社会上充斥着贪婪跟罪恶，生死别离的现象又时刻提醒着人们，人生是有限的，人生充满着痛苦，人生毫无意义。梁漱溟说，这是人人都会出现的念头，这是宗教的根源。

第三种叫郑重。孩子的天真烂漫是一种天然的郑重态度。儿童对当下的生活全心全意地接受，而成熟的"郑重"人生观是成人自觉接受生命的自然现象，力所能及地追求合理的生活。这种观念对于外界的态度是全然以及全副精神投入当下，追求有所作为，而对内在的精神世界不断进行内向和反思。

所以，我的建议是一样的，我们需要了解我们的欲望，接受并控制它，这真的需要修行，需要一种"郑重"的人生态度。你要见过钱才能控制钱，你要有过欲望才能控制欲望。对内探索反思，对外投入收敛。

✉ 第 92 封信：什么才是爱自己？

李李同学： 龙哥好。我们总说要先爱自己，再去爱别人，但有时候爱自己比爱别人难多了。比如那些自卑的人总是在否定自己，比如总有人说女孩子应该爱自己，然后就是各种买买买。我们到底应该怎样去爱自己呢？

李尚龙回信：

李李，你好。

首先我要告诉你的是，自卑的人并不孤独，再强大的人也有过自卑的时刻。心理学家马斯洛提出了人的需求层次理论。他将人的需求分为生理需求、安全需求、社交需求、尊重需求和自我实现五个层次。而且人的需求就是按照这个顺序从低向高排列的。其实，在自我实现之上还有自我超越的需求。在关爱自己方面，我们可以从这几个需求层次分析，了解自己的生理和心理需求，提高爱自己的能力，增强生活的幸福感。

也就是说，你想要找到自己真正的感受和被爱的感受。第一，你按照这个理论来满足生理需要，就要先让自己吃饱喝足，有一份得体的工作，获得一份可观的收入。第二，你要有安全感，你要免于饥饿，免于恐惧。比方说你的小区是安全的，你周围的环境是安全的。第三，你需要有好的和良性的社交，比方说好的爱人、好的闺蜜、好的兄弟。第四，你要获得尊重，获得身边亲人、朋友、家人的尊重，你还要获得社会的尊重。第五，接下来你才会有自我实现和爱自己的可能。

我曾经也是一个不知道如何爱自己的人。直到有一天，我突然意识到我值得被爱。下面我来和你分享几个特别重要的爱自己的方式：

第一，爱自己才不是买买买，而是有节制地满足自己的需求。喜欢是放肆，爱是克制。遇见自己喜欢的东西你可以买，但不要无节制。所谓爱自己就是满足自己的需求，自己的需求应该是从内到外自然萌发出来的，而不是被商业催化出来的。满足自己的需求就是以自我为中心，需要什么就买什么，不需要的东西，坚决做断舍离，再便宜也不要。有时候你会发现，学会断舍离、学会极简生活比买东西更能够让人幸福。商家的促销广告上永远都在勾引你内心的欲念，不管是商品的陈列还是颜色、样式的推陈出新，目的都是让你买买买。可你真的需要吗？不买这个东西，会影响你的日常生活吗？我们经常听到商家说："你想幸福吗？赶紧去买吧！人生一世，要趁着还年轻，好好享受生活啊！"于是，你也不管合适不合适，一股脑地买回一大堆可能永远用不上的东西。衣柜里到处都是没有拆过标签的新衣服，包里永远装着用不完的化妆品。

我给你看看商家的谎言：口香糖要吃两颗；口红要买 12 支；玫瑰要买 99 朵；因为仪式感，所以你要买最贵的衣服和最好的面膜。拥有这些就是你爱自己的理由和证据吗？并不是，这些需求是商家给你制造的，你只是被商家牵着鼻子走。所以说，与其买买买，不如花一天时间去山里做冥想，用正念练习去了解自己、探寻自己。

　　第二，爱自己从小事做起。说句实话，有钱还是很好的，因为有钱的确可以做更好的自己。所以多赚钱肯定没错，因为那代表着你可以更自由。如果你没有钱，你依旧可以通过小事来爱自己。比如你不用去很贵的馆子，你只需要认认真真地给自己做一顿饭，然后拍上一张很好的照片发朋友圈。比方说你不需要非得买头等舱出国旅游，你只需要去郊外爬次山，去贴近大自然和天地共呼吸。比如你不需要买很贵的化妆品，你只需要放下手机减少熬夜，就可以拥有很棒的皮肤。比如你可以不用去买昂贵的家具，你只需要做一次简单的断舍离，认真打扫一下屋子。好多爱自己的方式，跟有钱没啥关系，你只需要活在当下，关注"爱"本身就可以做得很好。

　　第三，学会说"不"。爱自己的基础是不委屈自己做任何不喜欢的事情。可是这个时代说"不"需要能力和底气。生活中时常会见到一些人碍于面子去委屈自己，他们在社交中根本不知道怎么去拒绝别人，即使别人提出的要求会给自己带来巨大的麻烦。比方说借钱，他们担忧自己的拒绝会断开和他人的联系，担心他人生气，即使自身财力不足也要借给他人。但是，你要明白一个非常深刻的道理，人不会因为他的低三下四而被人尊重。一个人被尊重所需要的条件只有一个，他值得被尊重，所以让自己变强是说"不"的基础。我有一个很简单的方法，但凡我想说"不"，又怕得罪人的时候，就这样说："我真的很想答应，但我最近很忙，请你等等我。"也就是说，你可以先答应，然后无限期拖延。

　　《今日心理学》杂志登载过朱迪斯·西尔斯博士写的一篇论文，他告诉我们，如果我们觉得自己对某些事情不能说"不"，那么我们就不是被爱，而是被控制。这篇论文里分享了几个非常重要的说"不"的秘诀：

不要夸大别人被自己拒绝之后的反应。其实大部分寻求帮助的人并没有期待一个肯定的答复，所以他们不太会因为拒绝而有太激烈的反应。

划定界限。说起来是个简单的话术调整。比方说有人跟你借钱，你可以说："不好意思，我从来不借钱给别人，这是我的原则。"当你把原则放到前面的时候，也就是说，我不是针对你，我只是针对我的原则。没有例外，因为这叫划定界限，我的原则是不能被改变的。

态度要坚决。千万不要给一个模棱两可的回答，那只会让对方的期望更高。最好的方式是直接拒绝："不好意思，我就是做不到。"

模拟练习。如果你实在要去拒绝别人，又不好意思，可以通过模拟练习的方法。你可以在脑海里反复说"不"，等你真的要开口的时候就容易多了。你甚至可以找一个没有人的角落不停地说："不好意思，对不起，我做不到。"

第四，接纳自我。所谓自我接纳，其实是指一个人在多大程度上可以接受自己的所有特点，这些特点既包括优点，也包括缺点。一个自我接纳的人会发自内心，从内到外地表现出来，他们接纳自己的外表、身体。比如说我就接纳了自己身高不是很高的现实，没有觉得很难受，因为我并不是靠这个生活的。我承认自己是一个有学识的人，一个懂思考的人。我关注更擅长的领域，从而让我走得更远。还有就是在负面评价上要保护自己。面对他人的负面评价能够客观地吸收，但不因此陷入低落的情绪。一方面承认自己的缺点和不足，一方面不会苛求自己，责备自己。

请远离
消耗你的人

最后，你要接受一件事，就是每天你都是一个全新的人，每天你都有变化，而且每天你都能变得更好。请你相信，你是值得被爱的人。

✉ 第 93 封信：相亲时需要做什么？

龙骑兵：龙哥好。您如何看待现在的相亲？感觉年纪越大越迷茫，不知道找什么样的对象合适。还有就是，相亲时应该注意哪方面的问题？您有什么好的建议吗？谢谢。

李尚龙回信：

龙骑兵，你好。几年前我也有过一次相亲的经历，坦白来说，那次相亲简直是灾难。人家女孩子的妈妈一边问我，我一边吃饭，后来她妈把我问烦了，我甚至在桌上打了一个嗝。

后来我也反思了一下，大概能确定其实我是故意的。因为当她妈妈问到我有几套房，有几辆车，有没有北京户口的时候，我已经很不舒服了。因为我感觉自己就像天平两端的食物正在被对比。后来她妈妈问我的公司有没有营业执照，就是那一刻我开始炸了。但是，后来我也看明白了，相亲嘛，就是要讲究"门当户对"，人自然就被放到了天平两端。你等于我，我才可能跟你在一起。你大于我，我会稍微弯下腰。你小于我，我可能就要抬起头了。所以我的意思是能自由恋爱，尽量别相亲。因为一旦相亲，两个人的家庭就被上了称，你的财富、地位就开始被攀比，她的美貌、身材就要被衡量。

另外，我要纠正你一下，并不是年纪越大越难相亲，而是看自

己的条件。就好像长得帅的中年男人被称为大叔，长得丑的中年男人被叫作油腻男一样，很多30多岁的男人身边围绕着的女孩子数不胜数。所以，年纪大不大不重要，重要的是自己是否足够优秀。我的建议是，你可以多谈几次恋爱，就知道自己适合什么类型，等到差不多了就可以定下来了。哪怕最后没有和你喜欢的人结婚，至少你们相爱过。所以相亲可以，别总是冲着结婚去，多参加一些线下活动，多认识一些志同道合的人，说不定你就找到合适的了。至于你说的追女生的成功率，这里有太多有意思的小方法了，我给大家随便分享几个，做好准备，开始了。

第一，第一印象非常重要。第一印象只有一次机会，用完就没了。所以，男孩子出门的时候一定要打扮妥当，尽量穿贵一些的衣服。为什么要穿贵一些的衣服呢？因为女孩子就是喜欢你穿贵的衣服，并不是女孩子拜金，而是从基因层面，她会潜移默化地从一个男生的穿着打扮上判断这个人值不值得我托付终身。与物质匮乏的男生相比，肯定是物质充裕的男生看起来更值得托付，这不是虚荣势利，是物竞天择。毕竟，谁都想过更有保障的生活。

第二，怎么样在最初的时候就能让对方对你一见倾心呢？答案是放大你的瞳孔。人对自己喜欢或是感兴趣的人或事物会多看两眼，反之，则会立即转移视线。所以，当你的瞳孔放大的时候，对方能意识到你是喜欢她的。

第三，微笑。一定要确保你的微笑是友善的，尤其是看到长得好看的女孩子，如果男孩子露出阴险而猥琐的笑容，很吓人。女孩子更要学会这一招，因为大多数的感情其实是女孩子先发起的，而大多数男孩子也是这样被俘获的。

第四，学会运用"我们"表达法。"我们"这个词看似很普通，实则透着一种隐隐的亲密感。因为通常只有非常亲密的朋友和爱人之间才会用"我们"，比方两个人聊天气，男的说："今天天气真好。"女的如果只是单纯附和："今天的天气确实很好。"可能这个话题就结束了。但如果女的说："今天天气这么好，我们可以沐浴着阳光去郊游。"两个人之间的亲密度是不是进了一步？这就是"我们"的魔力。提前说"我们"，你就会跨越一到两个谈话的级别，直接进入"我们"这个状态。也就是说，不要单纯地说"你""我"或"你跟我"，而要说"我们"怎么样。

第五，分享私人的秘密来增进感情。我们一般是不会跟普通朋友分享秘密的，但面对亲密的朋友我们会想敞开心扉，把自己的秘密讲给别人听。在众多的秘密中，其中最吸引人的，莫过于个人感情。八卦是人的天性，因为人都有猎奇心理，你分享了自己的感情给她，她会自动就把自己代入被信任的角色，潜意识里就会觉得你们的距离很近。所以这个方法很重要。当然，分享你的秘密之前你要做好秘密被公开的准备。因为秘密是会长腿的，太阳底下所有的秘密都会无所遁形，只是时间早晚而已。所以，如果你怕自己的秘密被公之于众，就把你的秘密烂在你自己的肚子里。

第六，约饭的技巧。通往男人的心的路是抓住男人的胃，如果女孩子说"我知道一家不错的小馆子"，这句话的魔力是你想象不到的。如果女孩子推荐的这家店既好吃又不贵，那她在男生心目中是大大加分的。因为大部分男生的钱包都不是任意门，想去哪家去哪家。如果是男生选餐厅，我建议选一家情调十足稍微贵的餐厅。因为当你选择的是华丽高档的餐厅，点的是稍微贵重的美酒，女孩子对你会有不一样的感觉。

看了上面六条，你是不是觉得相个亲或是谈个恋爱套路好多啊。

其实这些套路并不是我原创的，而是从两本书里读到的，一本是《魔鬼搭讪学》，一本是《如何让你爱上的人爱上你》。两本书分别从正面、侧面聊了关于搭讪、约会甚至相亲该做的事情。大家有兴趣可以找来看一看。

最后，不管是相亲还是自由恋爱，男人真正被女人喜欢的只有你的本事，并且这本事是可以变现的，能成就自己跟对方的。而女孩子除了身材、美貌，走到最后靠的就是自己的内在。一个光好看没有内在的姑娘，一个只有五官没有三观的姑娘，或许可以短暂地赢得男人的心，但从长远来看，终究要输掉感情的游戏。

祝大家都能找到合适的伴侣。

✉ 第 94 封信：那些对我的人生产生重大影响的道理

于晶晶：龙哥，你好。请问龙哥有没有哪个道理在你明白之后对你的人生产生了重大影响？比如说人生的改变、生活方式或者价值观的改变等。可以举几个例子吗？

李尚龙回信：

于晶晶，你好。首先我们先干一杯，因为这种问题的答案只有在干一杯之后才能够回答出来。

实际上，世界上并不存在一下子让你茅塞顿开，从此改变你的人生的价值观。一个人的成长一定是被无数的价值观和无数的想法慢慢堆积起来的，人是后期生活的产物。我相信很多道理你都知道，只不过没有知行合一而已。

真正颠覆性的道理非常少，只有你开始去做，你才会慢慢明白那些简单朴素的道理都是对的。

比如你要好好学习，你要坚持锻炼，不要过早谈恋爱，要乐观一点，积极一点，学会用正向的眼光看世界，等等。很多人觉得这些东西太鸡汤了，听听就好了，自己该干吗干吗。可等你经历过社会之后，你就会知道那些被你置若罔闻的东西是真正的真知灼见。

所以，我下面跟你说的话，希望你认真听。

第一，乐观一点，不要总是丧丧的。

人有两种思维，一种是积极的思维，一种是消极的思维。同样的事情，积极的思维是至少今天比昨天的收获多，消极的思维是虽然今天得到的比昨天多又怎么样，最终还不是要失去。

遇到失败和挫折，积极的思维是只要你打不死我，我会变得更强大；而消极的思维是，算了，你弄死我算了。这么一对比你会发现，有的人处理不好人际关系或是做不出正确的选择都是有原因的。毕竟，人都喜欢与乐观、积极向上的人交往，而不是整天和垂头丧气的人在一起添堵。而且，很多事情你越往正向考虑，它就越往积极的一面发展；反之，你越是丧丧的提不起劲，越得不到你想要的结果。

所以，遇到困难最应该思考的不是怎么抱怨，而是该如何走出这该死的困境。

第二，永远不要连续三天不读书，人会变得很笨很笨的。

现在流行听书，但别忘了，读书不仅是汲取知识，还可以让自己安静下来。所以我认为，读书比听书更有收获。

读书使人明智，读书使人聪慧，读书使人高尚，读书使人文明，读书使人懂理，读书使人善辩。读书是自己跟作者的交流，是自己跟自己的交流。通过读书，我们可以打开世界的大门，可以倾听内心的声音。每次外出的时候，我都会习惯性地在包里装一本书。堵车时、等人时，或是挤地铁时，我都会拿出书翻两页，翻着翻着就读完了一本书。宋代赵恒的《劝学诗》中写道：书中自有黄金屋，书中自有颜如玉，书中自有千钟粟，书中自有稻粱谋。也就是说，一个人通过读书，提高自己的学识、见识之后，你想要的功名、富贵、华屋、美人都可以得到。

第三，要运动，持续运动。

千万不要小看锻炼。年轻的时候不坚持运动你可能觉得没什么，但到了30多岁，你随便干些什么，突如其来的病痛可能就会将你打个措手不及。我身边的人就分成两部分，一部分人到三十七八岁，身体还特别好；一部分人到了三十一二岁就已经体弱多病，感个冒就觉得自己要死了。

高中的时候，我最爱的是体育课，上了大学，我逃的最多的竟然还是体育课。我在读书会上给大家推荐过《运动改变大脑》，书中说每周只要走三个小时，对我们的心血管、心肺功能就会有巨大的好处。20多岁的时候积累的身体素质，是为了30多岁创业、工作打下坚实的基础。30多岁的时候如果你能够积累更好的身体素质，下一个春天会离你更近。

除了运动，还要坚持健康的饮食，比方说少糖，少盐，少油，少主食。其实，我们需要的食物并不多，大部分人每天吃下去的食量都远超人体所需要的能量。除此之外，坚持体检更重要。西方人有一个特点是每个月都会坚持体检。而中国人总是喜欢把钱存到银行，以备不时之需。这笔钱可能用于买房买车、娶妻生子，或是疾病投入。与其把自己辛辛苦苦赚回来的钱转给医院，不如定期参加体检，看看自己在接下来的一年需要保护什么部位。俗话说，身体是革命的本钱。没有健康的身体，一切皆枉然。作为坚持运动的受益人，我必须告诉大家，去运动吧。运动带给你的不仅仅是强健的体魄，还有思想的解放。运动治好了我曾经非常严重的双向情感障碍，运动让我在创业的路上一直坚持到今天。就是现在，我写完稿子之后，依然会去运动。身体是灵魂的载体，再有趣的灵魂也承受不起多病的身躯。所以，去运动吧。

第四，定期给父母打电话。

尤其是远行的年轻人，要多了解父母的生活作息和他们的身体状况。20多岁的时候，趁着父母身体还健康，抓紧奋斗，多帮助他们去纠正一些不好的习惯，也帮助他们去熟悉一下现在的互联网模式。

比方说帮他们开通在线支付，教他们怎么点外卖，帮他们学习怎么使用视频软件。其实越长大越怕深夜接到家里的电话，所以趁他们年轻，一定要多沟通，多交流。从某种意义上来说，这并不全然是为了他们，也是为了你自己以后不会后悔。大多数人在父母离世之后，最难过的就是没有关照过他们，没有给他们幸福的生活。我们可能没有办法在物质条件上给父母很多钱，改善他们的生活，但至少可以陪他们多聊聊天，多了解一下他们的内心。其实大多数父母需要的也仅于此了。再富足的生活，再华丽的大房子，再高奢的珠宝首饰，没有儿女的问候或陪伴，他们也会觉得很孤独吧。毕竟，人都是需要感情的。所以，如果不能陪在父母身边，一定要定期给父母打电话，多沟通，多联系。

第五，每年至少去一个陌生的地方。

不管你有没有钱，都应该每年至少去一个陌生的地方。出不了国，出个省吧；出不了省，至少走出自己的城市和村庄吧。跨出舒适区，在路上去寻找、思考和发问。有时候见识比知识重要多了。而走出去，就是让你领略外面更广阔的世界。如果你实在去不了远方，那就读书吧。俗话说，读万卷书，行万里路。多读书，总是没错的。

第六，存一点钱。

如果你刚开始工作还没有太多的收入，千万不要做月光族。我的建议是，每个月最少存总收入的10%到自己的账户，做自己的备用金。有本书叫《最富足的投资》，书中说那些善于存钱和明智投资的人，他们一生很少遇到财务困境。年轻时很容易大手大脚，钱如果不存起来，多少都不够花。如果你拿出一小部分存起来，积少成多，日后它带给你的安全感绝对让你面对任何事都有底气。记得，这笔钱的数目不能太大，不能影响你的正常开销，你也不要学人家做什么财产配置、资产配置等，先去打拼，先去奋斗，先去积累人生的第一桶金。

最后，希望你每天开心。

✉ 第 95 封信：自我和集体哪个重要？

陆征南： 龙哥好。请问在人生道路上应该选择倾向自我还是顾全大局，两者应该如何维持平衡？

李尚龙回信：

陆征南，你好。我很开心你能这么问，因为回答这个问题对我来说也是一个挑战。

我从佛学的一个理论开始说起吧，人生有三个阶段：

第一重境界："看山是山，看水是水。"

第二重境界："看山不是山，看水不是水。"

第三重境界："看山还是山，看水还是水。"

这本是佛教里形容人心智变化的三种状态，但这套逻辑特别适合回答你现在的问题。小的时候，我们总是很自私，倾向于自我意识。这并不怪我们，就像《自私的基因》里说的那样，自私是刻在我们基因里的东西。我的二外甥出生的时候，每次我姐拿起筷子，他就拼命地哭泣，好像全世界的食物都要塞进他嘴里才行。他一边哭，一边抓到什么就往嘴巴里放。他为什么不给别人呢？因为自私啊。可谁不是这么过来的呢？谁在懂事之前，不都是以自我为中心，先让自己吃饱再去管别人呢？可是等到我们懂事了，开始认字了，开始和父母能够同乐，开始了解谦让是美德了，于是孔融让梨的故事一直流传至今。

我曾经是一个特别忽略自我感受的人，我上军校的第一天，就被要求放弃自我。这是一个艰难的过程，因为你只有失去某些自我，才能为更大的集体牺牲。那段日子我过得很痛苦，一边读萨特的存在主义的书，一边在千篇一律的日子里被要求放弃自我，我感觉自己快要人格分裂了。后来，我患上双向情感障碍。这并不奇怪，因为那个环境要你放弃自我，以便更好地融入大众生活。

其实，走入社会就是一个逐渐忘却自我、融入大众的一个过程。后来我进入新东方当老师，依旧不太敢有很多自我表达，因为我觉得跟着大多数人总不会错，我想听听大家的想法。可是这回我错了，新东方的老师一个比一个有个性，他们每个人都不一样，每个人与其他人比起来都那么不同。也就是那段日子治好了我的双向情感障碍，因为在那个环境下，我什么都可以表达。当一个人可以自由表达并被人认可时，他的自信自然而然就提高了。而自信又促进他更好地表达，更自由地表达，从而回到以自我为中心的表达。但是，你会发现，到达这一层的表达已经不是小时候那种忘记别人纯纯的自私的表达，而是你看过世界，了解过集体社会的话语体系后，重新回归本真的自我表达。

一个没有经历过大局意识和集体意识的人，是不配谈自我表达的。一个没有为别人考虑过的人的表达，只是自私的自我表达。所以，当你经历过越来越多的大局意识的时候，你才会形成一种边界感。这种边界感从里从外地告诉大家，我有我的边界，你有你的大局。我尊重你的大局，也希望自己的边界不被侵犯。直到今天，每次公众发言时我会思考一个问题：这番言论会不会伤害大众？如果会，

对不起，我收回。是不是委屈了我自己呢？如果是，我还是要继续说下去。

真正的社会精英，都有一种思维模式，他们顾全大局，同时注重自我精神的表达。也就是说，爱别人的时候，也不会忘记爱自己。所有的大爱都是从小爱开始的，一个连自己都不爱的人，怎么去爱别人呢？

所以，不要委屈自己，做想做的人，做爱做的事情，只要不伤害别人就好。这就是我给你的答案。

✉ 第96封信：其实人幸福起来很简单

小张： 龙哥，你认为什么才是真正的幸福，我们怎么才能获得幸福？

李尚龙回信：

小张，你好。

托尔斯泰曾经说过：幸福的家庭都是相似的，不幸的家庭各有各的不幸。为什么会这样？因为所有幸福的人生都有自己的公式。

最近读了一本书，叫《礼物》，作者是美国作家斯宾塞·约翰逊。上一次读他的书，还是那本风靡一时的《谁动了我的奶酪》。这位作家的厉害之处就是总能用最简单的故事，讲述最复杂的道理，所以他的书畅销是有原因的。

书的篇幅很短，但发人深思，我结合我的想法分享给你。

我们总在抱怨老天不够公平，自己不够幸福，其实让一个人幸福起来，很简单，只要做到三点就行。这也是最后一讲，我浓缩一个精华给每一个你。

一，活在当下；二，向过去学习；三，构建你想要的未来，并做点什么。

1.什么是活在当下？

有时候会觉得，长大真是难过，越长大越孤单，越长大越不幸

福。因为越长大，你越难活在当下。你有太多顾虑，太多可以选择的，太多杂念和执念。

细想一下，我们多少人是做这件事的时候想着另一件事，弄得自己心浮气躁，最后头痛欲裂，要死不活。想一想，上一次开心幸福是什么时候？一定是你在做这件事就想这件事的时候。

孩子总是很容易开心，因为他们玩的时候就只想着玩，吃饭的时候只想着吃，看电视的时候只想着看电视，他们一次只做一件事，所以幸福感很高。长大以后，我们心有杂念，既想陪在父母身边，又想去远处看风景；既想把家里照顾好，又想工作上闯出一番名堂来。我们既要又要，结果哪一个也没做好。所以，长大后的人很难真正开心快乐起来，即便过着富足的生活，幸福感也不是百分百的。而真正幸福的人无论遇到什么事，不惧未来，不念过去，只活在当下。他们知道此时此刻就是永远，过好每一个此时此刻，就是一条通往幸福的路。就像我写这个专栏，如果三心二意，不仅会让效率变低，也不会乐在其中。所以，我们要活在当下。工作的时候好好工作，吃饭的时候好好吃饭，喝酒的时候开怀畅饮，玩的时候玩得开心。

2. 什么是向过去学习？

你有没有对过去无法忘怀的经历？有没有后悔到肠子都青了的情形？如果有，说明你还没有充分地向过去学习。什么是充分地向过去学习呢？简单来说就是定期做总结，定期复盘，看看上个季度自己有什么做得不好的、不足的可以精进，看看过去一段日子自己做得好的在什么地方，可以继续。也就是说，犯过的错要及时改，及时彻底复盘，做得好的事情就要继续做，做到极致。

但复盘和总结绝对不是简单地从果推到因，而是要打破砂锅问到底：我为什么会一步步走到今天？如果再给我一次机会，我会怎么做？我的潜意识和底层逻辑到底在什么地方出了问题？我曾经给一个学生辅导功课的时候，每次问他这道题为什么错，他总是很敷衍地说："粗心。"后来，我直接着急了，让他不准用"粗心"两个字概括，于是他的成绩有了巨大的提高。因为他开始意识到，一道错题背后的原因可能是复杂的。所以，对过去复盘得越彻底，越能在当下活得更好。

3.什么是构建你的未来，并做点什么？

你有没有想过自己的未来会是什么样？比如五年之后，你会成为什么样的人？你想具体活成什么样子？你想接触什么样的人？想要拥有什么？写在纸上，或者画一张图，最好找一个对标的对象。越具体越好，越清晰越好。具体到你想考上心仪的学校，想要追求心爱的姑娘，想要住上心想的房子……接下来，找一个没人的地方设想一下自己，如果实现了梦想是一种什么样的生活。在这样的欲望和梦想的驱使下，做一个计划：我想多久实现？怎么实现？具体需要做什么？然后切切实实地去做点什么。

你可以走得很慢，但不要停，一切都能变得更好。

相信未来，并做点什么。这是我能告诉你的。

祝你天天开心。